PROBABILITY AND STATISTICS

꼭 짚고 넘어가야 할

BASIC 확률과 통계

PROBABILITY AND STATISTICS

꼭 짚고 넘어가야 할

BASIC 확률과 통계

이민영 지음

경문사

머리말

확률이론은 여러 게임의 연구결과로, 17세기에 시작하여 그 후 많은 저명한 수학자와 과학자들이 연구하였고, 근래에 와서 수학자 Kolmogorov가 현대 확률론의 기초를 완성하였다.

오늘날 확률의 중요성은 크게 증가하였고, 확률의 개념이 학문의 거의 모든 부분에서 나타나는 통계학은 자연과학, 인문·사회과학, 공학, 의학 등 모든 분야에서 널리 이용되고 있다.

이 책은 기본적인 해석학을 배운 이학 및 공학 학생들을 위한 확률 및 통계의 기본 과목으로 구성되어 한 학기 혹은 두 학기 과정의 교과서로 이용할 수 있다.

또한, 이 책은 다양하고 풍부한 예제를 통하여 확률과 통계의 여러 가지 개념들에 쉽게 접근할 수 있도록 노력하였고, 제1장부터 제7장까지는 확률에 대한 내용이며 제8장부터 제11장까지는 통계학의 기초가 되는 내용을 실어놓았다. 각 장의 끝에는 연습문제를 수록하여 그 장의 내용을 반복하고 이해하는 데 도움이 되도록 하였고, 임용고시를 준비하는 학생들을 위하여 확률·통계 기출 문제를 실었다.

끝으로 이 책이 출판될 수 있도록 도움을 준 많은 분들과 도서출판 경문사 직원들에게 감사드리며, 오랜 시간동안 원고 작성과 교정에 매진할 수 있도록 곁에서 기도와 격려로 배려해준 가족들에게도 고마운 마음을 전하고 싶다.

지은이

차례

CHAPTER 05 확률분포

CHAPTER 06 기댓값과 분산

CHAPTER 07 극한정리

CHAPTER 08 통계학과 자료정리

CHAPTER 09 표본분포

CHAPTER

01

셈의 방법

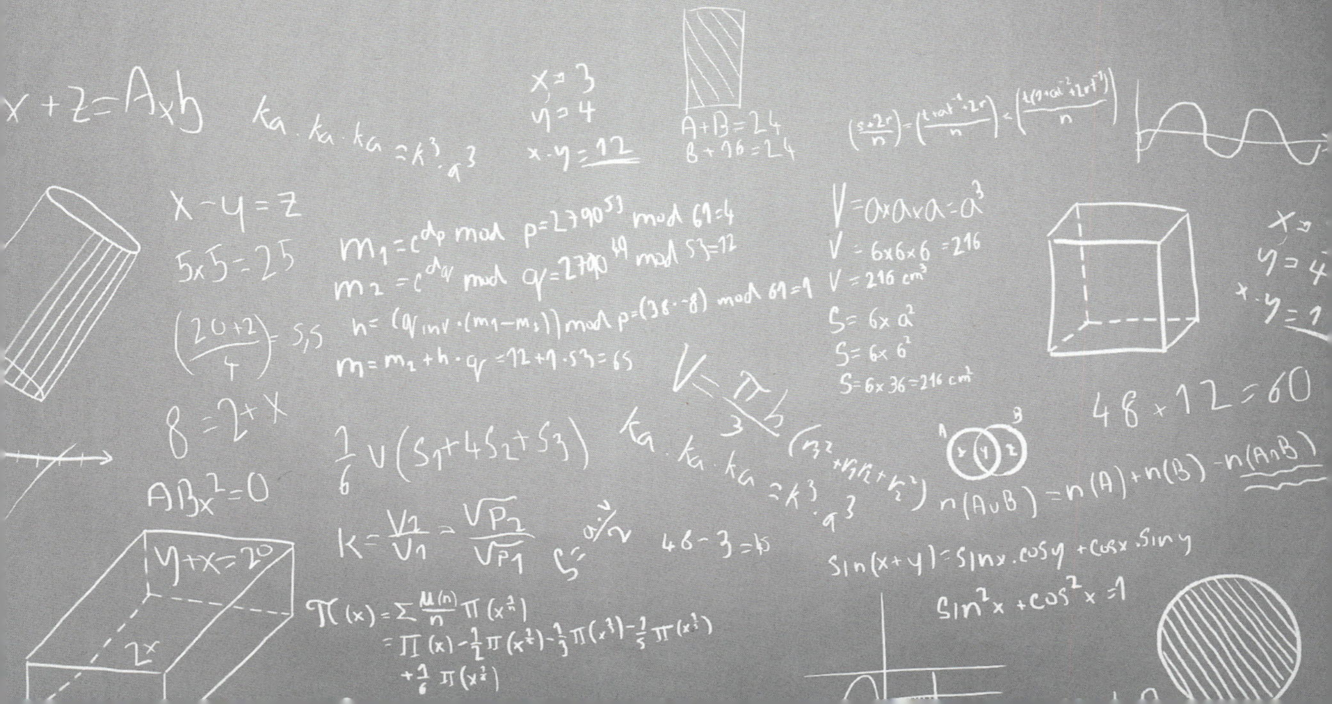

이 장에서는 어떤 집합에서 발생하는 실험이나 원소의 개수 등 가능한 결과의 수를 판별하는 몇 가지의 방법에 대하여 생각한다.

1.1 곱의 원리(셈의 기본법칙)

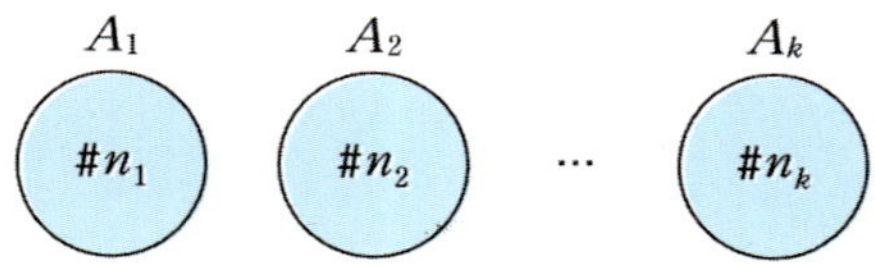

원소의 개수가 $n_1, n_2, \cdots, n_k$인 집합 $A_1, A_2, \cdots, A_k$에서 각각 한 개의 원소를 택하여 나열한 순서열의 개수는 $n_1 n_2 \cdots n_k$ 이다.

예 1-1 서울에서 대전으로 가는 방법은 세 가지 방법이 있고 대전에서 부산으로 가는 방법은 두 가지가 있다. 그러면 서울에서 대전을 거쳐 부산으로 가는 방법의 수는 몇 가지인가?

풀이 곱의 원리에 의해 서울에서 대전을 거쳐 부산으로 가는 방법의 수는 $3 \cdot 2 = 6$ 가지이다.

예 1-2 차의 번호판이 두 개의 다른 알파벳 문자와 첫 번째 숫자가 0이 아닌 세 개의 숫자가 차례로 구성되어 있다면 몇 개의 차의 번호판을 만들 수 있는가?

풀이 첫 번째 문자는 26개의 다른 방법으로, 두 번째 문자는 25개의 다른 방법으로 첫 번째 숫자는 아홉 가지 방법과 열 가지 방법에서의 다른 두 숫자를 각각 인쇄할 수 있다. 그러므로

$$26 \cdot 25 \cdot 9 \cdot 10 \cdot 10 = 585000$$

가지의 다른 번호판을 인쇄할 수 있다.

1.2 순열(Permutation)

n개의 원소를 가진 집합에서 k개의 서로 다른 원소를 택하여 이룬 순서열(z_1, z_2, $\cdots$, z_k)을 n개에서 k개를 택한 순열($_nP_k$)이라 하고, 중복을 허락하여 이룬 순서열을 중복순열($_n\Pi_k$)이라 한다.

$$_nP_k = n(n-1)(n-2)\cdots(n-k+1) = \frac{n!}{(n-k)!},$$
$$_n\Pi_k = n^k$$

NOTE $n! = n\cdot(n-1)\cdots 2\cdot 1,\ 0! = 1$

예 1-3 문자 a, b, c, d, e, f 중에서 세 개를 선택하여 만들 수 있는 단어의 수는 몇 가지인가?

풀이 중복허락 않음: $_6P_3 = 6\times5\times4 = 120$

중복허락: $_6\Pi_3 = 6^3$

예 1-4 10명 중에서 각각 다른 사람으로 회장, 부회장, 총무를 선출할 수 있는 방법은 몇 가지인가?

풀이 $_{10}P_3 = 10\times9\times8 = 720$

예 1-5 DADDY 문자를 사용하여 만들 수 있는 다른 단어(모두 사용) 수는 몇 가지인가?

풀이 $D_1D_2D_3AY$, $D_2D_1D_3AY$, $D_3D_1D_2AY$,

$D_2D_3D_1AY$, $D_1D_3D_2AY$, $D_3D_2D_1AY$

위의 여섯 개 단어는 모두 같으므로 한 단어로 동일시한다. 따라서 총 가짓수를 $3! = 6$으로 나눈다.

$$\frac{5!}{3!} = \frac{120}{6} = 20$$

정리 1-1

n_1개 개체들이 같고, n_2개 개체들이 같고, …, n_r개 개체들이 같은 총 n개의 순열의 수는 다음과 같다.

$$\frac{n!}{n_1!n_2!\cdots n_r!} \quad (\text{단}, \ \sum_{i=1}^{r} n_i = n)$$

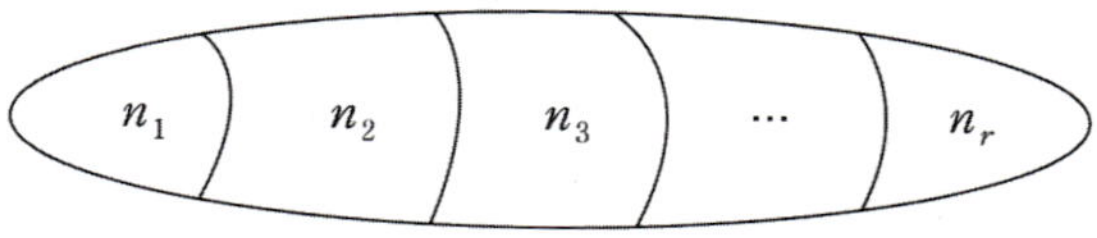

예 1-6 문자 banana로 만들 수 있는 단어의 수는 몇 가지인가?

풀이 문자 a가 3개, 문자 b가 1개, 그리고 문자 n이 2개이다. 따라서

$$\frac{6!}{3!1!2!} = 60$$

1.3 복원추출과 비복원추출

복원추출 : 원래 상태에서 r개 선택한다.

$$nn \cdots n = n^r$$

비복원추출 : 하나씩 차례로 r개 선택한다.

$$n(n-1)\cdots(n-r+1) = {}_nP_r = \frac{n!}{(n-r)!}$$

예 1-7 52장의 카드 한 패에서 3장을 선택하는 각각의 경우의 수를 구하여라.

(i) 복원추출 (ii) 비복원추출 (iii) 동시추출

풀이 (i) 복원추출: $52 \times 52 \times 52 = 52^3$

(ii) 비복원추출: $52 \times 51 \times 50$

(iii) 동시추출: $\binom{52}{3} = {}_{52}C_3$

NOTE 축차추출: 한 개씩 차례로 랜덤하게 추출(복원, 비복원추출)

동시추출: 동시에 n개 추출(순서무관)

1.4 조합(Combination)

n개의 원소를 가진 집합에서 k개의 서로 다른 원소를 택하여 이룬 집합 $\{z_1, z_2, \cdots, z_k\}$를 n개에서 k개를 택한 조합(${}_nC_k$)이라 한다. 즉 선택된 k개의 개체는 순서에 무관하다.

예 1-8 4개의 문자 a, b, c, d에서 3개를 택하는 조합을 구하여라.

풀이 ${}_4C_3 = \binom{4}{3} = \frac{4!}{(4-3)!3!} = 4$

NOTE (i) ${}_nC_r = \frac{{}_nP_r}{r!} = \frac{n!}{r!(n-r)!}$

(ii) 조합과 순열의 비교

$${}_4P_3 = 6 \times {}_4C_3 = 3! \times {}_4C_3$$

조합	순열
abc	abc, acb, bac, bca, cab, cba
abd	abd, adb, bad, bda, dab, dba
acd	acd, adc, cad, cda, dac, dca
bcd	bcd, bdc, cbd, cdb, dbc, dcb

예 1-9 6명의 사람 중에서 3명으로 구성된 위원회를 몇 개 만들 수 있는가?

풀이 $${}_6C_3 = \binom{6}{3} = \frac{6 \times 5 \times 4}{3!} = 20$$

예 1-10 한 어린이에게 3개의 연필과 다른 어린이들에게 각각 2개의 연필을 준다면 4명의 어린이 중에서 9개의 연필을 나누어줄 수 있는 방법은 몇 가지인가?

풀이 $$\binom{9}{3}\binom{6}{2}\binom{4}{2}\binom{2}{2} = \frac{9!}{3!2!2!2!} = 7560$$

정리 1-2 **순서분할(Ordered Partition)**

A는 n개의 원소로 이루어지고 구성된 A_1은 n_1개의 원소, A_2는 n_2개의 원소, $\cdots$, 그리고 A_r은 n_r개의 원소를 포함한다고 할 때, A의 순서분할의 수는 다음과 같다.

$$\frac{n!}{n_1!n_2!\cdots n_r!}$$

예 1-11 12명의 학생들 중에서 4명의 학생들을 포함하는 세 팀 A_1, A_2, 그리고 A_3로 분할할 수 있는 방법은 몇 가지인가?

풀이 순서분할과 같이7 $3! = 6$가지 방법으로 정렬할 수 있는 각각의 분할 $\{A_1, A_2, A_3\}$를 생각하자. 먼저 정리에서 볼 수 있듯이 그러한 순서분할은

$$\binom{12}{4}\binom{8}{4}\binom{4}{4} = \frac{12!}{4!4!4!} = 34650$$

가지이고, 비순서분할은

$$\frac{34650}{3!} = 5775$$

가지가 있다.

NOTE 이항계수(binomial coefficients) ${}_nC_r = \binom{n}{r}$와 그 성질

$$(a+b)^n = \sum_{r=0}^{n} \binom{n}{r} a^r b^{n-r}$$

$$= \binom{n}{0} a^0 b^n + \binom{n}{1} a^1 b^{n-1} + \cdots + \binom{n}{n} a^n b^0$$

① $\binom{n}{r} = \binom{n}{n-r}$

② $\binom{n+1}{r} = \binom{n}{r-1} + \binom{n}{r}$

③ $\binom{n}{0} + \binom{n}{1} + \cdots + \binom{n}{n} = 2^n$

④ $\binom{n}{0} - \binom{n}{1} + \binom{n}{2} + \cdots + (-1)^n \binom{n}{n} = \sum_{r=0}^{n} (-1)^r \binom{n}{r} = 0$

⑤ $n, k \in N,\ k > n$ 이면 $\binom{n}{k} = 0$

예 1-12 n개로 구성된 집합 X의 부분집합의 개수를 구하여라.

풀이 원소가 r개($r \le n$)인 X의 부분집합의 개수는 $\binom{n}{r}$이다. 따라서

$$\binom{n}{0} + \binom{n}{1} + \cdots + \binom{n}{n} = 2^n$$

예 1-13 주머니 안에 검은 공 4개와 흰 공 4개가 있다. 주머니에서 2개의 공을 다음과 같이 추출할 때 2개의 공이 모두 검은 공일 확률을 구하여라.

(i) 동시추출 (ii) 비복원추출 (iii) 복원추출

풀이

(ⅰ) 동시추출 : $\dfrac{\binom{4}{2}}{\binom{8}{2}} = \dfrac{3}{14}$

(ⅱ) 비복원추출 : $\dfrac{4}{8} \times \dfrac{3}{7} = \dfrac{3}{14}$

(ⅲ) 복원추출 : $\dfrac{4}{8} \times \dfrac{4}{8} = \dfrac{1}{4}$

1.5 수형도(Tree Diagrams)

수형도는 각 실험이 유한개의 방법으로 발생하는 실험의 수열에서 가능한 모든 결과를 계산하는 데 사용하는 방법이다.

예 1-14 $A = \{1, 2\}$, $B = \{a, b, c\}$, $C = \{3, 4\}$일 때 $A \times B \times C$를 구하여라.

풀이 수형도는 다음과 같다.

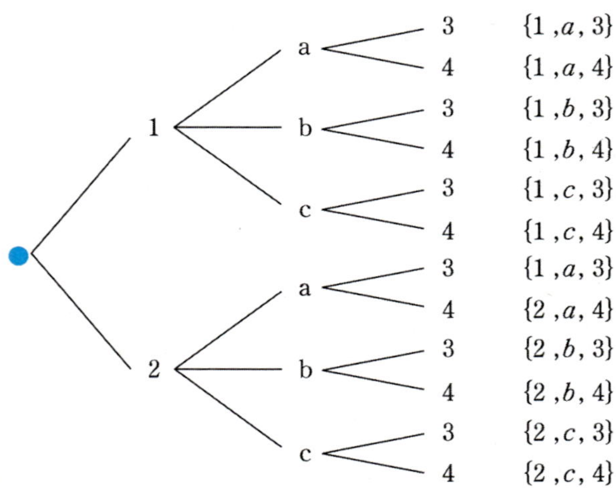

예 1-15 김씨와 박씨는 테니스 대회에서 경기를 하고자 한다. 연속하여 두 게임을 이긴 사람 또는 세 게임을 먼저 이긴 사람이 승리한다면 가능한 결과를 수형도로 표현하여라.

풀이 수형도는 다음과 같다.

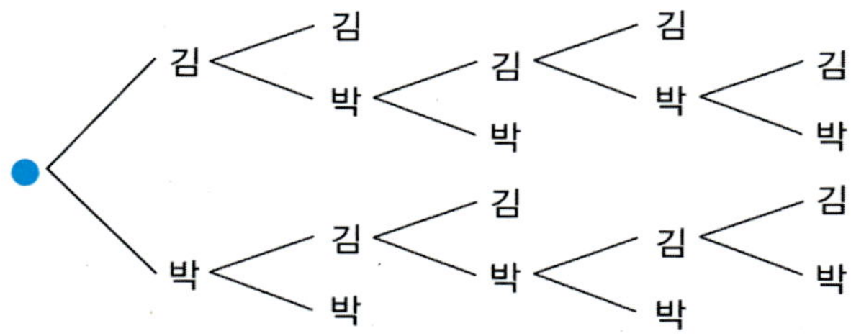

CHAPTER 01

연습문제

1-1 7명의 사람이 파티에서, (ⅰ) 7열의 의자에, (ⅱ) 원형 테이블 주위에 정렬하여 앉는 방법은 몇 가지인가?

1-2 6개의 깃발을 달고 있는 깃대에서, 4개의 붉은색 깃발과 2개의 청색 깃발로 만들어지는 서로 다른 신호의 종류는 몇 가지인가?

1-3 8개의 공이 들어 있는 단지에서 3개의 공을 선택하는 방법의 수를 (ⅰ) 복원추출, (ⅱ) 비복원추출로 각각 구하여라.

1-4 $\binom{n+1}{r} = \binom{n}{r-1} + \binom{n}{r}$을 증명하여라.

1-5 7명의 남성과 5명의 여성 중에서 3명의 남성과 2명의 여성을 포함하는 위원회를 구성할 수 있는 방법은 몇 가지인가?

1-6 한 반에 12명의 학생이 있다. 4명의 학생이 각각 시험을 본다면 12명의 학생이 세 가지의 다른 시험을 볼 수 있는 방법은 몇 가지인가?

1-7 항아리에 12개의 공이 있다. 항아리 안의 공을 3개씩 비복원으로 연속하여 뽑을 수 있는 방법은 몇 가지인가?

1-8 선생님이 6명의 자격이 있는 학생 중에서 한 명 또는 그 이상의 학생을 택할 수 있는 방법은 몇 가지인가?

1-9 한 사람이 기껏해야 5번의 룰렛 게임을 하고자 한다. 각 게임에서 그가 이기면 1파운드를 따고 지면 1파운드를 잃는다. 그 사람은 1파운드를 가지고 시작하고, 그가 그의 돈을 모두 잃거나 3파운드를 따면, 즉 4파운드를 갖게 된다면 5번의 게임을 하기 전에 멈출 것이다. 그러한 배팅이 일어날 방법의 수를 구하여라.

1-10 A팀과 B팀이 선수권대회에서 게임을 한다. 연속적으로 2게임을 이기거나 4게임을 먼저 이기는 팀이 승리하는 것으로 한다. 선수권대회에서 발생할 수 있는 방법은 몇 가지인가?

1-11 다음의 그림에서 A, B, ⋯, F를 섬이라 하고, 선은 섬들을 연결하는 다리라고 하자. 한 사람이 A에서 시작하여 섬에서 섬으로 걷는다고 하자. 그가 같은 다리를 두 번 건너지 않고 걸을 수 있는 길의 수를 구하여라.

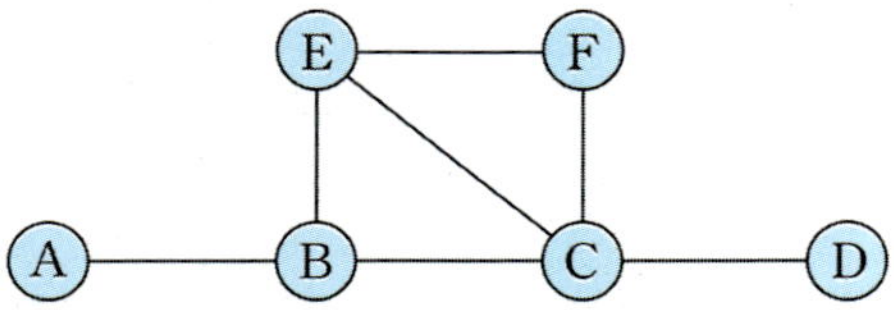

1-12 서로 다른 숫자로 구성된 세 자리 자연수가 있을 때 다음을 구하여라.

(1) 500보다 큰 숫자는 몇 개인가?

(2) 홀수인 숫자는 몇 개인가?

(3) 5의 배수는 몇 개인가?

1-13 52장으로 구성된 카드에서 5장의 카드로 하는 포커(poker)게임을 할 때 다음의 경우의 수를 구하여라.

(1) 스트레이트 플러쉬(같은 무늬의 다섯 장의 숫자가 연속된 경우)

(2) 스트레이트(무늬는 다르더라도 다섯 장의 숫자가 연속된 경우)

(3) 포 카드(4개의 숫자가 같음)

(4) 에이스(A) 원 페어(one pair)

CHAPTER

02 확률의 기본 개념

확률은 일어난 기회의 측도로써 실수 0과 1 사이의 값으로 나타낸다. 예를 들면 주사위를 한 번 던졌을 때 눈 3이 나올 확률은 $\frac{1}{6}$이다. 여기서 주목할 것은 주사위가 공정하게 각각의 눈들이 나타날 똑같은 가능성(equally likely)을 가졌다는 점이다. 또 확률값 $\frac{1}{6}$의 의미는 무수히 반복 시행함으로써 얻을 수 있는 값이다.

우리가 확률을 배우는 목적은 세 가지로 말 할 수 있다. 첫째는 날씨 예상, 지진 재해 예상, 전구의 평균수명, 그리고 보험회사에서 프리미엄(premium) 책정 등의 불확실성(uncertainity)을 측도한다. 둘째는 주가 주기, 경기 변동의 모형화 등의 법칙(law)을 발견한다. 셋째는 여론조사, 신약개발, 그리고 품질관리 등등의 통계에 이용한다.

2.1 표본공간과 사상

확률을 계산하려면 확률실험을 행한다. 이때 모든 가능한 실험결과들의 집합을 **표본공간**이라 하고 관심 있는 실험결과들의 집합을 **사상** 또는 **사건**(event)이라고 한다. 예를 들면 주사위를 1회 던졌을 때 표본공간 $S=\{1, 2, 3, 4, 5, 6\}$이고, 사상 $A=\{3\}$으로 사상은 항상 표본공간의 부분집합이다.

> **표본공간** : 표본추출이나 통계실험을 통해 얻어진 가능한 모든 결과로 S, Ω로 표시한다.
>
> **사　　상** : 표본공간 S의 부분집합을 사상 또는 사건이라 하며 A, B, C 등을 이용해서 표시한다.

공집합 $\varnothing$은 불가능한 사상(impossible event)이며 S는 확실한 사상(sure event)이라 부른다.

여러 가지 집합 연산을 사용하여 새로운 사상의 형태는 다음과 같다.

(i) $A \cup B$는 A가 발생하거나 B가 발생(또는 양쪽 모두 발생)하는 사상이다. 즉 적어도 한 사상이 발생하는 사상이다.

(ii) $A \cap B$는 A와 B가 동시에 발생하는 사상이다.

(iii) A^c는 A가 발생하지 않는 사상이다.

두 사건 A와 B가 공통된 부분이 없을 때, 즉 $A \cap B = \varnothing$일 때 서로 배반적(mutually exclusive)이라 부른다. 다시 말하면, A와 B가 동시에 일어나지 않을 때 서로 배반적이라고 한다.

2.2 확률 공리(Axiom)와 성질

확률의 고전적 정의와 공리적 정의는 다음과 같다.

정의 2-1 고전적 정의

표본공간 S가 유한이고 각각의 원소가 일어날 가능성이 같을 때 사상 A의 확률 $P(A)$로 정의되며 $|A|$는 사상 A의 원소의 개수를 나타낸다.

$$P(A) = \frac{|A|}{|S|}$$

정의 2-2 공리적 정의

(P1) $0 \le P(A) \le 1$

(P2) $P(S) = P(\Omega) = 1$

(P3) A_1과 A_2가 서로 배반인 사상에 대하여

$$P(A_1 \cup A_2) = P(A_1) + P(A_2)$$

를 만족할 때 P를 확률함수(probability function)라 하며 $P(A)$를 사상 A에 대한 확률(probability)이라고 한다.

NOTE 여기에서 (P2)와 (P3)을 이용하면 다음이 성립한다.

(i) $P(\varnothing)=0$ $(1=P(\varnothing\cup\Omega)=P(\varnothing)+P(\Omega)=P(\varnothing)+1)$

(ii) 만일 $A_1, A_2, \cdots$ 수열들이 유한 또는 가산 무한개(countably infinite) 사상이고 서로 배반일 때($i\neq j$, $A_i\cap A_j=\varnothing$) 다음이 성립한다.

$$P(A_1\cup A_2\cup\cdots)=P(A_1)+P(A_2)+\cdots=\sum P(A_i)$$

(iii) 임의의 두 사상 $A_1\cup A_2$에 대하여

$$P(A_1\cup A_2)\leq P(A_1)+P(A_2)$$

예를 들면 하나의 주사위를 던졌을 때

$$A_1=\{\text{눈이 짝수}\},\ A_2=\{\text{눈이 홀수}\},\ A_3=\{\text{눈이 }3\}$$

인 사상이라 하자. 이때 $S=\{1, 2, \cdots, 6\}$이고

$$P(A_1)=P(A_2)=\frac{1}{2},\ P(A_3)=\frac{1}{6}$$

이다. 또한

$$P(A_1\cap A_2)=P(\phi)=0,$$

$$P(A_1\cup A_2)=P(S)=1,$$

$$P(A_1\cup A_3)=P(A_1)+P(A_3)=\frac{2}{3},$$

$$P(A_2\cup A_3)=P(A_2)=\frac{1}{2}<P(A_2)+P(A_3)=\frac{2}{3}$$

임을 알 수 있다. 위의 정의를 이용하면 다음의 정리들이 성립된다.

정리 2-1

$$P(A^c) = 1 - P(A)$$

증명 $A \cup A^c = \Omega,\ A \cap A^c = \varnothing$ 이므로

$1 = P(\Omega) = P(A \cup A^c) = P(A) + P(A^c)$이다. 따라서

$$P(A^c) = 1 - P(A)$$

정리 2-2

$$P(A^c \cap B) = P(B) - P(A \cap B)$$

증명 (i) $A \cap B = \varnothing$ 이면 $A^c \cap B = B$이므로

$$P(B) - P(A \cap B) = P(B)$$

(ii) $A \cap B \neq \varnothing$ 이면 $B = (A \cap B) \cup (A^c \cap B)$이므로

$$P(B) = P(A \cap B) + P(A^c \cap B)$$

($\because$ $(A \cap B)$ & $(A^c \cap B)$는 서로 배반)

정리 2-3

$$A \subset B\text{이면 } P(A^c \cap B) = P(B) - P(A)$$

증명 $A \cap B = A,\ P(A^c \cap B) \geq 0$, 그리고 정리 2.2에 의해

$P(B) = P(A) + P(A^c \cap B)$

정리 2-4

$$P(A\cup B)=P(A)+P(B)-P(A\cap B)$$

증명 $A\cup B=A\cup(A^c\cap B)$, $A\cap(A^c\cap B)=\varnothing$ 이고 정리 2.2에 의해

$$\begin{aligned} P(A\cup B) &= P(A)+P(A^c\cap B) \\ &= P(A)+P(B)-P(A\cap B) \end{aligned}$$

예 2-1 $P(A)=0.7$, $P(B)=0.5$이고 $P(A\cap B)=0.3$일 때 $P(A^c)$, $P(B^c)$, $P(A^c\cap B)$, $P(A\cup B)$, $P(A\cup B^c)$, $P(A\cap B^c)$, $P(A^c\cap B^c)$, $P(A^c\cup B^c)$의 확률을 구하여라.

풀이

$P(A^c)=1-P(A)=1-0.7=0.3$,

$P(B^c)=1-P(B)=0.5$,

$P(A^c\cap B)=P(B)-P(A\cap B)=0.5-0.3=0.2$,

$P(A\cup B)=P(A)+P(B)-P(A\cap B)=0.9$,

$P(A\cup B^c)=0.7+0.5-0.4=0.8$,

$P(A\cap B^c)=0.7-0.3=0.4$,

$$\begin{aligned} P(A^c\cap B^c) &= P(B^c)-P(A\cap B^c)=0.5-0.4=0.1 \\ &= P((A\cup B)^c)=1-P(A\cup B)=1-0.9=0.1, \end{aligned}$$

$P(A^c\cup B^c)=P((A\cap B)^c)=1-P(A\cap B)=1-0.3=0.7$

NOTE (1) $P(A\cup B)=P(A)+P(B)-P(A\cap B)$

(2) $$\begin{aligned} P(A\cup B\cup C) &= P(A)+P(B)+P(C) \\ &\quad -P(A\cap B)-P(A\cap C)-P(B\cap C) \\ &\quad +P(A\cap B\cap C) \end{aligned}$$

(3) $P\left(\bigcup_{i=1}^{n} A_i\right)=\sum_{k=1}^{n}(-1)^{k-1}S_k$, 여기서

$S_1=\sum_{i=1}^{n}P(A_i)$,

$$S_2 = \sum_{1 \le i < j \le n} P(A_i \cap A_j),$$

$$\vdots$$

$S_n = P(A_1 \cap A_2 \cap \cdots \cap A_n)$이므로, 예를 들면 $(n=5)$

$$\begin{aligned} P\left(\bigcup_{i=1}^{5} A_i\right) &= \sum_{i=1}^{5} P(A_i) - \sum_{1 \le i < j \le 5}^{5} P(A_i \cap A_j) \\ &\quad + \sum_{1 \le i < j < k \le 5}^{5} P(A_i \cap A_j \cap A_k) \\ &\quad - \sum_{1 \le i < j < k < l \le 5}^{5} P(A_i \cap A_j \cap A_k \cap A_l) \\ &\quad + P(A_1 \cap A_2 \cap A_3 \cap A_4 \cap A_5) \\ &= S_1 - S_2 + S_3 - S_4 + S_5 \end{aligned}$$

예 2-2 주소와 내용이 다른 편지봉투 5장과 편지 5장이 있다. 만일 임의로(random) 편지를 봉투에 넣었다고 가정할 때 적어도 한 편지가 올바른 편지봉투에 들어갈 확률은?

풀이 $A_1 = \{\text{편지}1 - \text{봉투}1\}$

1 2 3 4 5 $\quad 5! = 120$

$$P(A_i) = \frac{4!}{5!} = \frac{1}{5},$$

$$P(A_i \cap A_j) = \frac{3!}{5!} = \frac{1}{20},$$

$$P(A_i \cap A_j \cap A_k) = \frac{2!}{5!} = \frac{1}{60},$$

$$P(A_i \cap A_j \cap A_k \cap A_l) = \frac{1!}{5!} = \frac{1}{120},$$

$$P(A_1 \cap A_2 \cap A_3 \cap A_4 \cap A_5) = \frac{1}{120},$$

$$P\left(\bigcup_{i=1}^{5} A_i\right) = \sum_{i=1}^{5} P(A_i) - \sum_{1 \le i < j \le 5}^{5} P(A_i \cap A_j)$$

$$+\sum_{1\le i<j<k\le 5}^{5} P(A_i\cap A_j\cap A_k)$$

$$-\sum_{1\le i<j<k<l\le 5}^{5} P(A_i\cap A_j\cap A_k\cap A_l)$$

$$+P(A_1\cap A_2\cap A_3\cap A_4\cap A_5)$$

$$=\sum_{i=1}^{5}\frac{1}{5}-\sum_{1\le i<j\le 5}^{5}\frac{1}{20}+\sum_{1\le i<j<k\le 5}^{5}\frac{1}{60}$$

$$-\sum_{1\le i<j<k<l\le 5}^{5}\frac{1}{120}+\frac{1}{120}$$

$$=\binom{5}{1}\times\frac{1}{5}-\binom{5}{2}\times\frac{1}{20}+\binom{5}{3}\times\frac{1}{60}$$

$$-\binom{5}{4}\times\frac{1}{120}+\frac{1}{120}$$

$$=\frac{19}{30}$$

NOTE 짝짓기 문제(Matching Problem)

$$P\left(\bigcup_{i=1}^{n}A_i\right)=\sum_{k=1}^{n}\binom{n}{k}\frac{(n-k)!}{n!}(-1)^{k-1}=\sum_{k=1}^{n}\frac{(-1)^{k-1}}{k!}$$

$$=1-\frac{1}{2!}+\frac{1}{3!}-\cdots+\frac{(-1)^{n-1}}{n!}$$

$$\fallingdotseq 1-e^{-1}$$

$$\left(e^x=1+\frac{x}{1}+\frac{x^2}{2!}+\frac{x^3}{3!}+\cdots\right)$$

예 2-3 $P(A)=0.4$, $P(B)=0.3$, 그리고 $P(A\cap B)=0.35$일 때, $P(A\cup B)$를 구하여라.

풀이 $P(A\cap B)=0.35>P(B)=0.3$ 이므로 모순이다.

정리 2-5

임의의 자연수 n에 대하여,

$$P(A_1 \cup A_2 \cup \cdots \cup A_n) \le P(A_1) + P(A_2) + \cdots + P(A_n).$$

즉 $P\left(\bigcup_{i=1}^{n} A_i\right) \le \sum_{i=1}^{n} P(A_i)$

증명 $P(A_1 \cup A_2) \le P(A_1) + P(A_2)$, $\bigcup_{i=1}^{n} A_i = \left(\bigcup_{i=1}^{n-1} A_i\right) \cup A_n$이고

$$P\left(\bigcup_{i=1}^{n} A_i\right) \le P\left(\bigcup_{i=1}^{n-1} A_i\right) + P(A_n)$$

이므로 이 과정을 계속하면 위 식이 성립한다.

예 2-4 어떤 기계가 25개 부품으로 구성되어 있다. 각 부품의 수명은 5년 안에 고장나지 않을 확률 각각 0.998로 동일하다고 가정하자. 이때 이 기계가 5년 동안 고장나지 않을 확률을 구하여라.

풀이 $A_i = \{i$ 번째 부품이 고장 날 사상$\}$,

$$A_1,\ A_2,\ \cdots,\ A_{25}$$

$B = \{$기계가 5년 동안 고장나지 않을 사상$\}$
이라 하자. 그러면

$$B = A_1^c \cap A_2^c \cap \cdots \cap A_{25}^c, \quad \text{i.e.} \quad B^c = A_1 \cup A_2 \cup \cdots \cup A_{25}.$$

따라서

$$\begin{aligned}P(B) &= 1-P(B^c)\\ &= 1-P\left(\bigcup_{i=1}^{25} A_i\right)\\ &\geq 1-\sum_{i=1}^{25} P(A_i)\\ &= 1-25(1-0.998)=0.95\end{aligned}$$

NOTE (1) 부울(Boole) 부등식

$$P\left(\bigcup_{i=1}^{\infty} A_i\right) \leq \sum_{i=1}^{\infty} P(A_i)$$

증명 수학적 귀납법으로 증명한다.

NOTE (2) 본페로니(Bonferroni) 부등식

$$P\left(\bigcap_{i=1}^{n} A_i\right) \geq 1-\sum_{i=1}^{n} P(A_i^c)$$

증명 $\bigcap_{i=1}^{n} A_i = \left(\bigcup_{i=1}^{n} A_i^c\right)^c \Leftrightarrow P\left(\bigcap_{i=1}^{n} A_i\right) = P\left\{\left(\bigcup_{i=1}^{n} A_i^c\right)^c\right\}$

$\Leftrightarrow P\left(\bigcap_{i=1}^{n} A_i\right) = 1-P\left(\bigcup_{i=1}^{n} A_i^c\right)$

$\therefore P\left(\bigcap_{i=1}^{n} A_i\right) \geq 1-\sum_{i=1}^{n} P(A_i^c)$

($\because$ 부울 부등식에 의하면,

$$\begin{aligned}P\left(\bigcup_{i=1}^{n} A_i^c\right) \leq \sum_{i=1}^{n} P(A_i^c) &\Leftrightarrow -P\left(\bigcup_{i=1}^{n} A_i^c\right) \geq -\sum_{i=1}^{n} P(A_i^c)\\ &\Leftrightarrow 1-P\left(\bigcup_{i=1}^{n} A_i^c\right) \geq 1-\sum_{i=1}^{n} P(A_i^c))\end{aligned}$$

예 2-5 두 사람이 일정한 장소에서 12시에서 1시 사이에 만나기로 하고, 두 사람 중 먼저 도착한 사람은 20분 동안 기다리기로 약속하였다. 두 사람이 12시에서 1시 사이에 랜덤하게 도착한다고 할 때, 두 사람이 만나게 될 확률을 구하여라.

풀이 두 사람이 도착하는 시각을 각각 12시 x분, y분이라 하면, 두 사람이 만난다는 것은 $|x-y| \leq 20$이다.

$S=\{(x, y) | 0 \leq x \leq 60,\ 0 \leq y \leq 60\}$

$A=\{(x, y) \in S \mid |x-y| \leq 20\}$

$P(A)=\dfrac{60^2-40^2}{60^2}=\dfrac{5}{9}$

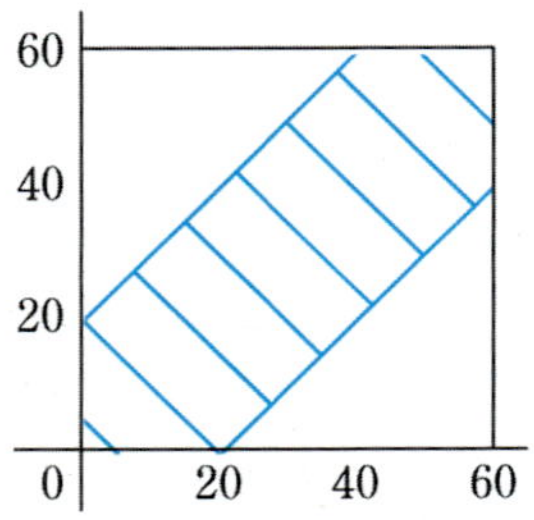

CHAPTER 02

연습문제

2-1 3개의 볼트와 3개의 너트가 상자 안에 있다. 무작위로 2개를 택할 때 1개가 볼트이고 1개가 너트일 확률을 구하여라.

2-2 한 쌍의 주사위를 던졌다. 2개의 숫자의 최댓값이 4보다 클 확률을 구하여라.

2-3 O를 중간점으로 하는 선분 AB에서 무작위로 한 점 X를 택하려고 한다. 선분 AX, XB, AO가 삼각형이 될 확률을 구하여라.

2-4 사건 A, B가

$$P(A \cup B) = \frac{7}{8},\ P(A \cap B) = \frac{1}{4},\ P(A^c) = \frac{5}{8}$$

를 만족하는 사건이라고 할 때 $P(A \cap B^c)$를 구하여라.

2-5 사건 A, B가

$$P(A) = \frac{1}{2},\ \ P(A \cup B) = \frac{3}{4},\ \ P(B^c) = \frac{5}{8}$$

일 때 $P(A \cap B)$, $P(A^c \cap B^c)$, $P(A^c \cup B^c)$를 구하여라.

2-6 공정한 동전을 5번 던지는 실험을 생각하자. 앞면이 전혀 나오지 않을 확률을 구하여라.

2-7 15개의 전구 중에 5개의 결함이 있는 전구가 있는데 이것 중에서 무작위로 3개의 전구를 택하려고 한다. 이때

(i) 모두 결점이 없는 전구를 선택할 수 있는,

(ii) 오직 하나만의 결점이 있는,

(iii) 적어도 하나가 결점이 있는 전구를 선택할 수 있는 확률 P를 구하여라.

2-8 학생 A, B, C 세 명이 수영경기에 참가하고 있다. A와 B는 승률이 같고 C보다 승률이 2배이다. B나 C가 승리할 확률을 구하여라.

2-9 한 농구팀은 수비수, 공격수, 중견수 3명으로 구성되어 있다. 만일 3명으로 구성된 3개의 농구팀으로부터 각각 1명씩의 선수를 무작위로 선발한다.

(1) 선발된 선수가 완전한 팀을 이룰 확률은?

(2) 선발된 3명의 선수 모두가 같은 포지션일 확률은?

2-10 52장의 카드에서 무작위로 13장의 카드를 뽑을 때 같은 무늬의 에이스와 킹이 있을 확률을 구하여라.

2-11 평면 R^2에서 X를 양 좌표가 모두 정수인 점들의 부분집합이라고 하자. 지름이 $\frac{1}{2}$인 동전을 평면에 던졌을 때, 동전이 X의 점들을 덮을 확률을 구하여라.

2-12 1에서 10 사이의 자연수 중에서 3개를 동시에 뽑을 때 다음의 확률을 구하여라.

(1) 합이 짝수

(2) 곱이 짝수

2-13 남자와 여자 각각 5명이 임의로 한 줄로 앉을 때, 같은 성의 어떤 두 사람도 함께 앉지 않을 확률을 구하여라.

2-14 A와 B 두 사람이 내기 게임을 한다. 두 사람 모두 판돈으로 금화 12개씩 걸고, 먼저 여섯 게임을 이긴 사람이 내기에 건 금화 24개를 모두 갖기로 했다. 그러나 A가 다섯 게임을 이기고 B가 세 게임을 이겼을 때 경기가 중단되었다. 두 사람의 실력이 같다고 할 때, 그들은 내기 게임에 건 돈을 어떻게 나누어야 공정한가?

2-15 변의 길이가 3인 정삼각형 안에서 무작위로 한 점을 택한다고 할 때, 세 꼭지점에서 두 점 사이의 거리가 1보다 클 확률을 구하여라.

2-16 구간 $(0, \frac{\pi}{2})$에서 임의로 한 점을 택할 때, 그 점의 $\sin$값이 $\cos$값보다 클 확률을 구하여라.

2-17 한 벌의 카드에서 카드 5장을 나누어 줄 때(Poker) 다음의 확률을 구하여라. (단, 일어날 수 있는 경우의 가능성은 동일하다.)

(1) 풀 하우스(3장이 동일한 단위이고 2장이 또 다른 동일한 단위일 경우)

(2) 로얄플러시(에이스, 킹, 퀸, 잭, 10이면서 모두 무늬가 같은 경우)

(3) 투 페어(같은 단위가 두 쌍이 있는 경우)

(4) 트리플(같은 단위가 세 개인 경우)

2-18 10개의 서로 다른 물건에서 무작위로 3개를 복원추출할 때 다음의 확률을 구하여라.

(1) 같은 물건이 두 번 이상 뽑히지 않을 확률

(2) 한 물건이 적어도 두 번 이상 뽑힐 확률

CHAPTER

03

조건부 확률과 독립성

3.1 조건부 확률

조건부 확률은 한 사상이 일어났다는 조건 하에 다른 사상이 일어날 확률이다. 사상 A가 발생하고 난 후 사상 B가 발생한 확률, 즉 표본공간 S에서 축소된 공간 A에 관한 B의 상대확률로서 $P(B|A)$로 표기한다.

정의 3-1

$$P(B|A) = \frac{P(A \cap B)}{P(A)} \quad (\text{단 } P(A) > 0),$$

$$\text{혹은 } P(A \cap B) = P(A)P(B|A)$$

예 3-1 주사위를 한 번 던질 때 B는 짝수, A는 눈이 4 이상의 사상이라 하자. 이때 확률 $P(B|A)$를 구하여라.

풀이 $P(A) = P(A|S) = \dfrac{3}{6}$ 이므로

$$P(B|A) = \frac{P(A \cap B)}{P(A)} = \frac{\frac{2}{6}}{\frac{3}{6}} = \frac{2}{3}$$

이다. 또 다른 방법으로는 표본공간이 $\{1, 2, 3, 4, 5, 6\}$에서 $\{4, 5, 6\}$으로 축소되어 B에 속하는 원소는 $\{4, 6\}$뿐이다. 그러므로

$$P(B|A) = \frac{|B \cap A|}{|A|} = \frac{2}{3}$$

예 3-2 한 쌍의 주사위를 던져 눈의 합이 6일 때 적어도 한 번 눈 2가 나올 확률을 구하여라.

풀이 $A = \{\text{눈의 합이 } 6\} = \{(1, 5), (2, 4), (3, 3), (4, 2), (5, 1)\}$이고

$B = \{\text{적어도 한 번 눈 } 2\}$

$= \{(2, 1), (2, 2), (2, 3), (2, 4), (2, 5), (2, 6),$
$(1, 2), (3, 2), (4, 2), (5, 2), (6, 2)\},$

$A \cap B = \{(2, 4), (4, 2)\}$이다. 따라서 정의에 의해

$$P(B|A) = \frac{P(A \cap B)}{P(A)} = \frac{\frac{2}{36}}{\frac{5}{36}} = \frac{2}{5}$$

이다. 표본공간을 축소하는 방법으로 계산하면

$$P(B|A) = \frac{|A \cap B|}{|A|} = \frac{2}{5}$$

이다.

예 3-3 어느 대학에서 40%가 여성이고 그 중 10%가 O형의 혈액형을 가졌다. 그 대학에서 랜덤하게(무작위) 한 사람을 뽑았을 때 O형을 가진 여성일 확률을 구하여라.

풀이 뽑힌 사람이 여성일 사상을 A, O형을 가질 사상을 B라 하면 40%가 여성이므로 $P(A) = 0.4$이고, 여성 중 10%가 O형의 혈액형을 가지고 있으므로 $P(B|A) = 0.1$ 이다. 따라서

$$P(A \cap B) = P(A)P(B|A) = 0.4 \times 0.1 = 0.04$$

예 3-4 주머니 안에 흰 공 3개와 빨간 공 2개가 있다. 하나씩 차례로 2개의 공을 무작위로 추출한다. 첫 번째 꺼낸 공이 빨간 공이였을 때, 두 번째 공이 빨간 공일 확률을 구하여라.

풀이 $A = \{$두 번째 꺼낸 공이 빨간 공일 사상$\}$,
$B = \{$첫 번째 꺼낸 공이 빨간 공일 사상$\}$
일 때

$$P(B) = \frac{2}{5},\ P(A \cap B) = \frac{2}{5} \times \frac{1}{4}$$

이므로

$$P(A|B)=\frac{\frac{2}{5}\times\frac{1}{4}}{\frac{2}{5}}=\frac{1}{4}$$

표본공간을 축소하는 방법으로 계산하면 표본공간이 흰 공 3개, 빨간 공 한 개로 축소된다. 따라서

$$P(A|B)=\frac{1}{4}$$

예 3-5 주머니 안에 2개의 빨간 공과 3개의 흰 공이 있다. 한 개의 공을 무작위 추출하여 그 색깔을 확인한 후 같은 색깔의 공을 하나 더 주머니에 넣는다. 다음으로 두 번째 공을 추출한다. 이때 추출된 공이 모두 빨간 공일 확률을 구하여라.

풀이 $A=\{$두 번째 추출된 공이 빨간 공일 사상$\}$,
$B=\{$첫 번째 추출된 공이 빨간 공일 사상$\}$
이라 하면

$$P(B)=\frac{2}{5},\quad P(A|B)=\frac{3}{6}$$

따라서

$$P(A\cap B)=P(B)P(A|B)=\frac{2}{5}\times\frac{3}{6}=\frac{1}{5}$$

NOTE A_1, A_2, $\cdots$ 사건들이 상호배반 사상들이면 임의의 사상 B에 대하여 $A_1\cap B$, $A_2\cap B$, $\cdots$ 또한 상호배반 사상들이다. 따라서 다음이 성립한다.

$$P\left(\bigcup_{i=1}^{\infty}A_i\,\middle|\,B\right)=\frac{P\left(\left(\bigcup_{i=1}^{\infty}A_i\right)\cap B\right)}{P(B)}=\frac{P\left(\bigcup_{i=1}^{\infty}(A_i\cap B)\right)}{P(B)}$$

$$=\sum_{i=1}^{\infty}\frac{P(A_i\cap B)}{P(B)}=\sum_{i=1}^{\infty}P(A_i|B)$$

정리 3-1

$P(A_1) > 0$와 $P(A_1 \cap A_2) > 0$인 사상 A_1, A_2, 그리고 A_3에 대하여 다음이 성립한다.

$$P(A_1 \cap A_2 \cap A_3) = P(A_1)P(A_2 | A_1)P(A_3 | A_1 \cap A_2)$$

일반적으로

$$P(A_1 \cap A_2 \cap \cdots \cap A_k) > 0 \ \ (1 \le k \le n-1)$$

인 사상 $A_1, A_2, \cdots, A_n$에 대하여

$$\begin{aligned} &P(A_1 \cap A_2 \cap \cdots A_n) \\ &\quad = P(A_1)P(A_2 | A_1) \cdots P(A_n | A_1 \cap A_2 \cap \cdots \cap A_{n-1}) \end{aligned}$$

증명 $P(A_2 | A_1) = \dfrac{P(A_1 \cap A_2)}{P(A_1)}$,

$$P(A_3 | A_1 \cap A_2) = \frac{P(A_1 \cap A_2 \cap A_3)}{P(A_1 \cap A_2)}$$

을 대입하면 성립한다.

예 3-6 52장의 카드에서 한 장씩 뽑을 때 순서대로 2, 3, 8, 8이 나올 확률을 구하여라.

풀이 A_1 ={첫 번째 뽑은 카드가 2일 사상},

A_2 ={두 번째 뽑은 카드가 3일 사상},

A_3 ={세 번째 뽑은 카드가 8일 사상},

A_4 ={네 번째 뽑은 카드가 8일 사상}

이라 하면

$$P(A_1) = \frac{4}{52}, \ P(A_2 | A_1) = \frac{4}{51},$$

$$P(A_3 | A_1 \cap A_2) = \frac{4}{50},\ P(A_4 | A_1 \cap A_2 \cap A_3) = \frac{3}{49}$$

정리 3-1에 의하여

$$P(A_1 \cap A_2 \cap A_3 \cap A_4) = \frac{4}{52} \times \frac{4}{51} \times \frac{4}{50} \times \frac{3}{49} = 0.00003$$

예 3-7 $P(A) = 0.6$, $P(B) = 0.5$, 그리고 $P(A|B) = 0.4$일 때 $P(A \cup B)$를 구하여라.

풀이 $P(A \cap B) = P(A|B)P(B) = 0.4 \times 0.5 = 0.2$이므로

$$P(A \cup B) = P(A) + P(B) - P(A \cap B)$$
$$= 0.6 + 0.5 - 0.2 = 0.9$$

$A_1, A_2, \cdots, A_n$이 표본공간 S를 분할(partition)한다고 가정하자. 즉 $A_i \cap A_j = \varnothing$ $(i \neq j$, A_i와 A_j는 서로 배반적)이고

$$A_1 \cup A_2 \cup \cdots \cup A_n = S$$

이다. 그러면 임의의 사상 B에 대하여

$$B = S \cap B = (A_1 \cup A_2 \cup \cdots \cup A_n) \cap B$$
$$= (A_1 \cap B) \cup (A_2 \cap B) \cup \cdots \cup (A_n \cap B)$$

여기에서 $A_i \cap B$는 서로 배반적이므로 A_i의 조건부 확률은 다음과 같다.

$$P(B| A_i) = \frac{P(A_i \cap B)}{P(A_i)}$$

따라서 $P(A_i \cap B) = P(A_i)P(B| A_i)$이므로 다음과 같은 정리를 얻는다.

정리 3-2 **전체 확률 법칙(The total probability rule)**

사상 $A_1, A_2, \cdots, A_n$이 표본공간의 분할이고 $P(A_i)>0$이면, 임의의 사상 B에 대하여

$$P(B)=P(A_1\cap B)+P(A_2\cap B)+\cdots+P(A_n\cap B)$$
$$=P(A_1)P(B|A_1)+P(A_2)P(B|A_2)$$
$$+\cdots+P(A_n)P(B|A_n)$$

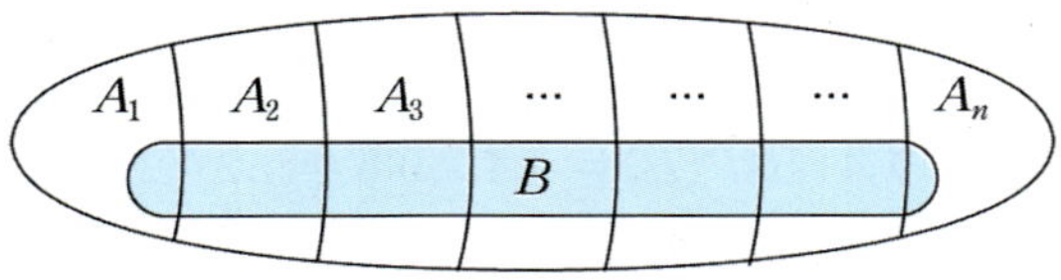

예 3-8 2개의 상자가 있다. 첫 번째 상자 안에는 빨간 공 2개, 흰 공 5개가 들어 있다. 두 번째 상자 안에는 빨간 공 3개, 흰 공 4개가 들어 있다. 첫 번째 상자에서 하나의 공을 꺼내 두 번째 상자에 넣고, 두 번째 상자에서 하나의 공을 꺼낼 때 빨간 공이 나올 확률을 구하여라.

풀이 $A=\{$두 번째 꺼낸 공이 빨간 공일 사상$\}$,
$C_1=\{$첫 번째 꺼낸 공이 빨간 공일 사상$\}$,
$C_2=\{$첫 번째 꺼낸 공이 흰 공일 사상$\}$,
이라 하면

$$P(A)=P(C_1\cap A)+P(C_2\cap A)$$
$$=P(C_1)P(A|C_1)+P(C_2)P(A|C_2)$$
$$=\frac{2}{7}\times\frac{4}{8}+\frac{5}{7}\times\frac{3}{8}=\frac{23}{56}$$

앞의 정리 3-2와 $P(A_i\cap B)=P(A_i)P(B|A_i)$를 이용하여 베이즈 정리를 얻는다.

정리 3-3 **베이즈 정리(Bayes' Theorem)**

$A_1, A_2, \cdots, A_n$이 S의 분할이고 B를 임의의 사건이라 하면

$$P(A_i|B)=\frac{P(A_i\cap B)}{P(B)}$$
$$=\frac{P(A_i)P(B|A_i)}{P(A_1)P(B|A_1)+P(A_2)P(B|A_2)+\cdots+P(A_n)P(B|A_n)}$$

(단 $P(A_i)>0,\ P(B)>0$)

예 3-9 어느 공장에서 세 개의 기계 M_1, M_2, M_3가 전체 품목의 40%, 35%, 25%를 각각 생산한다고 한다. 이 기계들의 생산품에 대한 불량률은 각각 5%, 3%, 4%이다. 한 생산품을 무작위로 추출할 때 이 생산품이 불량품일 확률을 구하여라. 또 불량품이 발견되었을 때 그것이 기계 M_1에서 생산되었을 확률을 구하여라.

풀이 $B=\{$불량품$\}$, $A_1=\{$기계 M_1의 생산품$\}$,
$A_2=\{$기계 M_2의 생산품$\}$, $A_3=\{$기계 M_3의 생산품$\}$
이라 하자. 그러면 정리 3-2에 의하여

$$P(B)=P(A_1\cap B)+P(A_2\cap B)+P(A_3\cap B)$$
$$=P(A_1)P(B|A_1)+P(A_2)P(B|A_2)+P(A_3)P(B|A_3)$$
$$=0.4\times 0.05+0.35\times 0.03+0.25\times 0.04=0.0405$$

베이즈 정리 3-3에 의하여

$$P(A_1|B)=\frac{P(A_1\cap B)}{P(B)}$$
$$=\frac{P(A_1)P(B|A_1)}{\sum_{i=1}^{3}P(A_i)P(B|A_i)}$$
$$=\frac{0.4\times 0.05}{0.0405}\fallingdotseq 0.49$$

예 3-10 한 질병에 대한 혈액검사의 적중률은 95%이다. 즉 실제 질병이 있는 사람의 혈액검사 결과가 양성으로 나타날 확률이 0.95이다. 또 실제로는 질병이 없는 사람의 혈액검사 결과가 양성으로 나타날 확률이 0.01이다. 이제 이 질병의 감염률이 1000명 중에서 5명 꼴로 희귀할 때, 혈액검사 결과가 양성으로 나타난 사람이 실제로 이 질병에 걸려 있을 확률을 구하여라.

풀이 $B=\{$혈액검사를 받는 사람이 실제로 이 질병에 걸려 있을 사건$\}$,
$A=\{$혈액검사 결과가 양성으로 나타날 사건$\}$
이라 하면

$$P(B)=0.005,\ P(A|B)=0.95,\ P(A|B^c)=0.01$$

이므로

$$\begin{aligned} P(B|A) &= \frac{P(A\cap B)}{P(A)} \\ &= \frac{P(A|B)P(B)}{P(A|B)P(B)+P(A|B^c)P(B^c)} \\ &= \frac{0.95\times 0.005}{0.95\times 0.005+0.01\times 0.995} \cong 0.323 \end{aligned}$$

즉 이 질병에 걸려 있으리라고 믿는 정도가 검사 전의 $P(B)=0.005$로부터 양성반응의 관측 후 $P(B|A)\cong 0.323$으로 변한다.

예 3-11 한 상자에 3장의 카드가 있다. 하나의 카드는 양면이 모두 빨간색이고, 두 번째 카드는 양면이 모두 초록색이며, 세 번째 카드는 한쪽은 빨간색이고 다른 쪽은 초록색이다. 상자에서 빨간색인 카드를 하나 꺼낼 때 뒷면도 빨간색일 확률을 구하여라.

풀이 $C_1=\{$양면이 빨간색인 카드일 사상$\}$,
$C_2=\{$양면이 초록색인 카드일 사상$\}$,
$C_3=\{$한 면은 빨간색, 다른 면은 초록색일 사상$\}$,
$A=\{$보이는 면이 빨간색일 사상$\}$
이라 하면 $1\le i\le 3$일 때

$$P(C_i) = \frac{1}{3},$$

$$P(A|C_1) = 1, P(A|C_2) = 0, P(A|C_3) = \frac{1}{2},$$

$$P(C_1|A) = \frac{P(A \cap C_1)}{P(A)}$$

$$= \frac{P(A|C_1)P(C_1)}{P(A|C_1)P(C_1) + P(A|C_2)P(C_2) + P(A|C_3)P(C_3)}$$

$$= \frac{1 \times \frac{1}{3}}{1 \times \frac{1}{3} + 0 + \frac{1}{2} \times \frac{1}{3}} = \frac{2}{3}$$

예 3-12 점 O을 출발하여 임의의 한 곳 B_1, B_2, B_3을 거쳐 A_i에 도착한다. 이때,

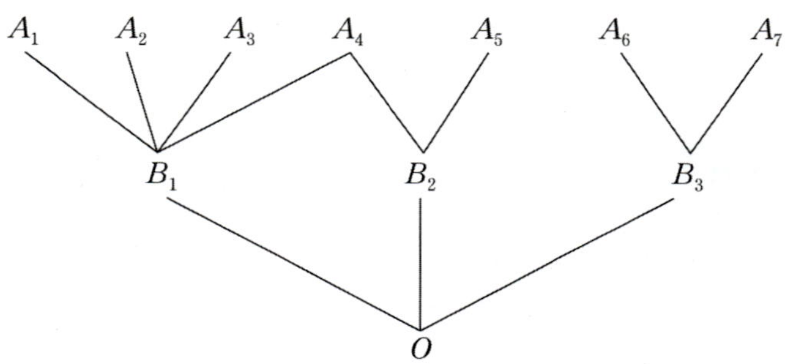

(i) A_4에 도착할 확률을 구하여라.

(ii) A_4에 도착했을 때 B_1을 이용할 확률을 구하여라.

풀이 (i) $P(A_4) = P(A_4 \cap B_1) + P(A_4 \cap B_2) + P(A_4 \cap B_3)$

$$= P(A_4|B_1)P(B_1) + P(A_4|B_2)P(B_2) + P(A_4|B_3)P(B_3)$$

$$= \frac{1}{4} \times \frac{1}{3} + \frac{1}{2} \times \frac{1}{3} + 0 \times \frac{1}{3} = \frac{1}{4}$$

(ii) $P(B_1|A_4) = \dfrac{P(A_4 \cap B_1)}{P(A_4)}$

$$= \frac{P(A_4|B_1)P(B_1)}{P(A_4)} = \frac{P(A_4|B_1)P(B_1)}{\sum_{i=1}^{3} P(A_4|B_i)P(B_i)}$$

$$= \frac{\frac{1}{4} \times \frac{1}{3}}{\frac{1}{4}} = \frac{1}{3}$$

3.2 독립성

두 사상 A, B에 대하여 사상 B는 사상 A가 발생하거나 또는 발생하지 않거나 영향을 미치지 않는다. 이때 사상 B는 사상 A와 독립(independent)이라 한다.

다시 말하면 사상 B의 확률은 사상 A에 대한 B의 조건부 확률과 같다. 즉 $P(A|B) = P(A)$이거나 $P(B|A) = P(B)$이다.

정의 3-2 **독립**

$P(A \cap B) = P(A) \cdot P(B)$이면 사상 A와 B는 독립이다. 만일 이 식이 성립하지 않으면 종속(dependent)이라 한다.

NOTE (1) $P(A) = 0$ 또는 $P(B) = 0$이면 A와 B는 서로 독립이다.

(2) $P(A) > 0$, $P(B) > 0$이고 A와 B가 서로 배반이면 A와 B는 서로 독립이 아니다($\because P(A \cap B) = 0 < P(A)P(B)$).

예 3-13 한 쌍의 주사위를 던져 나오는 눈을 각각 x와 y라고 할 때 다음 두 사상은 독립인가?

(ⅰ) $A = \{x = 2\}$와 $B = \{y = 5\}$

(ⅱ) $A = \{x = 2\}$와 $C = \{x + y = 7\}$

(ⅲ) $A = \{x = 2\}$와 $D = \{x + y = 6\}$

풀이 (i) $P(A)=P(B)=\frac{6}{36}=\frac{1}{6}$, $P(A\cap B)=\frac{1}{36}$이고

$$P(A)P(B)=P(A\cap B)=\frac{1}{36}$$

이므로 A와 B는 독립이다.

(ii) 사상 $C=\{(1,6),(2,5),(3,4),(4,3),(5,2),(6,1)\}$이므로

$$P(C)=\frac{6}{36}=\frac{1}{6},$$

$$P(A\cap C)=\frac{1}{36}=P(A)\cdot P(C)$$

이다. 따라서 A와 C도 독립사상이다.

(iii) 사상 $D=\{(1,5),(2,4),(3,3),(4,2),(5,1)\}$이므로

$P(D)=\frac{5}{36}$이다. 따라서

$$P(A\cap D)=\frac{1}{36}\neq P(A)P(D)=\frac{1}{6}\times\frac{5}{36}$$

이므로 A와 D는 종속이다.

예 3-14 A가 목표물을 명중할 확률은 $\frac{1}{2}$이고 B가 명중할 확률은 $\frac{2}{3}$이다. 두 사람이 목표물에 사격할 때 명중할 확률은 얼마인가?

풀이 $P(A)=\frac{1}{2}$, $P(B)=\frac{2}{3}$이므로 $P(A\cup B)$를 구하면 된다.

사상 A와 사상 B가 목표물에 명중할 확률은 서로 영향을 받지 않아 A와 B는 독립이다. 즉 $P(A\cap B)=P(A)P(B)$이다. 따라서

$$\begin{aligned}P(A\cup B)&=P(A)+P(B)-P(A\cap B)\\&=P(A)+P(B)-P(A)\cdot P(B)\\&=\frac{1}{2}+\frac{2}{3}-\frac{1}{2}\cdot\frac{2}{3}\\&=\frac{5}{6}\end{aligned}$$

정리 3-4

임의의 두 사상 A, B에 대하여 A와 B가 독립이면 A와 B^c, A^c와 B, A^c와 B^c도 각각 독립이다.

증명 가정에 의하여

$$P(A \cap B) = P(A)P(B)$$

이고

$$P(A^c \cap B) = P(A^c)P(B)$$

임을 보이자.

$$\begin{aligned} P(A^c \cap B) &= P(B) - P(A \cap B) \\ &= P(B) - P(A)P(B) \\ &= P(B)(1 - P(A)) \\ &= P(B)P(A^c) \end{aligned}$$

같은 방법으로 $P(A \cap B^c) = P(A)P(B^c)$이다. 또한

$$P(A^c \cap B^c) = P\left((A \cup B)^c\right) = 1 - P(A \cup B)$$

이고

$$\begin{aligned} P(A^c)P(B^c) &= (1 - P(A))(1 - P(B)) \\ &= 1 - (P(A) + P(B) - P(A)P(B)) \\ &= 1 - P(A \cup B) \end{aligned}$$

이므로 $P(A^c \cap B^c) = P(A^c)P(B^c)$가 성립한다.

예 3-15 A와 B가 독립이고 $P(A)=0.6$, $P(B)=0.3$이다. 이때 확률 $P(A\cup B^c)$를 구하여라.

풀이

$$\begin{aligned}P(A\cup B^c) &= P(A)+P(B^c)-P(A\cap B^c)\\ &= P(A)+P(B^c)-P(A)P(B^c)\\ &= 0.6+(1-0.3)-0.6\times 0.7\\ &= 0.88\end{aligned}$$

NOTE 다음 조건을 만족할 때 세 사건 A, B, C는 독립이다.

(i) $P(A\cap B)=P(A)P(B)$, $P(A\cap C)=P(A)P(C)$,
$P(B\cap C)=P(B)P(C)$

(ii) $P(A\cap B\cap C)=P(A)P(B)P(C)$

예 3-16 하나의 동전을 두 번 던졌을 때, 다음 세 사상의 독립성을 확인하여라.

$A=${첫 번째 동전이 앞면},
$B=${두 번째 동전이 앞면},
$C=${하나의 동전이 앞면}

풀이 표본공간 $S=\{HH, HT, TH, TT\}$이고
$A=\{HH, HT\}$, $B=\{HH, TH\}$, $C=\{HT, TH\}$
이다. 그러므로

$$P(A)=P(B)=P(C)=\frac{2}{4}=\frac{1}{2},$$

$$P(A\cap B)=P(\{HH\})=\frac{1}{4},$$

$$P(A\cap C)=P(\{HT\})=\frac{1}{4},$$

$$P(B\cap C)=P(\{TH\})=\frac{1}{4}$$

이므로 두 사상들은 서로 독립이다. 그러나

$$P(A\cap B\cap C)=P(\varnothing)=0\neq\frac{1}{8}=P(A)P(B)P(C)$$

이므로 세 사상은 종속이다.

NOTE (1) $A \subset B$이면 $P(B-A)=P(B)-P(A)$

증명 $A \subset B$이면 $B=A \cup (B-A)$, $A \cap (B-A)=\varnothing$ 이므로
$P(B)=P(A \cup (B-A))=P(A)+P(B-A)$이다. 따라서

$$P(B-A)=P(B)-P(A)$$

NOTE (2) ① A, B, C가 서로 독립이면 $A \cap B$, C^c도 독립이다.
② A, B, C가 서로 독립이면 A, $B \cup C$도 독립이다.
③ A, B, C가 서로 독립이면 A, $B \cap C$도 독립이다.

증명 ① $A \cap B \cap C^c=(A \cap B)-(A \cap B \cap C)$ $(\because A \cap B \cap C \subset A \cap B)$

$$\begin{aligned} P(A \cap B \cap C^c) &= P(A \cap B)-P(A \cap B \cap C) \\ &= P(A)P(B)-P(A)P(B)P(C) \\ &= P(A)P(B)(1-P(C)) \\ &= P(A \cap B)P(C^c) \end{aligned}$$

② $$\begin{aligned} P(A \cap (B \cup C)) &= P((A \cap B) \cup (A \cap C)) \\ &= P(A \cap B)+P(A \cap C)-P(A \cap B \cap C) \\ &= P(A)P(B)+P(A)P(C)-P(A)P(B)P(C) \\ &= P(A)P(B \cup C) \end{aligned}$$

③ $P(A \cap (B \cap C))=P(A \cap B \cap C)=P(A)P(B \cap C)$

예 3-17 1에서 30 사이의 자연수 중에서 하나의 수를 뽑을 때

$A=\{X$가 짝수인 사상$\}$,
$B=\{X$가 3의 배수인 사상$\}$,
$C=\{X$가 5의 배수인 사상$\}$

일 때 A, B, 그리고 C는 독립인가?

풀이 $P(A)=\dfrac{15}{30}=\dfrac{1}{2}$, $P(B)=\dfrac{10}{30}=\dfrac{1}{3}$, $P(C)=\dfrac{6}{30}=\dfrac{1}{5}$

$$P(A\cap B)=P(6\text{의 배수})=\frac{5}{30}=\frac{1}{6}=P(A)P(B),$$

$$P(A\cap C)=P(10\text{의 배수})=\frac{3}{30}=\frac{1}{10}=P(A)P(C),$$

$$P(B\cap C)=P(15\text{의 배수})=\frac{2}{30}=\frac{1}{15}=P(B)P(C),$$

$$P(A\cap B\cap C)=P(30\text{의 배수})=\frac{1}{30}=P(A)P(B)P(C)$$

따라서 A, B 그리고 C는 독립이다.

예 3-18 $P(A)=\frac{1}{2}$, $P(B)=\frac{1}{4}$, $P(C)=\frac{1}{8}$일 때 다음을 구하여라.

(1) A, B, C가 상호배반일 때 $P(A^C\cap B^C\cap C^C)$

(2) A, B, C가 독립일 때 $P(A\cup B\cup C)$

풀이 (1) $$\begin{aligned}P(A^C\cap B^C\cap C^C)=P((A\cup B\cup C)^C)&=1-P(A\cup B\cup C)\\&=1-P(A)-P(B)-P(C)\\&=\frac{1}{8}\end{aligned}$$

(2) $$\begin{aligned}P(A\cup B\cup C)=P((A^C\cap B^C\cap C^C)^C)&=1-P(A^C\cap B^C\cap C^C)\\&=1-P(A^C)-P(B^C)-P(C^C)\\&=1-\frac{1}{2}\cdot\frac{3}{4}\cdot\frac{7}{8}\\&=\frac{43}{64}\end{aligned}$$

3.3 독립시행

정의 3-3 이항확률(Binomial Probability)

사상 A가 n회 독립시행으로 매번 확률 p로 동일하다고 가정하자. $K_A(n)$은 n회 독립시행에서 사상 A가 발생할 횟수일 때 다음 식이 성립하면 **이항확률분포**라 한다.

$$P(K_A(n)=m)=\binom{n}{m}p^m(1-p)^{n-m} \quad (0 \le m \le n)$$

표기(Notation) : $B(n,\ p)$

NOTE ① 시행횟수가 n번이다.

② 각 시행은 두 가지 결과 성공(S), 실패(F)이고 각각의 확률은 p, $1-p$이다.

③ 성공할 확률은 모든 시행에서 같다($P(S)=p$).

④ 매 시행은 독립시행이다.

⑤ $\displaystyle\sum_{m=0}^{n}\binom{n}{m}p^m(1-p)^{n-m}=(p+(1-p))^n=1$

예 3-19 5지선다형인 15개의 객관식 문제가 있다. 한 학생이 임의로 이 문항에 답한다고 한다면 적어도 8개가 정답일 확률은 얼마인가?

풀이 $B\left(15,\ \frac{1}{5}\right)$이고 누적이항분포표를 이용하면

$$\begin{aligned}P(X \ge 8) &= P(X=8)+P(X=9)+\cdots+P(X=15)\\ &= 1-P(X \le 7)=1-0.996=0.004\end{aligned}$$

예 3-20 주사위를 6회 독립적으로 던질 때 눈 6이 나오는 횟수의 확률을 구하여라.

풀이 $A=\{$눈 6이 나올 사상$\}$, $P(A)=\frac{1}{6}$

$$P(K_A(6)=0)=P_0=\binom{6}{0}\left(\frac{1}{6}\right)^0\left(\frac{5}{6}\right)^6=\left(\frac{5}{6}\right)^6,$$

$$P_1=\binom{6}{1}\left(\frac{1}{6}\right)^1\left(\frac{5}{6}\right)^5=\frac{6\times5^5}{6^6},$$

$$P_2=\binom{6}{2}\left(\frac{1}{6}\right)^2\left(\frac{5}{6}\right)^4=\frac{3\times5^5}{6^6},$$

$$P_3=\binom{6}{3}\left(\frac{1}{6}\right)^3\left(\frac{5}{6}\right)^3=\frac{3\times4\times5^4}{6^6},$$

$$P_4=\binom{6}{4}\left(\frac{1}{6}\right)^4\left(\frac{5}{6}\right)^2=\frac{3\times5^3}{6^6},$$

$$P_5=\binom{6}{5}\left(\frac{1}{6}\right)^5\left(\frac{5}{6}\right)^1=\frac{6\times5}{6^6},$$

$$P_6=\binom{6}{6}\left(\frac{1}{6}\right)^6\left(\frac{5}{6}\right)^0=\frac{1}{6^6}$$

NOTE (ⅰ) $P_1 > P_0 > P_2 > P_3 > P_4 > P_5 > P_6$

(ⅱ) 이항확률에서 일어나는 가장 큰 확률과 상대도수와의 관계는 다음과 같다.

$$\left|\frac{K_A(n)}{n}-p\right|<\frac{1}{n}\ \Rightarrow\ \left|\frac{1}{6}-\frac{6\times5^5}{6^6}\right|<\frac{1}{6}$$

$$\frac{K_A(n)}{n}\ \Rightarrow\ P=P(A)\ (n\to\infty)$$

따라서 시행횟수를 늘리면 상대도수가 확률에 근사한다.

정리 3-5 **체비셰프 부등식(Chebyshev's Inequality)**

$$P\left(\left|\frac{K_A(n)}{n}-p\right|\geq\varepsilon\right)\leq\frac{P\cdot(1-p)}{\varepsilon^2 n}\leq\frac{1}{4\varepsilon^2 n}$$

특히 $n\to\infty$ 이면 $\lim_{n\to\infty}P\left(\left|\frac{K_A(n)}{n}-p\right|<\varepsilon\right)=1.$

CHAPTER 03

연습문제

3-1 동전을 3회 던져 다음의 경우가 일어났을 때 그것들이 모두 앞면일 확률 p를 구하여라.

(1) 첫 번째 동전이 앞면이다.

(2) 동전 중의 하나는 앞면이다.

3-2 어느 대학에서 학생 25%가 수학에 낙제를 하고, 15%가 화학에 낙제를 하고 그리고 10%가 수학과 화학에 낙제를 하였다. 학생을 무작위로 택하였다.

(1) 그가 화학에 낙제하였다면 수학에 낙제할 확률은 얼마인가?

(2) 그가 수학에 낙제하였다면 화학에 낙제할 확률은 얼마인가?

(3) 그가 수학 또는 화학에 낙제할 확률은 얼마인가?

3-3 A와 B가

$$P(A)=\frac{1}{2},\ P(B)=\frac{1}{3},\ P(A\cap B)=\frac{1}{4}$$

을 만족하는 사건일 때 다음을 구하여라.

(1) $P(A|B)$ (2) $P(B|A)$ (3) $P(A\cup B)$

(4) $P(A^c|B^c)$ (5) $P(B^c|A^c)$

3-4 어떤 도시에 호텔 5개가 있는데 3명이 호텔에 투숙하려 한다. 3명이 각각 다른 호텔에 투숙할 확률은 얼마인가?

3-5 공장에서 세 개의 기계 A, B, C가 전체 품목의 60%, 30%, 10%를 각각 생산한다고 한다. 이 기계들의 불량품에 대한 비율은 각각 2%, 3%, 4%이다. 한 목록을 무작위로 추출하였고 불량품을 발견하였다. 그 품목이 기계 C에 의하여 만들어진 불량품일 확률은 얼마인가?

3-6 어떤 대학에서 남성의 4%와 여성의 1%가 180cm보다 크다. 더욱이 학생들의 60%는 여성이다. 한 학생을 무작위로 선택하였고 180cm보다 크다면 이 학생이 여성일 확률은 얼마인가?

3-7 한 남자가 10년 이상 생존할 확률은 $\frac{1}{4}$이고 그의 부인이 10년 이상 생존할 확률은 $\frac{1}{3}$이다.

(1) 둘 다 10년 동안 생존할 확률은?

(2) 적어도 한 사람이 10년을 생존할 확률은?

(3) 둘 다 10년을 생존하지 못할 확률은?

(4) 오직 부인만이 10년을 생존할 확률은?

3-8 상자 A에는 우량품 3개를 포함한 8개의 품목이 있고, 상자 B에는 2개의 우량품을 포함한 5개의 품목이 있다. 한 품목을 각 상자에서 무작위로 추출하였다.

(1) 2개 모두 우량품일 확률은?

(2) 하나는 우량품이고 하나는 불량품일 확률은?

(3) 한 품목이 불량품이고 다른 품목이 우량품일 때 상자 A로부터 우량품이 나올 확률은?

3-9 어떤 미사일이 목표물에 명중할 확률은 0.3이다. 목표물에 적어도 80% 맞추려면 몇 개의 미사일을 쏘아야 하는가?

3-10 주사위가 던져졌을 때 숫자가 홀수이면 그것이 소수일 확률은 얼마인가?

3-11 어떤 대학에서 남학생의 25%와 여학생의 10%는 수학을 공부한다. 여학생은 전체 학생의 60%이다. 한 학생을 무작위로 선택하였더니 수학을 공부한다면 그 학생이 여학생일 확률은 얼마인가?

3-12 A와 B가

$$P(A)=\frac{1}{4},\ P(A\cup B)=\frac{1}{3},\ P(B)=p$$

를 만족하는 사건이라고 하자.

(1) A와 B가 서로 배반적일 때 확률 p를 구하여라.

(2) A와 B가 독립일 때 확률 p를 구하여라.

3-13 항아리 A에는 붉은색 3개와 흰색 2개의 구슬이 들어 있고, 항아리 B에는 붉은색 2개와 흰색 5개의 구슬이 들어 있다. 항아리를 무작위로 선택하여 구슬을 꺼내고 다른 항아리에 넣은 후 두 번째 항아리로부터 구슬을 꺼낸다. 꺼낸 구슬 2개 모두 같은 색깔일 확률을 구하여라.

3-14 아래 그림의 회로도가 작동할 확률을 구하여라. (단, 회로도의 스위치들이 고장 날 확률은 0.1이다.)

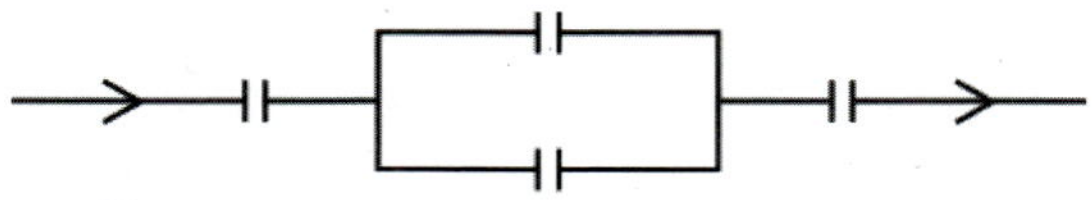

3-15 하나의 상자에 4개의 흰 공과 5개의 검은 공이 들어 있다.

A와 B가 차례로 비복원추출하였을 때 다음을 구하여라.

(1) $P(B\text{흰} \mid A\text{검})$

(2) $P(B\text{흰})$

(3) $P(A\text{흰} \mid B\text{검})$

CHAPTER 04

확률변수

4.1 서론

확률 실험에서 관심이 되는 것은 표본공간의 원소보다는 그에 관련된 수치적 함수인 경우가 많이 있다.

한 쌍의 주사위를 던지는 시행에서 표본공간은

$$S = \{(i, j) | i, j = 1, 2, 3, 4, 5, 6\}$$

이고 관심의 대상은 두 주사위의 눈의 합이나 차, 즉 $X = i + j$, $|i - j|$가 된다. 이와 같은 확률 실험의 수치부여를 **확률변수**라 부른다. 확률변수에는 **이산확률변수**(discrete random variable)와 **연속확률변수**(continuous random variable)로 구별된다.

정의 4-1 **확률변수**

표본공간의 각 원소에 관한 실수값을 대응시키는 함수를 **확률변수**라 한다. 확률변수 X가 값 $x_1, x_2, \cdots, x_n$을 갖고, 각 값에 대응되는 확률이

$$f(x_1) = P(X = x_1),$$

$$f(x_2) = P(X = x_2),$$

$$\vdots$$

$$f(x_n) = P(X = x_n)$$

인 경우, X의 확률함수는 $f(x_i) = P(X = x_i) = P(x_i)$로 정의한다.

예 4-1 두 개의 주사위를 던지는 실험에서 확률변수 X는 두 눈의 합이라고 하자. 이때 확률변수 X의 값을 구하고 각각의 확률을 구하여라.

풀이 확률변수 $X = \{2, 3, \cdots, 12\}$이고, $P(X = 2) = P(\{(1, 1)\}) = \dfrac{1}{36}$,

$$P(X = 3) = P(\{(1, 2), (2, 1)\}) = \frac{2}{36} = \frac{1}{18},$$

$$P(X=5)=\frac{4}{36},$$

$$\vdots$$

$$P(X=12)=\frac{1}{36}$$

이다.

| 확률분포표 |

X	2	3	$\cdots$	12	합
$P(X=x)=P(x)$	$\frac{1}{36}$	$\frac{1}{18}$	$\cdots$	$\frac{1}{36}$	1

예 4-2 두 개의 동전을 던질 때 확률변수 Y는 앞면이 나오는 횟수라 하자. 이때 Y의 값을 구하고 각각의 확률을 구하여라.

풀이 확률변수 $Y=\{0,\ 1,\ 2\}$이고, 각 값에 대응되는 확률은 다음과 같다. 표본공간은 $(T,\ T)$, $(T,\ H)$, $(H,\ T)$, $(H,\ H)$이다.

| 확률분포표 |

Y	0	1	2	합
$P(y)=f(y)$	$\frac{1}{4}$	$\frac{2}{4}$	$\frac{1}{4}$	1

4.2 이산확률변수

X가 유한개 혹은 가산 무한개(denumerable) 값을 취할 수 있는 확률변수인 경우 이산확률변수(discrete random variable)라 하고 $X=\{x_1,\ x_2,\ \cdots\}$로 나타내고, x_i에서의 확률 $f(x_i)=P(X=x_i)$를 X의 확률질량함수(probability mass function)라 부르고 확률분포표는 다음과 같다.

X	x_1	x_2	x_3	$\cdots$	합
$f(x_i) = P(X = x_i)$	$f(x_1)$	$f(x_2)$	$f(x_3)$	$\cdots$	1

확률질량함수 f의 특성은 다음과 같다.

(ⅰ) $f(x_i) \geq 0,\ \sum_{i=1}^{\infty} f(x_i) = 1$

(ⅱ) $P(a \leq X \leq b) = \sum_{a \leq x_i \leq b} f(x_i)$

이산확률변수의 누적분포함수(분포함수)는 다음과 같이 정의한다.

정의 4-2 **누적분포함수**

$F(x) = P(X \leq x) = \sum_{x_i \leq x} P(x_i)$일 때 $F(x)$는 누적분포함수(cumulative distribution function)라 한다.

분포함수 F는 다음 성질을 만족한다.

(ⅰ) $F(-\infty) = 0,\ F(\infty) = 1,\ 0 \leq F(x) \leq 1$

(ⅱ) $P(a < X \leq b) = F(b) - F(a)$

예 4-3 두 개의 동전을 던지는 시행에서 앞면이 나오는 횟수를 X라 할 때 누적분포함수를 구하여라.

풀이

$F(0) = P(X \leq 0) = P(X = 0) = \dfrac{1}{4}$

$F(1) = P(X \leq 1) = P(X = 0) + P(X = 1)$

$= \dfrac{1}{4} + \dfrac{2}{4} = \dfrac{3}{4}$,

$F(2) = P(X \leq 2)$

$= P(X = 0) + P(X = 1) + P(X = 2) = 1$,

$F(a) = \sum_{x \leq a} f(x)$ (이산분포인 경우)

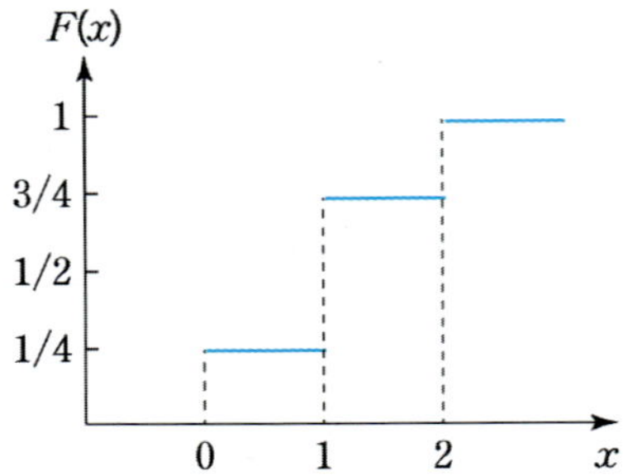

예 4-4 확률변수 X의 확률질량함수가

$f(x)=P(X=x)=c(x-4)$, $x=0,1,2$일 때 다음을 구하여라.

(1) c

(2) $P(X>2)$

(3) $F(x)$

풀이

(1) $\sum_{x=0}^{2} c(x-4)=-9c=1$에서 $c=-\frac{1}{9}$

(2) $P(X>1)=P(X=2)=\frac{2}{9}$

(3) $F(x)=P(X\le x)=\sum_{t=0}^{x}-\frac{1}{9}(t-4)=\begin{cases}0, & x<0\\ \frac{4}{9}, & 0\le x<1\\ \frac{7}{9}, & 1\le x<2\\ 1, & x\ge 2\end{cases}$

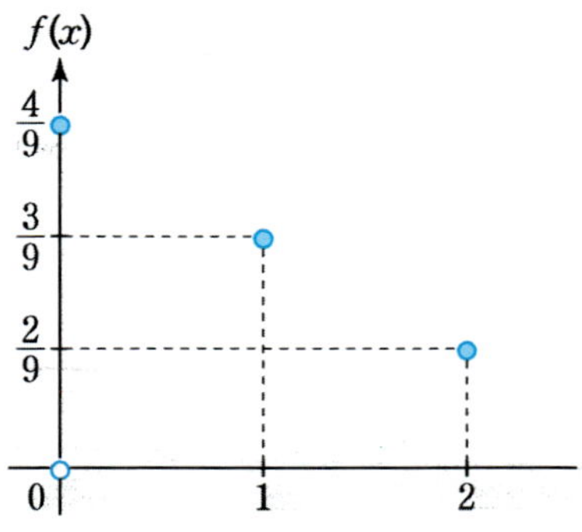

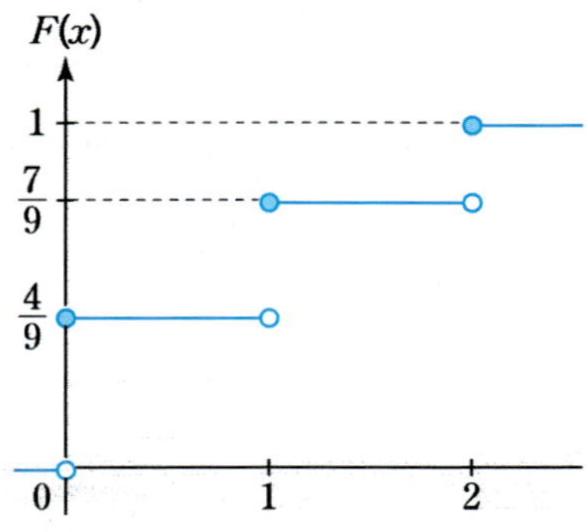

예 4-5 확률변수 X의 확률질량함수가

$f(x)=c\left(\frac{2}{3}\right)^x$, $x=1,2,3,\cdots$일 때 다음을 구하여라.

(1) c

(2) $P(X>2)$

(3) $F(x)$

풀이

(1) $\sum_{x=1}^{\infty} c\left(\frac{2}{3}\right)^x = c\frac{\frac{2}{3}}{1-\frac{2}{3}} = 2c = 1$에서 $c=\frac{1}{2}$

(2) $P(X>2) = 1-P(X=1)-P(X=2)$

$$= 1-\frac{1}{2}\left(\frac{2}{3}\right)-\frac{1}{2}\left(\frac{2}{3}\right)^2 = \frac{4}{9}$$

(3) $F(x) = P(X \le x) = \sum_{t=1}^{x} \frac{1}{2}\left(\frac{2}{3}\right)^t = \frac{1}{2}\left(\frac{2}{3}+\left(\frac{2}{3}\right)^2+\cdots+\left(\frac{2}{3}\right)^x\right)$

$$= 1-\left(\frac{2}{3}\right)^x$$

4.3 연속확률변수

X가 실수 전체 혹은 (수직선상의) 어느 구간에 포함되는 실수 전체의 값을 취하는 연속성을 가지는 확률변수인 경우 **연속확률변수**(continuous random variable)라고 한다.

$P(a \le X \le b)$는 아래 그림에서 음영부분으로 이해한다.

$$P(a \le X \le b) = \int_a^b f(x)dx$$

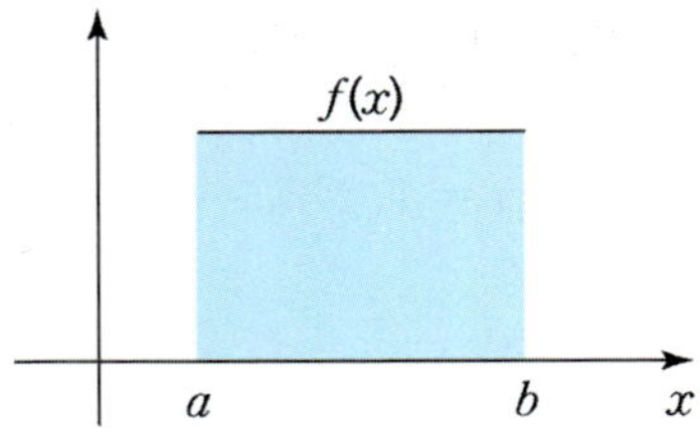

여기에서 f는 X의 확률밀도함수(probability density function)라 하고 다음 조건을 만족한다.

(i) $f(x) \geq 0$

(ii) $\int_{-\infty}^{\infty} f(x)dx = 1$

즉 f는 음이 아니고 $f(x)$가 그리는 그래프 밑에 있는 전체 영역의 넓이는 1이다. 연속확률변수의 누적분포함수(분포함수)는 다음과 같이 정의한다.

정의 4-3 **누적분포함수**

$F(x) = P(X \leq x) = \int_{-\infty}^{x} f(t)dt$일 때 $F(x)$는 누적분포함수라 한다.

분포함수 $F(x)$는 다음 성질을 만족한다.

(i) $F(-\infty) = 0$, $F(\infty) = 1$, $0 \leq F(x) \leq 1$, $F(a) = \int_{-\infty}^{a} f(t)dt$

(ii) $P(a < X \leq b) = F(b) - F(a) = \int_{a}^{b} f(t)dt = P(a \leq X \leq b)$

(iii) $F'(x) = f(x)$, 즉 f와 F의 관계는 미분적분 관계이다.

(iv) $F(a)$는 증가함수이다($\because P(a) > 0$).

(v) $\lim_{a \to -\infty} F(a) = 0$, $\lim_{a \to \infty} F(a) = 1, 0 \leq F(a) \leq 1$

(vi) $P(a < X \leq b) = F(b) - F(a)$ (단 $a < b$)

$P(a \leq X \leq b) = F(b) - F(a) + f(a) = F(b) - F(a)$

($\because$ X는 연속확률변수)

$P(a \leq X < b) = F(b) - F(a) + f(a) - f(b) = F(b) - F(a)$

($\because$ X는 연속확률변수)

$P(a < X < b) = F(b) - F(a) - f(b) = F(b) - F(a)$

($\because$ X는 연속확률변수)

$P(X = b) = F(b) - F(b-0)$이므로 $F(z)$가 $z = b$에서 연속이면

$P(X = b) = 0$

예 4-6 $f(x) = \begin{cases} 1, & 0 \le x \le 1 \\ 0, & x < 0 \text{ 또는 } x > 1 \end{cases}$ 일 때 누적분포함수 $F(x)$를 구하여라.

풀이

$$0 < a \le 1,\ F(a) = \int_{-\infty}^{a} f(x)dx = \int_{-\infty}^{0} f(x)dx + \int_{0}^{a} f(x)dx = \int_{0}^{a} 1dx = a$$

$$a > 1,\ F(a) = \int_{-\infty}^{a} f(x)dx = \int_{-\infty}^{0} f(x)dx + \int_{0}^{1} f(x)dx + \int_{1}^{a} f(x)dx = \int_{0}^{1} 1dx = 1$$

$$F(x) = \begin{cases} 0, & x \le 0 \\ x, & 0 < x \le 1 \\ 1, & x > 1 \end{cases}$$

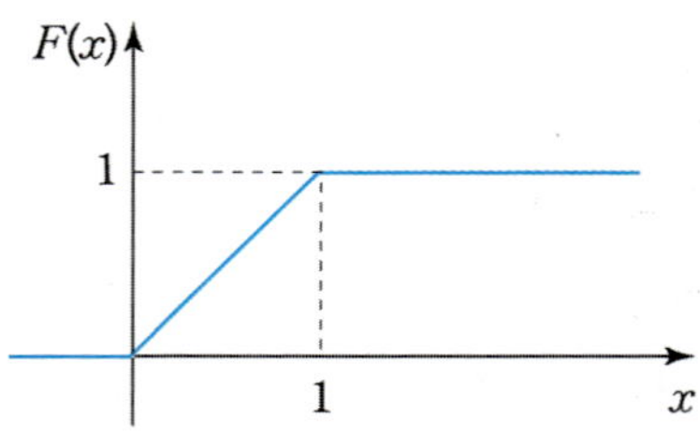

예 4-7 X는 $f(x)=\begin{cases} cx, & 0 \le x \le 2 \\ 0, & x<0 \text{ 또는 } x>2 \end{cases}$ 분포를 갖는 연속확률변수라 하면 상수 c의 값을 구하고, 또 누적분포함수 $F(x)$를 구하여 $P(0 \le X \le 1)$을 구하여라.

풀이 f는 연속확률변수이므로

$$\int_{-\infty}^{\infty} f(x)dx = \int_0^2 cx\,dx = \left[\frac{c}{2}x^2\right]_0^2 = 2c = 1$$

이다. 따라서 $c=\frac{1}{2}$이다. 누적분포함수 F는 다음과 같다.

$$F(x)=\begin{cases} 0, & x<0 \\ \frac{1}{4}x^2, & 0 \le x \le 2 \\ 1, & x>2 \end{cases}$$

여기에서 $0 \le x \le 2$이면 $F(x)=\int_0^x \frac{1}{2}t\,dt = \frac{1}{4}x^2$이다. 따라서

$$P(0 \le X \le 1) = F(1)-F(0) = \frac{1}{4}$$

예 4-8 확률변수 X의 분포함수가

$$F(x)=\begin{cases} 0, & x<-1 \\ \frac{1}{4}, & -1 \le x < 1 \\ \frac{1}{2}, & 1 \le x < 2 \\ \frac{2}{3}, & 2 \le x < 3 \\ 1, & x \ge 3 \end{cases}$$

일 때 각각의 확률을 구하여라.

(1) $P(-1 < X \le 2)$ (2) $P(-1 \le X \le 2)$

(3) $P(-1 \le X < 2)$ (4) $P(1.5 < X < 2.7)$

풀이

(1) $P(-1 < X \le 2) = F(2) - F(-1) = \dfrac{2}{3} - \dfrac{1}{4} = \dfrac{5}{12}$

(2) $P(-1 \le X \le 2) = F(2) - F(-1) + f(-1)$

$= \dfrac{5}{12} + [F(-1) - F(-1-0)]$

$= \dfrac{5}{12} + \dfrac{1}{4} = \dfrac{2}{3}$

(3) $P(-1 \le X < 2) = F(2) - F(-1) + f(-1) - f(2)$

$= \dfrac{2}{3} - [F(2) - F(2-0)]$

$= \dfrac{2}{3} - \left[\dfrac{2}{3} - \dfrac{1}{2}\right] = \dfrac{1}{2}$

(4) $P(1.5 < X < 2.7) = F(2.7) - F(1.5) - f(2.7)$

$= \dfrac{2}{3} - \dfrac{1}{2} - [F(2.7) - F(2.7-0)] = \dfrac{1}{6}$

예 4-9 X의 분포함수가

$$F(x) = \begin{cases} 0, & x < 0 \\ \dfrac{1}{2}x, & 0 \le x < 1 \\ 1 - \dfrac{1}{(2x)^2}, & x \ge 1 \end{cases}$$

일 때 $P(X=0)$, $P(X=1)$, $P(X \ge 2)$를 구하여라.

풀이 $P(X=0) = 0$ ($\because$ $F(x)$는 $x=0$에서 연속이다)

$P(X=1) = F(1) - F(1-0) = \left(1 - \dfrac{1}{4}\right) - \dfrac{1}{2} = \dfrac{1}{4}$

$P(X \ge 2) = 1 - P(X < 2)$

$= 1 - [P(X \le 2) - P(X=2)]$

$= 1 - F(2) = \dfrac{1}{16}$ ($\because$ $F(x)$는 $x=2$에서 연속이다.)

예 4-10 어떤 조립기계 생산업자는 새로운 기계의 수명을 측정하는 함수로서 $f(x) = cxe^{-x}$, $x > 0$일 때 다음을 구하여라.

(1) 확률밀도함수가 되기 위한 c값

(2) $P(X \geq 1)$

(3) 분포함수 $F(x)$

(4) $P(2 < X < 5)$

풀이

(1) $\int_0^\infty cxe^{-x}dx = 1$에서 $c = 1$

(2) $P(X \geq 1) = \int_1^\infty xe^{-x}dx = 2e^{-1}$

(3) $F(x) = \int_0^x f(t)dt = \int_0^x te^{-t}dt = 1-(x+1)e^{-x}$, $x > 0$

$$F(x) = \begin{cases} 0, & x \leq 0 \\ 1-(x+1)e^{-x}, & x > 0 \end{cases}$$

(4) X는 연속확률변수이므로

$$\begin{aligned} P(2 < X < 5) &= F(5) - F(2) \\ &= (1-6e^{-5}) - (1-3e^{-2}) \\ &= 3e^{-2} - 6e^{-5} \\ &\approx 0.37 \end{aligned}$$

CHAPTER 04

연습문제

4-1 X의 확률분포표가 다음과 같을 때 a의 값을 구하여라.

X	-1	0	1	2
$P(X=x)$	$\frac{1}{8}$	a	$\frac{1}{8}$	$\frac{2}{8}$

4-2 X를 다음과 같이 확률밀도함수를 갖는 확률변수라 하자.

$$f(x)=\begin{cases} \dfrac{x^2}{3}, & -1 < x < 2 \quad X \\ 0, & \text{그 밖에} \end{cases}$$

이때 $P(0 \le X \le 1)$을 구하여라.

4-3 주사위를 5회 던져 눈 2가 3회 나올 확률을 구하여라.

4-4 한 문제에 4가지 문항 중 하나가 정답인 선다형 5문제가 있다. 랜덤하게 5문제를 답할 때 80점 이상 맞을 확률을 구하여라.

4-5 확률밀도함수 $f(x)=e^{-x}$일 때 $P(0 \le X \le 1)$의 값을 구하여라.

4-6 확률변수 X의 확률밀도함수 $f(x)$가 다음과 같을 때 k의 값을 구하여라.

$$f(x)=\begin{cases} k(1-x^2), & -1 \le x \le 1 \\ 0, & x < -1 \text{ 또는 } x > 1 \end{cases}$$

4-7 X가 다음 분포일 때 누적분포함수 F의 그래프를 구하여라.

x_i	-3	2	6
$f(x_i)$	$\frac{1}{4}$	$\frac{1}{2}$	$\frac{1}{4}$

4-8 X는 다음 분포인 연속확률변수라 하자.

$$f(x)=\begin{cases} kx, & 0 \le x \le 5 \\ 0, & \text{그 밖에} \end{cases}$$

(1) k를 구하여라.

(2) $P(1 \le X \le 3)$, $P(2 \le X \le 4)$, 그리고 $P(X \le 3)$을 구하여라.

4-9 X의 누적분포함수(c.d.f)가 다음과 같을 때 아래 확률을 구하여라.

$$F(x)=\begin{cases} 0, & x<0 \\ \frac{1}{2}, & 0 \le x < 1 \\ \frac{3}{5}, & 1 \le x < 2 \\ \frac{4}{5}, & 2 \le x < 3 \\ \frac{9}{10}, & 3 \le x < 3.5 \\ 1, & x \ge 3.5 \end{cases}$$

(1) $P(X=0)$　　(2) $P(1)$　　(3) $P(2)$

(4) $P(X=3)$　　(5) $P(3.5)$

4-10 확률변수 X의 확률밀도함수가 다음과 같을 때 확률 $P(X>2)$를 구하여라.

$$f(x)=\begin{cases} 2e^{-2x}, & x \ge 0 \\ 0, & x<0 \end{cases}$$

4-11 확률변수 X가 다음과 같은 확률밀도함수를 가질 때 누적분포함수 $F(x)$를 구하여라.

$$f(x)=\begin{cases} x, & 0<x \le 1 \\ 2-x, & 1<x \le 2 \\ 0, & \text{그 밖에} \end{cases}$$

4-12 공정한 주사위 두 개를 던져서 나오는 두 눈의 최댓값을 X라 할 때, 그 때의 확률질량함수와 분포함수 $F(x)$를 구하여라.

4-13 하나의 동전을 5회 던져서 나오는 앞면의 횟수를 X라 하면 X의 확률질량함수와 분포함수 $F(x)$를 구하여라.

CHAPTER

05 확률분포

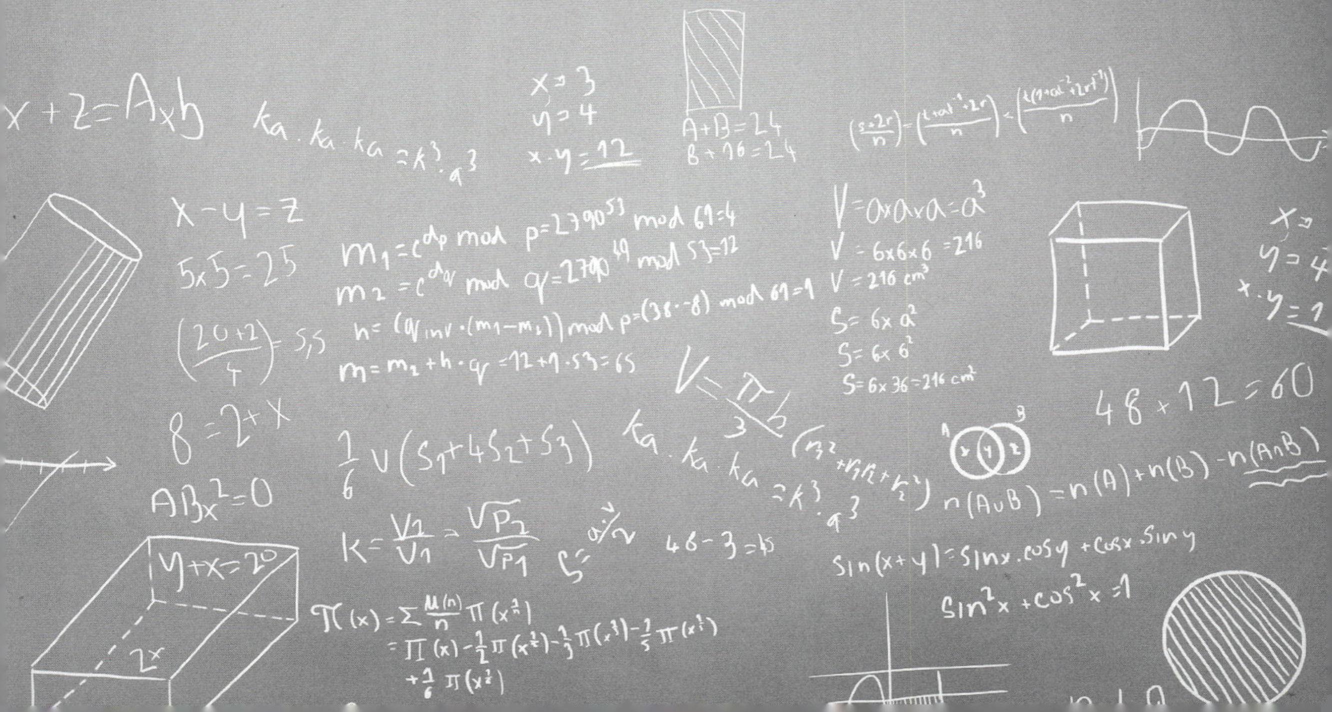

5.1 이산분포

확률변수 X가 유한 개 또는 가산 무한개의 값 $x_1, x_2, \cdots$ (countable number)만을 취할 수 있을 때, 이 확률변수 X를 이산확률변수라 하고 X의 분포를 이산분포(discrete distribution)라 한다.

따라서 $P(x_i) = P(X = x_i) = f(x_i)$를 확률질량함수라 부르며 모든 x_i에 대하여

$$P(x_i) \geq 0, \quad \sum_{i=1}^{\infty} P(x_i) = 1, \quad F(a) = \sum_{x_i \leq a} P(x_i)$$

가 성립한다.

예 5-1 $P(1) = \frac{1}{2}$, $P(2) = \frac{1}{3}$, $P(3) = \frac{1}{6}$일 때 누적분포함수를 구하여라.

풀이

$$F(a) = \begin{cases} 0, & a < 1 \\ P(1) = \frac{1}{2}, & 1 \leq a < 2 \\ P(1) + P(2) = \frac{5}{6}, & 2 \leq a < 3 \\ P(1) + P(2) + P(3) = 1, & a \geq 3 \end{cases}$$

(a) 베르누이분포(Bernoulli distribution)

정의 5-1

확률질량함수가 다음과 같을 때 확률변수 X를 베르누이확률변수라 하고 X의 분포를 베르누이분포라 한다.

$P(X = 0) = P(0) = 1 - p$ (결과가 실패)

$P(X = 1) = P(1) = p$ (결과가 성공)

NOTE (i) 두 개의 결과가 서로 배타적이고, 성공할 확률이 시행 때마다 똑같다.

(ii) $P(0) + P(1) = 1$, $P(x) = f(x) = p^x (1-p)^{1-x}$, $x = 0, 1$

(b) **이항분포**(Binomial distribution)

정의 5-2

확률질량함수가 다음과 같을 때 확률변수 X를 이항확률변수라 하고 X의 분포를 이항분포라 한다.

$$P(X=x)=\binom{n}{x}p^x(1-p)^{n-x},\quad x=0,1,\cdots,n$$

NOTE (i) $\sum_{x=0}^{\infty}P(x)=\sum_{x=0}^{n}\binom{n}{x}p^x(1-p)^{n-x}=(p+(1-p))^n=1$

(ii) n번 시행, 두 개의 결과, 독립시행

(iii) n이 충분히 크고 p가 충분히 작은 경우($np<5$, $n\geq 20$) 이항분포 $B(n, p)$는 포아송분포를 이용하여 근삿값을 구할 수 있다. 또 n이 충분히 크고 p가 0에 가깝지 않으면($np\geq 5$) 이항분포 $B(n, p)$는 정규분포를 이용하여 근삿값을 구할 수 있다.

예 5-2 공정한 동전을 4회 던졌을 때 2번의 앞면과 2번의 뒷면이 나올 확률을 구하여라.

풀이 앞면의 수를 X라 하면 이항분포이므로 $B\left(4, \frac{1}{2}\right)$이다. 따라서

$$P(X=2)={}_4C_2\left(\frac{1}{2}\right)^2\left(\frac{1}{2}\right)^2=\frac{3}{8}$$

예 5-3 주사위를 5번 던질 때 3의 눈이 3번 나올 확률을 구하여라.

풀이 매 시행마다 독립이고 3의 눈이 나올 확률은 $p=\frac{1}{6}$이다. 따라서 $B\left(5, \frac{1}{6}\right)$을 따르므로 $P(X=3)={}_5C_3\left(\frac{1}{6}\right)^3\left(\frac{5}{6}\right)^2$이다.

예 5-4 주머니 안에 빨간 공 a개, 흰 공 b개가 들어 있다. 복원추출 n번 시행 중에서 빨간 공의 개수를 X라 하면 확률변수 X의 확률함수는?

풀이 X는 이항분포 $B\left(n, \dfrac{a}{a+b}\right)$이다. 따라서

$$f(x)=\binom{n}{x}\left(\frac{a}{a+b}\right)^{x}\left(1-\frac{a}{a+b}\right)^{n-x}$$

$$=\binom{n}{x}\left(\frac{a}{a+b}\right)^{x}\left(\frac{b}{a+b}\right)^{n-x},\quad x=0, 1, 2, \cdots, n$$

(c) 기하분포(Geometric distribution)

정의 5-3

확률질량함수가 다음과 같을 때 확률변수 X를 기하확률변수라 하고 X의 분포를 기하분포라 한다.

$$P(X=n)=P(n)=p(1-p)^{n-1},\quad n=1, 2, 3, \cdots$$

즉 $(n-1)$번 시행이 실패이고 마지막 n번째 시행에서 성공한다.

NOTE (i) $\displaystyle\sum_{n=1}^{\infty}P(X=n)=p\sum_{n=1}^{\infty}(1-p)^{n-1}=p\times\frac{1}{1-(1-p)}=1$

(ii) 누적분포함수 $F(x)=1-(1-p)^{x},\quad x=1, 2, 3, \cdots$

예 5-5 사격자가 네 번째에 목표물을 명중할 확률을 구하여라. 단, 사격자가 매 시행마다 목표물에 명중할 확률은 각각 $\dfrac{1}{2}$이다.

풀이 $P(X=4)=\left(1-\dfrac{1}{2}\right)^{4-1}\dfrac{1}{2}=\dfrac{1}{16}$

예 5-6 흰 공 10개, 검은 공 15개가 들어 있는 주머니에서 검은 공이 나올 때까지 복원추출할 때 다음을 구하여라.

(1) 10번째에 검은 공이 나올 확률

(2) 적어도 k회 추출해야 검은 공이 나올 확률

풀이

(1) $P(X=10)=\left(\frac{10}{10+15}\right)^9\left(\frac{15}{10+15}\right)^1=\left(\frac{2}{5}\right)^9\left(\frac{3}{5}\right)$

(2) $P(X \geq x)=P(X=k)+P(X=k+1)+\cdots,\ x=k,\ k+1,\ \cdots$

$$=\left(\frac{2}{5}\right)^{k-1}\left(\frac{3}{5}\right)^1+\left(\frac{2}{5}\right)^k\left(\frac{3}{5}\right)^1+\cdots$$

$$=\left(\frac{3}{5}\right)\sum_{i=k}^{\infty}\left(\frac{2}{5}\right)^{i-1}=\left(\frac{3}{5}\right)\cdot\left(\frac{\left(\frac{2}{5}\right)^{k-1}}{1-\frac{2}{5}}\right)$$

$$=\left(\frac{2}{5}\right)^{k-1}$$

(d) 초기하분포(Hypergeometric distribution)

정의 5-4

확률질량함수가 다음과 같을 때 확률변수 X를 초기하확률변수라 하고 X의 분포를 초기하분포라 한다.

$$f(x)=P(X=x)=\frac{\binom{b}{x}\binom{w}{n-x}}{\binom{b+w}{n}},$$

$$\max(0,\ n-w) \leq x \leq \min(b,\ n)$$

예 5-7 검은 공 5개, 흰 공 4개가 들어 있는 주머니에서 3개의 공을 비복원추출할 때 검은 공이 2개 나올 확률을 초기하분포를 이용하여 구하여라.

풀이

$$P(X=2)=\frac{\binom{5}{2}\binom{4}{1}}{\binom{9}{3}}=\frac{10}{21}$$

(e) **포아송분포**(Poisson distribution)

정의 5-5

임의의 양수 $\lambda > 0$ 에 대하여 확률질량함수가 다음과 같을 때 확률변수 X를 **포아송확률변수**라 하고 X의 분포를 **포아송분포**라 한다.

$$P(X=x)=P(x)=e^{-\lambda}\frac{\lambda^x}{x!},\quad x=0,\ 1,\ 2,\ \cdots$$

NOTE (i) 이항분포에서 p가 매우 작고 n이 크면 계산이 복잡하여 포아송분포에 근사시켜 계산한다. (실제 많은 문제에서 $p \to 0$, $n \to \infty$ 이면, 즉 $np \le 5$, $n \ge 20$인 경우 적용한다.) X가 이항분포 $B(n,\ p)$이면 $\lambda = np$로 놓자. 그러면 다음 근사식이 성립한다.

$$\begin{aligned} P(X=x) &= \binom{n}{x}p^x(1-p)^{n-x} \\ &= \frac{n!}{(n-x)!x!}p^x(1-p)^{n-x} \\ &= \frac{n!}{(n-x)!x!}\left(\frac{\lambda}{n}\right)^x\left(1-\frac{\lambda}{n}\right)^{n-x} \\ &= \frac{n(n-1)\cdots(n-x+1)}{n^x}\frac{\lambda^x}{x!}\frac{\left(1-\frac{\lambda}{n}\right)^n}{\left(1-\frac{\lambda}{n}\right)^x} \\ &\cong e^{-\lambda}\frac{\lambda^x}{x!} \end{aligned}$$

$(\because p \to 0,\ n \to \infty$ 이면

$$\left(1-\frac{\lambda}{n}\right)^n \cong e^{-\lambda},\ \left(1-\frac{\lambda}{n}\right)^x \cong e^{-\frac{\lambda x}{n}} \cong 1,$$

$$\frac{n(n-1)\cdots(n-x+1)}{n^x} \cong 1)$$

(ii) $\sum_{x=0}^{\infty} P(x) = \sum_{x=0}^{\infty} e^{-\lambda}\frac{\lambda^x}{x!} = e^{-\lambda}\sum_{x=0}^{\infty}\frac{\lambda^x}{x!} = e^{-\lambda}e^{\lambda} = 1$

(iii) 특성

① **희귀분포**(rare distribution)($\because p \to 0$)

② **독립성**: 겹치지 않은 시간이나 구간에서 서로 독립

③ **비집락성**: 단위구간에서 두 번 이상 발생하지 않음.

④ **비례성**: 단위구간에서 사건의 평균 발생횟수가 일정하고 시간이 공간에 변화하지 않음.

(iv) 예제

① 일정한 시간 동안 어떤 식당에 오는 손님의 수

② 일정한 시간 동안 방사성 물질로부터 방출되는 특정한 입자의 수

③ 일정한 크기의 옷감에서 발견되는 결점의 수

④ 일정한 시간 내의 걸려오는 교환대의 발신음 수

⑤ 단위길이의 전선줄에 나타나는 흠의 수

⑥ 일주일 동안에 보험회사에서 접수되는 사망 보험금 청구건수

⑦ 백과사전 한 페이지에 나타나는 오자의 수

예 5-8 세 쌍둥이가 탄생할 확률이 0.0001이라 할 때 10000명의 신생아 중에서 적어도 4쌍 이상이 세 쌍둥이일 확률을 구하여라.

풀이 세 쌍둥이 수 X는 이항분포 $B(10000,\ 0.0001)$이고 $np=1,\ n=10000$ 이므로

$$P(X \geq 4) = \sum_{x=4}^{10000}\binom{10000}{x}(0.0001)^x(0.9999)^{10000-x}$$

이지만 계산이 복잡하므로 포아송분포로 근사하여 구한다.

$\lambda = np = 1,$

$$P(X \geq 4) = \sum_{x=4}^{\infty} e^{-1} \frac{1^x}{x!} = 1 - \sum_{x=0}^{3} e^{-1} \frac{1}{x!} = 0.019 \text{ (부록 이용)}$$

예 5-9 공장에서 생산된 물품의 2%가 불량품이라 하면 100개의 물품 중 3개가 불량품일 확률을 구하여라.

풀이 불량품 개수 X는 이항분포 $B(100, 0.02)$임을 알 수 있다. $np = 100 \times 0.02 = 2 < 5$ 이므로 포아송 근사 $\lambda = np = 2$를 이용하여 구한다.

$$P(X=3) = \frac{e^{-2} 2^3}{3!} = 0.18$$

예 5-10 어떤 책의 한 페이지당 오자의 수는 $\lambda = 1$인 포아송분포라 하자. 이때 한 페이지에 적어도 하나의 오자를 발견할 확률을 구하여라.

풀이

$$P(X \geq 1) = 1 - P(X=0) = 1 - e^{-1} \frac{1^0}{0!} = 1 - e^{-1} = 0.63$$

예 5-11 하루에 고속도로에서 발생하는 교통사고의 수는 $\lambda = 3$인 포아송분포라 가정하자. 이때 오늘 사고가 일어나지 않을 확률을 구하여라.

풀이

$$P(X=0) = e^{-3} \frac{3^0}{0!} = 0.05$$

NOTE 포아송 과정은 수리가 가능한 시스템의 고장시간에 대한 중요한 모형이다.

X : 제조품 중의 불량품 수(예 : 냉장고 문 고장률)

λ : 많은 냉장고 문을 조사하여 결정 $\lambda > 0$

$\lambda = E(X) = np =$ 기댓값

예 5-12 1피트 전선에 정확히 하나의 흠이 있을 확률은 $\frac{1}{1000}$이다. 실제로 2개 이상의 흠이 있을 확률은 0이라 하자. 겹치지 않은 구간에서 흠의 개수가 확률적으로 독립이라 가정하면 3000피트의 전선에 정확하게 5개의 흠이 있을 확률을 구하여라.

풀이

$P(X) = \frac{1}{1000}$ 이고 $X = 3000$ 이면

$E(X) = 3000 \times \frac{1}{1000} = 3 = \lambda$

이다. 따라서 $\lambda = 3$ 인 포아송분포를 근사적으로 따른다.

$P(X = 5) = 3^5 \frac{e^{-3}}{5!} = P(X \le 5) - P(X \le 4) = 0.101$ (부록 이용)

5.2 연속분포

시간, 높이, 무게와 같은 측정값은 어떤 구간에 있는 값이다(연속개념). 이런 값들은 연속성의 구간 위에서 모든 점을 가질 수 있다. 그 특성은 다음과 같다.

(i) $P[X \in (-\infty, \infty)] = \int_{-\infty}^{\infty} f(x)dx = 1$ (즉, 넓이 $= 1$)

(ii) $P(a \le X \le b) = \int_a^b f(x)dx$

(iii) $f(x) \ge 0$

(iv) $P(a \le X \le b) = P(a < X \le b) = P(a < X < b) = P(a \le X < b)$

($\because$ $P(X = a) = \int_a^a f(x)dx = 0$)

(v) $F(a) = P[X \in (-\infty, a]] = \int_{-\infty}^{a} f(x)dx$

(vi) $F'(x) = f(x)$, $F(x) = \int_{-\infty}^{x} f(t)dt$

(a) **균등분포**(Uniform distribution)

정의 5-6

확률밀도함수가 다음과 같을 때 확률변수 X를 구간 (a, b)에서 **균등확률변수**라 하고 X의 분포를 **균등분포**라 한다.

$$f(x) = P(x) = \begin{cases} \dfrac{1}{b-a}, & a < x < b \\ 0, & \text{그 밖에} \end{cases}$$

NOTE (i) $f(x) \geq 0$

(ii) $\displaystyle\int_{-\infty}^{\infty} f(x)dx = \int_{a}^{b} \frac{1}{b-a} dx = 1$

예 5-13 X는 구간 $[0, 10]$에서 균등하게 분포되어 있을 때 다음 확률을 구하여라.

(1) $P(2 < X < 9)$ (2) $P(X < 5)$ (3) $P(X > 6)$

풀이 X의 누적분포함수(c.d.f) $F(x)$는 다음과 같다.

$$F(x) = \begin{cases} 0, & x < 0 \\ \dfrac{x}{10}, & 0 < x < 10 \\ 1, & x \geq 10 \end{cases} \quad \left(\because F(x) = \int_0^x f(t)dt = \int_0^x \frac{1}{10} dt = \frac{x}{10} \right)$$

그러므로

(1) $P(2 < X < 9) = F(9) - F(2) = \dfrac{9}{10} - \dfrac{2}{10} = \dfrac{7}{10}$

(2) $P(X < 5) = F(5) = \dfrac{5}{10} = \dfrac{1}{2}$

(3) $P(X > 6) = 1 - F(6) = 1 - \dfrac{6}{10} = \dfrac{2}{5}$

예 5-14 X는 구간 $[0, 10]$에서 균등하게 분포되어 있을 때 다음 확률을 구하여라.

(1) $P(X<3)$ (2) $P(X>7)$ (3) $P(1<X<6)$ (4) $F(x)$

풀이

(1) $P(X<3)=\int_0^3 \frac{1}{10-0}dx=\frac{3}{10}$

(2) $P(X>7)=\int_7^{10} \frac{1}{10-0}dx=\frac{3}{10}$

(3) $P(1<X<6)=\int_1^6 \frac{1}{10-0}dx=\frac{1}{2}$

(4) $F(x)=\int_{-\infty}^{x} f(y)dy=\begin{cases} 0, & x<0 \\ \frac{x}{10}, & 0\le x<10 \\ 1, & x\ge 10 \end{cases}$

(b) 지수분포(Exponential distribution)

정의 5-7

확률밀도함수가 다음과 같을 때 확률변수 **지수확률변수**라 하고 X의 분포를 **지수분포**라 한다.

$$f(x)=\begin{cases} \lambda e^{-\lambda x}, & x\ge 0 \\ 0, & x<0 \end{cases} \quad (\text{단, } \lambda>0)$$

NOTE (i) $\int_{-\infty}^{\infty} f(x)dx=\int_0^{\infty}\lambda e^{-\lambda x}dx=\lambda\frac{1}{-\lambda}e^{-\lambda x}\Big|_0^{\infty}=1$

(ii) $F(x)=\int_{-\infty}^{x} f(y)dy=\begin{cases} 1-e^{-\lambda x}, & x\ge 0 \\ 0, & x<0 \end{cases}$

(iii) 지수분포는 수명분포로서 기계가 이미 t시간 동안 작동되었다고 가정할 때, 적어도 $s+t$시간 동안 작동할 기계의 확률은 적어도 s시간 동안 기계가 작동할 확률과 같은 **무기억성**(memoryless)의 특성이 있다. 즉

$$P(X>s+t\,|\,X>t)=P(X>s)$$

예 5-15 확률변수 X가 누적분포함수 $F(x)=1-e^{-0.1x}$를 가질 때 다음을 구하여라.

(1) $P(4 \le X \le 5)$　　　(2) $f(x)$

풀이 (1) $P(4 \le X \le 5) = F(5) - F(4)$

$$= (1-e^{-0.5}) - (1-e^{-0.4})$$

$$= e^{-0.4} - e^{-0.5}$$

(2) $f(x) = \dfrac{d}{dx}F(x) = 0.1e^{-0.1x}$

예 5-16 TV수상기의 평균수명은 8년인 지수분포를 따른다. 어떤 사람이 8년 전에 TV수상기를 샀다면, 그 수상기가 다시 8년을 사용할 수 있는 확률을 구하여라.

풀이 $P(X > 16 \mid x > 8) = P(X > 8) = 1 - P(X \le 8)$

$$= 1 - \left[1 - e^{-\frac{1}{8}\cdot 8}\right]$$

$$= e^{-1} \cong 0.37$$

($\because$ 평균수명 $E(X) = \dfrac{1}{\lambda} = 8$)

(c) 감마분포(Gamma distribution)

정의 5-8

확률밀도함수가 다음과 같을 때 확률변수 X를 감마확률변수라 하고 X의 분포를 감마분포라 한다.

$$f(x)=\begin{cases}\dfrac{\lambda^{\alpha}x^{\alpha-1}e^{-\lambda x}}{\Gamma(\alpha)}, & x\geq 0\\ 0, & x<0\end{cases}$$

NOTE (i) $\Gamma(\alpha)=\int_0^{\infty}e^{-x}x^{\alpha-1}dx$, $\Gamma(n)=(n-1)!$,

$\Gamma(n)=(n-1)\Gamma(n-1)$, $\Gamma\left(\dfrac{1}{2}\right)=\sqrt{\pi}$

(ii) 만일 $\alpha=1$이면 $f(x)$는 지수확률변수의 확률밀도함수이다.

(iii) 만일 $X_1\sim\Gamma(\alpha_1,\ \lambda)$와 $X_2\sim\Gamma(\alpha_2,\ \lambda)$가 독립이면

$$X_1+X_2\sim\Gamma(\alpha_1+\alpha_2,\ \lambda)$$

예 5-17 확률변수 X가 $\alpha=2$, $\lambda=1$인 감마분표 $G(2,1)$를 따른다고 할 때 $P(X\geq 1)$을 구하여라.

풀이 $X\sim G(2,1)$이면 확률밀도함수

$$f(x)=\begin{cases}\dfrac{xe^{-x}}{\Gamma_{(2)}}, & x\geq 0\\ 0, & x<0\end{cases}$$

$$\begin{aligned}P(X\geq 1)&=1-P(X<1)=1-\int_0^1\frac{x\cdot e^{-x}}{\Gamma_{(2)}}dx\\&=1-\left\{\left[-xe^{-x}\right]_0^1+\int_0^1 e^{-x}dx\right\}\\&=2e^{-1}\end{aligned}$$

(d) **정규분포**(Normal distribution)

정의 5-9

확률밀도함수가 다음과 같을 때 확률변수 X를 **정규확률변수**라 하고 X의 분포를 **정규분포**라 한다.

$$f(x) = \frac{1}{\sqrt{2\pi}\,\sigma} e^{-\frac{(x-\mu)^2}{2\sigma^2}}, \quad \mu: \text{평균}, \ \sigma: \text{표준편차}$$

정규분포는 통계학에 있어서 가장 중요한 분포로, 1733년 드무아브르(De Moivre)에 의하여 이항확률변수의 합의 근사분포로 처음 발표되었다.

정규분포는 가우스 분포(Gaussian distribution)라고도 한다. 정규분포의 평균은 μ이고 분산은 σ^2이므로 $N(\mu, \sigma^2)$으로 표시한다. $N(0, 1)$은 **표준정규분포**라 부르며 이 책에서는 확률변수 Z를 사용한다. 임의의 정규확률변수 $X \sim N(\mu, \sigma^2)$은 표준정규확률변수 $Z \sim N(0, 1)$로 변환하여 뒤에 있는 부록표를 이용하여 확률값을 계산한다. 정규분포는 평균 μ와 표준편차 σ에 의하여 완전히 결정되므로 평균을 0으로 이동하고 표준편차 σ로 나누면 표준정규분포에 일치한다. 즉

$$X \sim N(\mu, \sigma^2) \ \Rightarrow \ Z = \frac{X-\mu}{\sigma} \sim N(0, 1)$$

관계식 $X = \sigma Z + \mu$

실험실 측정에서 발생하는 오류, 숲 속에 있는 나무의 분포, 하늘에 있는 별들의 분포, 즉 자연적인 분포는 정규분포를 따른다. 그 특성은 다음과 같다.

(i) $f(x)$는 종 모양으로 $x = \mu$축에 좌우대칭이고 최댓값은 $\frac{1}{\sqrt{2\pi}\,\sigma}$이다.

(ii) $X = \mu \pm 3\sigma$에서 거의 x축과 접한다.

(iii) σ값이 크면 넓고 완만한 곡선을 이루고 작으면 좁고 높은 곡선을 이룬다.

(iv) $N(\mu, \sigma^2)$에서 평균 $E(X) = \mu$, 분산 $\mathrm{Var}(X) = \sigma^2$이다.

(v) 이항분포 $B(n, p)$에서 n이 크고 p가 0에 가깝지 않으면($np > 5$, $n(1-p) > 5$), 정규분포를 이용하여 근삿값을 구한다.

예 5-18 확률변수 X가 $N(20,\ 5^2)$일 때 다음을 구하여라.

(1) $P(X \geq 30)$ (2) $P(X < 15)$ (3) $P(10 < X < 25)$

풀이

(1) $P(X \geq 30) = P\left(\frac{X-20}{5} \geq \frac{30-20}{5}\right)$
$= P(Z \geq 2)$
$= 1 - P(Z < 2) = 1 - 0.9772 = 0.0228$

(2) $P(X < 15) = P\left(\frac{X-20}{5} < \frac{15-20}{5}\right)$
$= P(Z < -1) = 1 - P(Z \leq 1)$
$= 1 - 0.8413 = 0.1587$

(3) $P(10 < X < 25) = P\left(\frac{10-20}{5} < \frac{X-20}{5} < \frac{25-20}{5}\right)$
$= P(-2 < Z < 1)$
$= P(Z < 1) - P(Z < -2)$
$= P(Z < 1) - (1 - P(Z \leq 2))$
$= 0.8413 - (1 - 0.9772) = 0.8185$

NOTE $P(\mu - \sigma \leq X \leq \mu + \sigma) = P(-1 \leq Z \leq 1) = 0.683$
$P(\mu - 2\sigma \leq X \leq \mu + 2\sigma) = P(-2 \leq Z \leq 2) = 0.954$
$P(\mu - 3\sigma \leq X \leq \mu + 3\sigma) = P(-3 \leq Z \leq 3) = 0.997$
$P(\mu - 1.96\sigma \leq X \leq \mu + 1.96\sigma) = P(-1.96 \leq Z \leq 1.96) = 0.95$
$P(\mu - 2.586\sigma \leq X \leq \mu + 2.586\sigma) = P(-2.586 \leq Z \leq 2.586) = 0.99$

예 5-19 어느 대학교의 학생의 키는 평균 171cm이고 표준편차 5인 정규분포를 따른다. 한 학생을 임의로 뽑았을 때 그 학생의 키가 165cm보다 작을 확률을 구하여라.

풀이 $X \sim N(171,\ 5^2)$이므로

$$Z = \frac{X-171}{5} \sim N(0,\ 1)$$

이다. 그러므로

$$P(X < 165) = P\left(Z < \frac{165-171}{5}\right)$$
$$= P(Z \leftarrow 1.2) = 1 - P(Z \leq 1.2)$$
$$= 0.1151$$

예 5-20 통계학 시험 점수는 평균 76이고 표준편차 15인 정규분포를 따른다. 학생의 상위 15%가 A학점을 받고 하위 10%가 F학점을 받는다고 할 때 다음을 구하여라.

(1) A학점의 최소 점수

(2) F학점의 최대 점수

풀이 $X \sim N(76, 15^2)$

(1) $P(X \geq a) = P\left(Z \geq \frac{a-76}{15}\right) = 0.15$이므로

$\frac{a-76}{15} = 1.04$에서 $a = 91.6 \cong 92$점

(2) $P(X \leq b) = P\left(Z \leq \frac{b-76}{15}\right) = 0.1$이므로

$\frac{b-76}{15} = -1.29$에서 $b = 56.65 \cong 57$점

예 5-21 어느 방송국의 연속극 시청률이 20%이였다. 프로그램을 새 편성한 후에 100명의 시청자를 임의로 뽑아 이 연속극의 시청 여부를 질문하였다.

(1) 이 연속극의 시청률이 전과 동일하다면 100명 중 15명 이하가 시청할 확률을 구하여라.

(2) 시청자가 25명보다 많은 확률을 구하여라.

풀이 이 분포는 이항분포 $B\left(100, \frac{1}{5}\right)$이고

$$np = 20 > 5, \quad n(1-p) = 80 > 5$$

이므로 정규분포로 쉽게 근삿값을 구할 수 있다. 즉

$$B(n,\ p) \sim N(np,\ npq)$$

이므로 $B\left(100,\ \frac{1}{5}\right) \sim N(20,\ 4^2)$.

$$\begin{aligned} P(X \leq 15) &\cong P\left(Z \leq \frac{15.5-20}{4}\right) \\ &= P(Z \leq -1.125) \\ &= 1-P(Z \leq 1.125) \\ &= 1-0.8697 = 0.1303 \end{aligned}$$

(15.5로 계산하는 것은 15를 포함하여 근삿값을 구한다.)

$$\begin{aligned} P(X > 25) &\cong P\left(Z > \frac{25.5-20}{4}\right) \\ &= P(Z > 1.375) = 1-P(Z < 1.375) \\ &= 1-0.9155 = 0.0845 \end{aligned}$$

(25.5로 계산하는 것은 25를 포함하지 않고 근삿값을 구한다.)

5.3 결합확률분포와 주변확률분포

정의 5-10

두 개 이상의 확률변수가 동시에 취하는 여러 가지 값들에 확률을 대응시켜주는 관계를 결합확률분포(joint probability distribution)라 한다. 또 결합확률분포로부터 얻어진 한 확률변수의 분포를 **주변확률분포**(marginal probability distribution)라 한다.

결합(누적)분포함수(joint cumulative prob. dist. function)

$$F(a, b) = P(X \leq a,\ Y \leq b), \quad -\infty < a, b < \infty$$

주변확률분포(marginal prob. dist.)

$$F_X(a) = P(X \leq a) = P(X \leq a,\ Y < \infty) = F(a, \infty)$$

$$F_Y(b) = P(Y < b) = P(X < \infty,\ Y \leq b) = F(\infty, b)$$

어느 지역의 한 가구의 TV 수와 자동차 수는 다음과 같은 확률관계를 가진다면, 각각의 주변확률분포는 다음과 같다.

| 결합확률분포표 |

자동차 수(Y) \ TV 수(X)	1	2	3	4	계
0	0.20	0.15	0.10	0.00	0.45
1	0.10	0.20	0.07	0.03	0.40
2	0.04	0.05	0.04	0.02	0.15
계	0.34	0.40	0.21	0.05	1

| X의 주변확률분포표 |

X	1	2	3	4
$P(X=x)$	0.34	0.40	0.21	0.05

| Y의 주변확률분포표 |

Y	0	1	2
$P(Y=y)$	0.45	0.40	0.15

결합확률질량함수와 주변확률질량함수

$$P_{X,Y}(x, y) = \sum_{x : p(x, y) \geq 0} \sum_{y : p(x, y) \geq 0} P(x, y)$$

$$P_X(x) = \sum_{y; P(x, y) \geq 0} P(x, y) = \sum_y f(x, y)$$

$$P_Y(y) = \sum_{x : P(x, y) \geq 0} P(x, y) = \sum_x f(x, y)$$

결합확률밀도함수와 주변확률밀도함수

$$P(X \in A, \; Y \in B) = \int_B \int_A f(x, y) dx dy = \int_A \left(\int_B f(x, y) dy \right) dx$$

$$P(X \in A) = \int_A f_X(x) dx, \; P(Y \in B) = \int_B f_Y(y) dy$$

단, $f_X(x) = \int_{-\infty}^{\infty} f(x, y) dy, \; f_Y(y) = \int_{-\infty}^{\infty} f(x, y) dx$

NOTE (i) $f(x, y) \geq 0$

(ii) $\int_{-\infty}^{\infty} \int_{-\infty}^{\infty} f(x, y) dx dy = 1$

예 5-22 확률벡터 (X_1, X_2)가 이산이고, 그 값은 0, 1, 2 이며 결합분포 $P(i, j) = P(X_1 = i, \; X_2 = j)$는 다음과 같다.

$$P(0, 0) = 0.15, \; P(0, 1) = 0.2, \; P(0, 2) = 0.1,$$
$$P(1, 0) = 0.2, \; P(1, 1) = 0.05, \; P(1, 2) = 0.15,$$
$$P(2, 0) = 0.05, \; P(2, 1) = 0.05, \; P(2, 2) = 0.05$$

이때 주변확률분포를 구하고 아래 확률을 구하여라.

(1) $P(X_1 \leq 1.8, \; X_2 \leq 0.7)$

(2) $P(1 \leq X_1 < 2, \; 0.7 \leq X_2 < 1.6)$

(3) $P(X_1 + X_2 = 2)$

(4) $P(X_1 = 2 | X_2 \geq 1)$

풀이 주변확률분포

$P(X_1=0)=0.45,\ P(X_1=1)=0.4,\ P(X_1=2)=0.15$

$P(X_2=0)=0.4,\ P(X_2=1)=0.3,\ P(X_2=2)=0.3$

(1) $P(X_1 \le 1.8,\ X_2 \le 0.7)$

$= P(X_1=0,\ X_2=0)+P(X_1=1,\ X_2=0)$

$=0.35$

(2) $P(1 \le X_1 < 2,\ 0.7 \le X_2 < 1.6) = P(X_1=1,\ X_2=1)=0.05$

(3) $P(X_1+X_2=2)$

$= P(X_1=0,\ X_2=2)+P(X_1=1,\ X_2=1)+P(X_1=2,\ X_2=0)$

$=0.2$

(4) $P(X_1=2 \mid X_2 \ge 1)$

$$= \frac{P(X_1=2,\ X_2\ge 1)}{P(X_2 \ge 1)}$$

$$= \frac{P(X_1=2,\ X_2=1)+P(X_1=2,\ X_2=2)}{P(X_2=1)+P(X_2=2)}$$

$$= \frac{0.05+0.05}{0.3+0.3} = \frac{1}{6}$$

예 5-23 X와 Y의 결합확률질량함수가 아래와 같을 때, 다음을 구하라.

$f(x,y)=c(x+y),\ x=0,1,2,\ y=0,1,2$

(1) c

(2) $f_X(1)$

(3) $P(0<X<2,\ Y\ge 1)$

(4) $P(X>Y)$

(5) $P(X+Y \ge 3)$

(6) $P(0 \le X \le 1 \mid Y \ge 1)$

풀이 (1) $\sum_{x=0}^{2}\sum_{y=0}^{2} f(x,y) = 18c = 1$에서 $c=\frac{1}{18}$

(2) $f_X(x)=\sum_{y=0}^{2}\frac{1}{18}(x+y)=\frac{1}{6}(x+1)$에서 $f_X(1)=\frac{1}{3}$

(3) $P(0<X<2,\ Y\geq 1)=P(1,1)+P(1,2)=\frac{5}{18}$

(4) $P(X>Y)=P(1,0)+P(2,0)+P(2,1)=\frac{1}{3}$

(5) $P(X+Y\geq 3)=P(1,2)+P(2,1)+P(2,2)=\frac{5}{9}$

(6) $P(0\leq X\leq 1\mid Y\geq 1)$

$$=\sum_{x=0}^{1}P(x\mid Y\geq 1)=\frac{P((0,1),(0,2),(1,1),(1,2))}{P_Y(Y\geq 1)}=\frac{8}{15}$$

$\left(\because\ P_Y(y)=\sum_{x=0}^{2}\frac{1}{18}(x+y)=\frac{y+1}{6},\ y=0,1,2\right.$

$\left.P_Y(Y\geq 1)=P_Y(1)+P_Y(2)=\frac{5}{6}\right)$

예 5-24 X_1과 X_2의 결합확률질량함수가 다음과 같을 때 아래 확률을 구하여라.

$$f(x_1,\ x_2)=\begin{cases}\dfrac{x_1+x_2}{21}, & x_1=1,\ 2,\ 3,\ x_2=1,\ 2\\ 0, & \text{그 밖에}\end{cases}$$

(1) $P(X_1=3)$ (2) $P(X_2=2)$ (3) $f_1(3)$ (4) $f_2(2)$

풀이 (1) $P(X_1=3)=f(3,\ 1)+f(3,\ 2)=\frac{3}{7}$

(2) $P(X_2=2)=f(1,\ 2)+f(2,\ 2)+f(3,\ 2)=\frac{4}{7}$

(3) $f_1(x_1)=\sum_{x_2=1}^{2}\frac{x_1+x_2}{21}=\frac{2x_1+3}{21}\ (x_1=1,\ 2,\ 3),$

$f_1(3)=\frac{3}{7}$

(4) $f_2(x_2)=\sum_{x_1=1}^{3}\frac{x_1+x_2}{21}=\frac{6+3x_2}{21}\ (x_2=1,\ 2),$

$f_2(2)=\frac{4}{7}$

NOTE (i) $P(X_1=3)=f_1(3),\ P(X_2=2)=f_2(2)$

(ii) $f(x_2|x_1)=\dfrac{f(x_1,x_2)}{f_1(x_1)},\ f_1(x_1)>0$

$$\int_{-\infty}^{\infty} f(x_2|x_1)dx_2=\int_{-\infty}^{\infty}\frac{f(x_1,x_2)}{f_1(x_1)}dx_2$$

$$=\frac{1}{f_1(x_1)}\int_{-\infty}^{\infty} f(x_1,x_2)dx_2$$

$$=\frac{f_1(x_1)}{f_1(x_1)}=1$$

(iii) $P(a<X_2<b|X_1=x_1)=\int_a^b f(x_2|x_1)dx_2$

(iv) $X_1,\ X_2,\ \cdots,\ X_n$의 결합확률밀도함수가 $f(x_1,\ x_2,\ \cdots,\ x_n)$일 때

$$P(a<X_1<b)=\int_a^b f_1(x_1)dx_1.$$

(단, $f_1(x_1)=\int_{-\infty}^{\infty}\int_{-\infty}^{\infty}\cdots\int_{-\infty}^{\infty} f(x_1,\ x_2,\ \cdots,\ x_n)dx_2\cdots dx_n$)

(v) X_1과 X_2 독립 $\Leftrightarrow$

$$P(a<X_1<b,\ c<X_2<d)=P(a<X_1<b)P(c<X_2<d)$$

예 5-25 $X_1,\ X_2$가 연속확률변수로서 다음과 같은 확률밀도함수를 가질 때 아래 확률을 구하여라.

$$f(x_1,\ x_2)=\begin{cases} e^{-(x_1+x_2)}, & x_1,\ x_2\ge 0 \\ 0, & \text{그 밖에} \end{cases}$$

(1) $P(X_1>2,\ X_2>1)$

(2) $P(X_1>2|X_2>1)$

(3) $P(X_1>X_2|2X_1>X_2)$

(4) $P(X_1+X_2<2)$

(5) $P(X_1 + X_2 \geq 1)$

풀이 만일 $f(x, y) = f_X(x) f_Y(y)$이면 X와 Y는 연속확률변수에서 독립이다. 만일 $P(x, y) = P_X(x) P_Y(y)$이면 X와 Y는 이산확률변수에서 독립이다. 따라서

$$f(x, y) = e^{-(x+y)} = \int_{-\infty}^{\infty} e^{-(x+y)} dy \int_{-\infty}^{\infty} e^{-(x+y)} dx$$

$$= f_X(x) f_Y(y)$$

이므로 X와 Y는 독립이다.

(1) $P(X_1 > 2,\ X_2 > 1) = P(X_1 > 2) P(X_2 > 1)$

$$= \int_2^{\infty} e^{-x_1} dx_1 \int_1^{\infty} e^{-x_2} dx_2$$

$$= e^{-2} e^{-1} = e^{-3}$$

(2) $P(X_1 > 2 | X_2 > 1) = \dfrac{P(X_1 > 2,\ X_2 > 1)}{P(X_2 > 1)} = \dfrac{e^{-3}}{e^{-1}} = e^{-2}$

(3) $P(X_1 > X_2 | 2X_1 > X_2) = \dfrac{P(X_1 > X_2,\ 2X_1 > X_2)}{P(2X_1 > X_2)}$

$$= \frac{P(X_1 > X_2)}{P(2X_1 > X_2)}$$

$$= \frac{1}{2} \bigg/ \frac{2}{3} = \frac{3}{4}$$

$$(\because P(X_1 > X_2) = \int_0^{\infty} \int_0^{x_1} f(x_1, x_2) dx_2 dx_1$$

$$= \int_0^{\infty} e^{-x_1} \left(\int_0^{x_1} e^{-x_2} dx_2 \right) dx_1$$

$$= \int_0^{\infty} \left(e^{-x_1} - e^{-2x_1} \right) dx_1 = \frac{1}{2},$$

$$P(2X_1 > X_2) = \int_0^{\infty} \int_0^{2x_1} f(x_1, x_2) dx_2 dx_1 = \frac{2}{3})$$

(4) $P(X_1+X_2<2)=\int_0^2\int_0^{2-x_1} e^{-x_1}e^{-x_2}dx_2dx_1$

$$=\int_0^2(e^{-x_1}-e^{-2})dx_1$$

$$=1-3e^{-2}$$

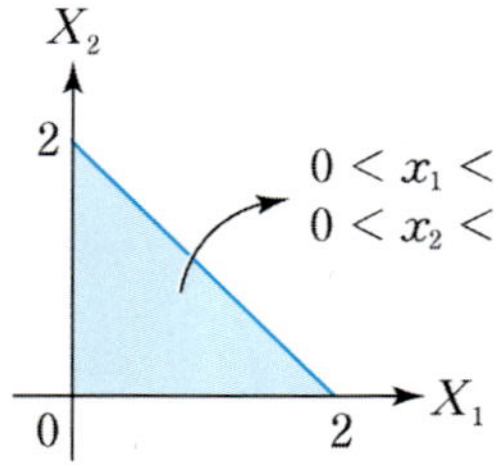

(5) $P(X_1+X_2\geq 1)=1-P(X_1+X_2<1)$

$$=1-\int_0^1\int_0^{1-x_1} e^{-x_1}e^{-x_2}dx_2dx_1$$

$$=1-\int_0^1(e^{-x_1}-e^{-1})dx_1$$

$$=2e^{-1}$$

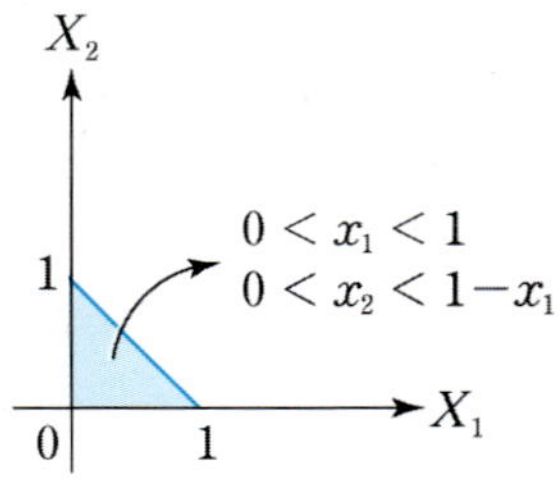

예 5-26 X와 Y의 결합확률밀도함수가 아래와 같을 때, 다음을 구하여라.

$$f(x,y)=\begin{cases} c(x+1), & c<x<1,\ 0<y<1 \\ 0, & \text{그 이외는} \end{cases}$$

(1) c

(2) X와 Y는 독립인가?

(3) $P(X+Y\le 1)$

(4) $P(X\le 2Y\le 3X)$

풀이

(1) $\int_0^1\int_0^1 c(x+1)dxdy = c\int_0^1 \frac{3}{2}dy = \frac{3}{2}c = 1$에서 $c=\frac{2}{3}$

(2) $f_X(x)=\int_0^1 c(x+1)dy=\frac{2}{3}(x+1),\ 0<x<1$

$f_Y(y)=\int_0^1 c(x+1)dx=1,\ 0<y<1$

따라서 $f(x,y)=f_X(x)\cdot f_Y(y)$이므로 X와 Y는 독립이다.

(3) $$P(X+Y\le 1)=\int_0^1\int_0^{1-y}\frac{2}{3}(x+1)dxdy$$
$$=\frac{2}{3}\int_0^1\left(\frac{1}{2}y^2-2y+\frac{3}{2}\right)dy$$
$$=\frac{4}{9}$$

(4) $P(X\le 2Y\le 3X)$
$$=1-\int_0^{\frac{1}{2}}\int_0^{2y}\frac{2}{3}(x+1)dxdy-\int_0^{\frac{2}{3}}\int_{\frac{3}{2}x}^{1}\frac{2}{3}(x+1)dydx$$
$$=1-\int_0^{\frac{1}{2}}\frac{2}{3}(2y^2+2y)dy-\int_0^{\frac{2}{3}}\frac{2}{3}\left(-\frac{3}{2}x^2-\frac{x}{2}+1\right)dx$$
$$=1-\frac{2}{9}-\frac{8}{27}=\frac{13}{27}$$

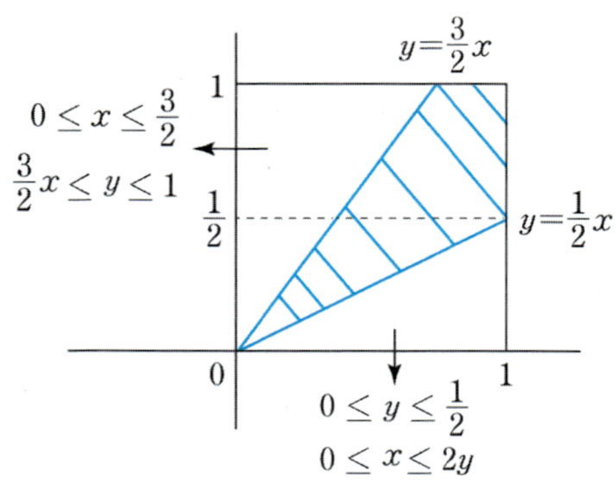

예 5-27 어떤 회사원이 오전 8시에서 8시 30분 사이에 출발하여 40분이나 50분 걸려 사무실에 도착한다. 이 사람이 오전 9시 전에 회사에 도착할 확률을 구하여라.

풀이 X: 출발시간, Y: 걸리는 시간

X와 Y는 독립 균등분포이므로 다음을 구할 수 있다.

$$f_X(x) = \frac{1}{30}\,(0 \le x \le 30),\; f_Y(y) = \frac{1}{10}\,(40 \le y \le 50),$$

$$f(x, y) = f_X(x) f_Y(y) = \frac{1}{300}\,(0 \le x \le 30,\, 40 \le y \le 50),$$

$$P(X + Y \le 60) = \int_{40}^{50}\int_{0}^{60-y} \frac{1}{300}\,dx\,dy = \frac{1}{2}$$

예 5-28 결합확률밀도함수

$$f(x, y) = \begin{cases} 6xy^2, & 0 < x < 1,\; 0 < y < 1 \\ 0, & \text{그 밖에} \end{cases}$$

일 때 다음을 구하여라.

(1) $P\left(0 < X < \frac{3}{4},\, \frac{1}{3} < Y < 2\right)$

(2) X와 Y는 독립인가?

풀이 (1) $P\left(0 < X < \frac{3}{4},\, \frac{1}{3} < Y < 2\right) = \int_{\frac{1}{3}}^{2}\int_{0}^{\frac{3}{4}} f(x, y)\,dx\,dy$

$$= \int_{\frac{1}{3}}^{1}\int_{0}^{\frac{3}{4}} 6xy^2\,dx\,dy + \int_{1}^{2}\int_{0}^{\frac{3}{4}} 0\,dx\,dy$$

$$= \frac{13}{24}$$

(2) $f_X(x) f_Y(y) = 2x \cdot 3y^2 = 6xy^2 = f(x, y)$이므로 독립이다.

예 5-29 결합확률밀도함수 $f(x, y) = \begin{cases} 2, & 0 < x < y < 1 \\ 0, & \text{그 밖에} \end{cases}$ 일 때 다음을 구하여라.

(1) 주변확률밀도함수 $f_X(x)$와 $f_Y(y)$

(2) $A_1 = \left\{(x, y) \,\middle|\, \frac{1}{2} < x < y < 1\right\}$,

$A_2 = \left\{(x, y) \,\middle|\, x < y < 1,\ 0 < x \le \frac{1}{2}\right\}$일 때 $P(A_1)$, $P(A_2)$

(3) $f(x|y)$

(4) $P\left(0 < X < \frac{1}{2}\right)$

(5) X와 Y는 독립인가?

(6) $P\left(0 < X < \frac{1}{2} \,\middle|\, y = \frac{3}{4}\right)$

(7) $P(Y \ge 2X)$

풀이 (1) 주변확률밀도함수 $f_Y(y) = \int_0^y 2dx = \begin{cases} 2y, & 0 < y < 1 \\ 0, & \text{그 밖에} \end{cases}$

$$f_X(x) = \int_x^1 2dy = \begin{cases} 2(1-x), & 0 < x < 1 \\ 0, & \text{그 밖에} \end{cases}$$

(2) $P(A_1) = \int_{\frac{1}{2}}^1 \int_x^1 2dydx = \frac{1}{4}$,

$P(A_2) = 1 - P(A_1) = 1 - \frac{1}{4} = \frac{3}{4}$

(3) $f(x|y) = \frac{f(x, y)}{f_Y(y)} = \frac{2}{2y} = \frac{1}{y}$ (단, $0 < y < 1$)

(4) $P\left(0 < X < \frac{1}{2}\right) = \int_0^{\frac{1}{2}} f_X(x)dx = \int_0^{\frac{1}{2}} 2(1-x)dx = \frac{3}{4}$

(5) $f(x, y) = 2 \ne 2(1-x)2y = f_X(x)f_Y(y)$이므로 독립이 아니다.

(6) $P\left(0 < X < \frac{1}{2} | y = \frac{3}{4}\right) = \int_0^{\frac{1}{2}} f\left(x \,\middle|\, \frac{3}{4}\right)dx = \frac{2}{3}$

(7) $P(Y \ge 2X) = \int_0^{\frac{1}{2}} \int_{2x}^1 2dydx = \int_0^{\frac{1}{2}} (2-4x)dx = \frac{1}{2}$

NOTE 모든 상수 $a < b$, $c < d$에 대하여

$P(a < X \le b,\ c < Y \le d) = F(b, d) - F(b, c) - F(a, d) + F(a, c)$.

예 5-30 $X_1,\ X_2,\ X_3$의 결합확률밀도함수

$$f(x_1,\ x_2,\ x_3) = 8x_1x_2x_3,\ \ 0 < x_i < 1,\ \ i = 1,\ 2,\ 3$$

일 때 $X_1,\ X_2,\ X_3$는 상호 독립임을 보여라.

풀이

$$f_1(x_1) = \int_0^1 \int_0^1 8x_1x_2x_3 dx_2 dx_3 = 2x_1,$$

$$f_2(x_2) = \int_0^1 \int_0^1 8x_1x_2x_3 dx_3 dx_1 = 2x_2,$$

$$f_3(x_3) = \int_0^1 \int_0^1 8x_1x_2x_3 dx_1 dx_2 = 2x_3$$ 이며

$f_1(x_1) \cdot f_2(x_2) \cdot f_3(x_3) = 8x_1x_2x_3 = f(x_1,\ x_2,\ x_3)$이다.

따라서 $X_1,\ X_2,\ X_3$는 상호 독립이다.

예 5-31 결합확률밀도함수

$$f\ (x,\ y,\ z) = \begin{cases} e^{-(x+y+z)}, & 0 < x,\ y,\ z < \infty \\ 0, & \text{그 밖에} \end{cases}$$

일 때 결합누적분포함수 $F(x,\ y,\ z)$를 구하여라.

풀이 $F(x,\ y,\ z) = P(X \le x,\ Y \le y,\ Z \le z)$

$$= \int_0^z \int_0^y \int_0^x e^{-u-v-w} du dv dw$$

$$= (1 - e^{-x})(1 - e^{-y})(1 - e^{-z})\ \ (0 \le x,\ y,\ z < \infty)$$

NOTE $\dfrac{\partial^3 F(x,\ y,\ z)}{\partial x \partial y \partial z} = e^{-(x+y+z)} = f\ (x,\ y,\ z)$

예 5-32 X_1, X_2, X_3에 대하여 결합확률밀도함수가

$$f\ (x_1,\ x_2,\ x_3) = c\ \ (0 < x_1 < x_2 < x_3 < 1)$$

일 때 다음을 각각 구하여라.

(1) c (2) $f_3(x_3)$ (3) $f(x_1,\ x_2)$

풀이 (1) $\int_0^1\int_0^{x_3}\int_0^{x_2} c\,dx_1dx_2dx_3 = \frac{1}{6}c = 1,\ \therefore\ c = 6$

(2) $f_3(x_3) = \int_0^{x_3}\int_0^{x_2} 6dx_1dx_2 = 3x_3^2$

(3) $f(x_1,\ x_2) = \int_{-\infty}^{\infty} f(x_1,\ x_2,\ x_3)dx_3 = \int_{x_2}^{1} 6dx_3 = 6(1-x_2)$

CHAPTER 05

연습문제

5-1 어떤 연속변수 X의 분포함수 $F(x)$가 다음과 같이 주어져 있다.

$$F(x) = 1 - e^{-0.1x}, \ x \ge 0$$

(1) 확률밀도함수 $f(x)$를 구하여라.

(2) $P(4 \le X \le 5)$를 구하여라.

5-2 결합확률질량함수가

$$P(x,\ y) = \begin{cases} cxy, & x = 1,\ 2,\ y = 2,\ 3 \\ 0, & \text{그 밖에} \end{cases}$$

일 때 다음을 구하여라.

(1) c　　(2) $P(X = x)$　　(3) $P(X + Y > 3)$

5-3 분포함수가

$$F(x) = \begin{cases} 0, & x < 0 \\ \dfrac{x+1}{2}, & 0 \le x < 1 \\ 1, & x \ge 1 \end{cases}$$

로 주어졌을 때 $P\left(-3 < X < \dfrac{1}{2}\right)$의 확률을 구하여라.

5-4 결합확률밀도함수가

$$f(x,\ y) = \begin{cases} 8xy, & 0 \le y \le x \le 1 \\ 0, & \text{그 밖에} \end{cases}$$

일 때 다음을 구하여라.

(1) X의 주변밀도함수　　(2) $P\left(X < \dfrac{1}{2}\right)$

(3) $P\left(0 < Y < \frac{1}{3} \middle| x = \frac{1}{2}\right)$ (4) $P(X + Y \leq 1)$

5-5 Z가 표준정규분포를 갖는 확률변수라 할 때 다음을 구하여라.

(1) $P(1 \leq Z \leq 2)$ (2) $P(-1.37 < Z \leq 2)$

(3) $P(|Z| \leq 3)$

5-6 Z가 표준정규분포를 갖는 확률변수라 할 때 다음에서 t의 값을 구하여라.

(1) $P(0 \leq Z \leq t) = 0.4938$ (2) $P(Z \leq t) = 0.8212$

(3) $P(t \leq Z \leq 2) = 0.1$

5-7 사람들 중 2%가 왼손잡이라 가정할 때 100명 중 2명 이상이 왼손잡이일 확률을 구하여라.

5-8 원래의 부품과 예비품으로 구성된 한 시스템이 작동할 수 있는 시간(단위 : 개월) X의 p.d.f $f(x)$가 다음과 같을 때 시스템이 적어도 5개월 이상 작동할 확률은 얼마인가?

$$f(x) = \begin{cases} cxe^{-x/2}, & x > 0 \\ 0, & x \leq 0 \end{cases}$$

5-9 정규분포 $f(x) = \frac{1}{\sigma\sqrt{2\pi}} e^{\frac{-(x-\mu)^2}{2\sigma^2}}$ 은 연속확률변수임을 보여라.

즉 $\int_{-\infty}^{\infty} f(x)dx = 1$.

5-10 어떤 대학의 입시에 응시한 학생 1000명의 수학 성적을 조사하였더니 평균이 50점, 표준편차가 15점인 정규분포를 이루었다. 이때 점수가 35점부터 65점까지 받은 학생 수는 약 몇 명인가?

5-11 1000명의 시험 성적의 평균은 65점, 표준편차가 10점인 정규분포라면 80점을 얻은 학생은 몇 등정도 되겠는가? 또한, 10%가 탈락(F학점)이라면 몇 점부터 pass가 되겠는가?

5-12 공정한 주사위를 720회 던질 때 눈 6이 다음과 같이 나올 확률의 근사값을 구하여라.

(1) 100 ~ 125회

(2) 150회 이상

5-13 두 확률변수 X와 Y의 결합밀도함수가 다음과 같을 때 아래에 답하여라.

$$f(x, y) = \begin{cases} x+y, & 0 \le x \le 1,\ 0 \le y \le 1 \\ 0, & \text{그 밖에} \end{cases}$$

(1) 주변확률밀도함수 $f_X(x)$, $f_Y(y)$

(2) X와 Y는 독립인가?

(3) $F_X\left(\frac{1}{2}\right)$, $F\left(\frac{1}{2}, \frac{1}{4}\right)$

(4) $P\left(0 < Y < \frac{1}{2} \,\middle|\, x = \frac{1}{2}\right)$

5-14 X와 Y의 결합확률밀도함수가 아래와 같을 때, 다음을 구하여라.

$$f(x, y) = \begin{cases} c, & 0 < x < 1,\ 0 < y < 1 \\ 0, & \text{그 이외는} \end{cases}$$

(1) c

(2) X와 Y는 독립인가?

(3) $P(X+Y > 1)$

(4) $(X+Y)$의 분포함수 $F_{X+Y}(z) = P(X+Y \le z)$와 $(X+Y)$의 확률밀도함수 $f_{X+Y}(z)$

5-15 X와 Y의 결합확률질량함수가 아래와 같을 때, 다음을 구하여라.

$$f(x, y) = \begin{cases} c \cdot \dfrac{2^{x+y}}{x!\, y!}, & x = 0, 1, 2, \cdots, \ y = 0, 1, 2, \cdots \\ 0, & \text{그 이외는} \end{cases}$$

(1) c

(2) $f_X(x)$

(3) $P(X+Y>1)$

(4) X와 Y는 독립인가?

5-16 X와 Y가 각각 $\lambda = 1$(X의 기댓값 $E(X) = 1$, Y의 기댓값 $E(Y) = 1$)인 지수분포를 따르고 독립일 때, $X+Y$의 확률밀도함수를 구하여라.

CHAPTER

06

기댓값과 분산

6.1 기댓값

정의 6-1 **기댓값**

다음과 같이 기댓값을 정의한다.

$$E(X) = \sum_{x\,:\,P(x)>0} xP(x) \quad (\text{이산확률변수}),$$

$$E(X) = \int_{-\infty}^{\infty} xf(x)dx \quad (\text{연속확률변수})$$

기호로는 $E(X) = \mu$ (평균)로 표시한다.

예 6-1 X가 하나의 주사위를 던졌을 때 나오는 눈이라 할 때 기댓값 $E(X)$를 구하여라.

풀이 확률분포표는 다음과 같다.

X	1	2	3	4	5	6
$P(X=x)$	$\frac{1}{6}$	$\frac{1}{6}$	$\frac{1}{6}$	$\frac{1}{6}$	$\frac{1}{6}$	$\frac{1}{6}$

$$E(X) = 1\times\frac{1}{6}+2\times\frac{1}{6}+3\times\frac{1}{6}+4\times\frac{1}{6}+5\times\frac{1}{6}+6\times\frac{1}{6}=\frac{7}{2}$$

예 6-2 베르누이확률변수의 기댓값을 구하여라.

풀이 $P(0) = 1-p,\ P(1) = p$이므로

$$E(X) = 0\cdot(1-p)+1\cdot p = p$$

예 6-3 다음과 같이 주어진 복권에 대한 상금 X의 평균(기댓값)을 구하여라.

(단위 : 만 원)

상금	100	50	10	5	0
확률	$\frac{1}{1000}$	$\frac{1}{500}$	$\frac{1}{100}$	$\frac{1}{10}$	$\frac{888}{1000}$

풀이

$$E(X) = 100 \times \frac{1}{1000} + 50 \times \frac{1}{500} + 10 \times \frac{1}{100} + 5 \times \frac{1}{10}$$
$$= 0.8(\text{만 원})$$

예 6-4 이항확률변수 $(X \sim B(n,\, p))$의 기댓값을 구하여라.

풀이

$$E(X) = E(X = i)$$
$$= \sum_{i=0}^{n} iP(i) = \sum_{i=0}^{n} i\binom{n}{i} p^i (1-p)^{n-i}$$
$$= \sum_{i=1}^{n} \frac{i\, n!}{(n-i)!i!} p^i (1-p)^{n-i}$$
$$= np\sum_{i=1}^{n} \frac{(n-1)!}{(n-i)!(i-1)!} p^{i-1}(1-p)^{n-i}$$
$$= np\sum_{k=0}^{n-1} \frac{(n-1)!}{(n-k-1)!k!} p^{k}(1-p)^{n-k-1} \quad (\because\ i-1=k)$$
$$= np[p+(1-p)]^{n-1} = np$$

예 6-5 기하확률변수의 기댓값을 구하여라.

풀이

$$P(X = n) = P(n)$$
$$= (1-p)^{n-1}p$$
$$= pq^{n-1}\,(q = 1-p),$$
$$E(X = n) = \sum_{n=1}^{\infty} np(1-p)^{n-1}$$

$$= p\sum_{n=1}^{\infty} nq^{n-1}$$

$$= p\sum_{n=1}^{\infty} \frac{d}{dq}(q^n)$$

$$= p\frac{d}{dq}\sum_{n=1}^{\infty} q^n$$

$$= p\frac{d}{dq}\left(\frac{q}{1-q}\right) \quad (\because \ 0<q<1)$$

$$= p\frac{(1-q)-q(-1)}{(1-q)^2} = \frac{1}{p}$$

예 6-6 포아송확률변수의 기댓값을 구하여라.

풀이

$$P(X=x) = P(x) = e^{-\lambda}\frac{\lambda^x}{x!}, \quad x = 0, 1, 2, \cdots,$$

$$E(X=i) = \sum_{i=0}^{\infty} i\frac{e^{-\lambda}\lambda^i}{i!}$$

$$= \sum_{i=1}^{\infty} i\frac{e^{-\lambda}\lambda^i}{i!}$$

$$= \sum_{i=1}^{\infty} \frac{e^{-\lambda}\lambda^i}{(i-1)!}$$

$$= \lambda e^{-\lambda}\sum_{i=1}^{\infty} \frac{\lambda^{i-1}}{(i-1)!}$$

$$= \lambda e^{-\lambda}\sum_{k=0}^{\infty} \frac{\lambda^k}{k!} \quad (\because \ i-1=k)$$

$$= \lambda e^{-\lambda}e^{\lambda} = \lambda$$

예 6-7 균등확률변수의 기댓값을 구하여라.

풀이

$$f(x) = \begin{cases} \dfrac{1}{\beta - \alpha}, & \alpha < x < \beta \\ 0, & \text{그 밖에} \end{cases}$$

$$\begin{aligned} E(X) &= \int_{-\infty}^{\infty} x f(x) dx \\ &= \int_{\alpha}^{\beta} x \frac{1}{\beta - \alpha} dx \\ &= \frac{\beta^2 - \alpha^2}{2(\beta - \alpha)} = \frac{\alpha + \beta}{2} \end{aligned}$$

예 6-8 지수확률변수의 기댓값을 구하여라.

풀이

$$f(x) = \begin{cases} \lambda e^{-\lambda x}, & x \geq 0 \\ 0, & x < 0 \end{cases}$$

$$\begin{aligned} E(X) &= \int_{0}^{\infty} x \lambda e^{-\lambda x} dx \\ &= [-xe^{-\lambda x}]_0^{\infty} + \int_0^{\infty} e^{-\lambda x} dx \\ &= \left[0 - \frac{e^{-\lambda x}}{\lambda}\right]_0^{\infty} = \frac{1}{\lambda} \end{aligned}$$

예 6-9 정규확률변수의 기댓값을 구하여라.

풀이

$$f(x) = \frac{1}{\sqrt{2\pi}\,\sigma} e^{-\frac{(x-\mu)^2}{2\sigma^2}}, \quad -\infty < x < \infty,\ \sigma > 0,$$

$$\begin{aligned} E(X) &= \frac{1}{\sqrt{2\pi}\,\sigma} \int_{-\infty}^{\infty} x e^{-\frac{(x-\mu)^2}{2\sigma^2}} dx \\ &= \frac{1}{\sqrt{2\pi}\,\sigma} \int_{-\infty}^{\infty} (x-\mu) e^{-\frac{(x-\mu)^2}{2\sigma^2}} dx + \mu \frac{1}{\sqrt{2\pi}\,\sigma} \int_{-\infty}^{\infty} e^{-\frac{(x-\mu)^2}{2\sigma^2}} dx \end{aligned}$$

$$= \frac{1}{\sqrt{2\pi}\,\sigma}\int_{-\infty}^{\infty} te^{-\frac{t^2}{2\sigma^2}}dt + \mu\int_{-\infty}^{\infty} f(x)dx$$

$$= 0 + \mu \cdot 1 \quad (\because \text{ 기함수})$$

$$= \mu$$

NOTE $E(X^n) = \begin{cases} \displaystyle\sum_{x\,:\,P(x)>0} x^n P(x) & (X\text{가 이산확률변수}) \\ \displaystyle\int_{-\infty}^{\infty} x^n f(x)dx & (X\text{가 연속확률변수}) \end{cases}$

예 6-10 확률분포표가 다음과 같을 때 기댓값을 구하여라.

X	-1	0	1
$P(X=x)$	0.2	0.3	0.5

(1) $E(2X)$ (2) $E(X^2)$

풀이

$Y=2X$	-2	0	2
$P(Y=y)$	0.2	0.3	0.5

$Y=X^2$	0	1
$P(Y=y)$	0.3	0.7

(1) $E(2X) = -2 \times 0.2 + 0 \times 0.3 + 2 \times 0.5 = 0.6$

(2) $E(X^2) = 0 \times 0.3 + 1 \times 0.7 = 0.7$

정리 6-1

다음이 성립한다.

(ⅰ) $E(aX+b) = aE(X) + b$

(ⅱ) $E(X+Y) = E(X) + E(Y)$

(ⅲ) 만일 X와 Y가 독립이면 $E(X \cdot Y) = E(X) \cdot E(Y)$.

증명 (ⅰ) ① 이산인 경우 다음과 같다.

$$E(aX+b) = \sum_{x\,:\,f(x)>0} (ax+b)P(x)$$

$$= a\sum xP(x) + b\sum P(x) = aE(X)+b$$

② 연속인 경우 다음과 같다.

$$E(aX+b) = \int_{-\infty}^{\infty} (ax+b)f(x)dx$$

$$= a\int_{-\infty}^{\infty} xf(x)dx + b\int_{-\infty}^{\infty} f(x)dx = aE(X)+b$$

(ⅱ) ① 이산인 경우 다음과 같다.

$$E(X) = \sum_i x_i P(x_i)$$

$$= \sum_i x_i \left(\sum_j P(x_i,\ y_j)\right)$$

$$= \sum_i \sum_j x_i P(x_i,\ y_j)$$

$$E(Y) = \sum_j y_j P(y_j)$$

$$= \sum_j y_j \left(\sum_i P(x_i,\ y_j)\right)$$

$$= \sum_i \sum_j y_j P(x_i,\ y_j)$$

$$E(X)+E(Y) = \sum_i \sum_j (x_i+y_j)P(x_i,\ y_j)$$

$$= \sum_i \sum_j (x_i+y_j)P(X=x_i,\ Y=y_j)$$

$$= E(X+Y)$$

② 연속인 경우 다음과 같다.

$$E(X+Y)=\int_{-\infty}^{\infty}\int_{-\infty}^{\infty}(x+y)f(x,\ y)dxdy$$

$$=\int_{-\infty}^{\infty}\int_{-\infty}^{\infty}xf(x,\ y)dxdy+\int_{-\infty}^{\infty}\int_{-\infty}^{\infty}yf(x,\ y)dxdy$$

$$=\int_{-\infty}^{\infty}x\left(\int_{-\infty}^{\infty}f(x,\ y)dy\right)dx+\int_{-\infty}^{\infty}y\left(\int_{-\infty}^{\infty}f(x,\ y)dx\right)dy$$

$$=\int_{-\infty}^{\infty}xf_x(x)dx+\int_{-\infty}^{\infty}yf_y(y)dy$$

$$=E(X)+E(Y)$$

(iii) $E(XY)=\sum_i\sum_j x_iy_jP(x_i,\ y_j)$

$$=\sum_i\sum_j x_iy_jP(x_i)P(y_j)=E(X)E(Y)$$

예 6-11 X와 Y가 각각 기댓값이 $E(X)=2$, $E(Y)=-3$일 때 $E(3X-5Y)$를 구하여라.

풀이 $E(3X-5Y)=E(3X)+E(-5Y)$

$$=3E(X)-5E(Y)$$

$$=3\times 2-5\times(-3)=21$$

예 6-12 한 전구 수명의 확률변수 X가 지수분포를 이루며 $E(X)=1000$ 시간일 때 전구 수명 X가 500시간 이내일 확률은?

풀이 $F(x)=1-e^{-\lambda x}\ \ (x\ge 0),\ \lambda=\dfrac{1}{1000}\ \ (\because\ E(X)=\dfrac{1}{\lambda})$

$P(X\le 500)=F(500)=1-e^{-0.001\times 500}$

$$=1-e^{-0.5}\approx 0.393$$

예 6-13 한 전구 수명이 기댓값 $E(X)=1000$시간인 지수분포라 가정하자. 만일 우리가 100개의 전구를 구입하여 사용할 때 첫 번째 전구가 고장 날 시간은 언제인가? (단, 각각의 전구는 독립이고 같은 특성을 가지고 있다.)

풀이 $X_j=\{j \text{ 번째 전구 수명}\}$, $T=\min(X_1, X_2, \cdots, X_{100})$이라 하자.

$$P(T>t)=P(X_1>t, X_2>t, \cdots, X_{100}>t)$$

$$=P(X_1>t)P(X_2>t)\cdots P(X_{100}>t)$$

$$=(e^{-0.001t})^{100}=e^{-0.1t},$$

$$\left(\because\ P(X_1>x)=\int_x^{\infty}\lambda e^{-\lambda t}dt=-e^{-\lambda t}\Big|_x^{\infty}=e^{-\lambda x},\right.$$

$$\left.\lambda=\frac{1}{E(X)}=0.001\right)$$

$$F(t)=P(T\le t)=1-e^{-0.1t},\ E(T)=\frac{1}{\lambda}=\frac{1}{0.1}=10\text{시간}$$

따라서 첫 번째 전구가 고장 날 시간은 10시간 후이다.

예 6-14 전구 수명이 $E(X)=600$시간인 지수분포라 가정하자. 그러나 공장장은 전구의 평균수명이 1000시간이라 주장하고 만일 전구 수명이 800시간 이전에 고장이 나면 새 전구와 교환시켜준다고 홍보하였다. 이때 한 전구의 생산비용이 200원이면 이 회사가 이익을 남기려면 최소한 가격은 얼마인가?

풀이 전구의 가격이 p이고 Y는 한 전구당 회사의 이익금이라 하자.

$Y=\begin{cases} p-200, & X\ge 800 \\ -200, & X<800 \end{cases}$이므로 $E(Y)=0$을 구하자.

$$E(Y)=(p-200)P(X\ge 800)-200\cdot P(X<800)$$

$$=(p-200)e^{-\frac{800}{600}}-200\left(1-e^{-\frac{800}{600}}\right)$$

$$=pe^{-\frac{4}{3}}-200=0$$

$$\Rightarrow\ p=200e^{\frac{4}{3}}=758.7\text{원}$$

따라서 이 회사는 759원 이상으로 가격을 책정하면 이익이다.

NOTE 이변량함수의 기댓값 : X와 Y가 결합확률함수 $P(x_i, y_j)$, $i=1, 2, \cdots n$, $j=1, 2, \cdots, m$을 갖는 확률변수라 할 때 어떤 함수 $g(x, y)$의 기댓값은

$$E[g(x, y)] = \sum_i \sum_j g(x, y) P(x_i, y_j)$$

$$= \int_{-\infty}^{\infty} \int_{-\infty}^{\infty} g(x, y) f(x_i, y_j) dx dy$$

이다.

예 6-15 다음의 결합확률분포를 이용하여 아래의 기댓값들을 구하여라.

Y \ X	0	1	2	3
1	$\frac{1}{8}$	0	0	$\frac{1}{8}$
2	0	$\frac{1}{8}$	$\frac{1}{8}$	0
3	0	$\frac{2}{8}$	$\frac{2}{8}$	0

(1) $E(X)$ (2) $E(XY)$ (3) $E\left(\frac{X}{Y}\right)$ (4) $E(X|Y=1)$

풀이

(1) $P_X(x) = \sum_{y=1}^{3} P(x, y)$이므로 $P_X(0) = \frac{1}{8}$, $P_X(1) = \frac{3}{8}$, $P_X(2) = \frac{3}{8}$, $P_X(3) = \frac{1}{8}$이다.

$$E(X) = \sum_{x=0}^{3} X \cdot P_X(x) = 0 \cdot \frac{1}{8} + 1 \cdot \frac{3}{8} + 2 \cdot \frac{3}{8} + 3 \cdot \frac{1}{8} = \frac{3}{2}$$

(2) $E(XY) = 0 \cdot 1 \cdot \frac{1}{8} + 3 \cdot 1 \cdot \frac{1}{8} + 1 \cdot 2 \cdot \frac{1}{8} + 2 \cdot 2 \cdot \frac{1}{8}$

$$+ 1 \cdot 3 \cdot \frac{2}{8} + 2 \cdot 3 \cdot \frac{2}{8}$$

$$= \frac{27}{8}$$

(3) $E\left(\frac{X}{Y}\right) = \frac{0}{1} \times \frac{1}{8} + \frac{3}{1} \times \frac{1}{8} + \frac{1}{2} \times \frac{1}{8} + \frac{2}{2} \times \frac{1}{8} + \frac{1}{3} \times \frac{2}{8} + \frac{2}{3} \times \frac{2}{8}$

$$= \frac{13}{16}$$

(4) $P_Y(1) = \sum_{x=0}^{3} P(x,\ 1) = \frac{1}{4}$, $P(X \mid Y=1) = \frac{P(X\ , Y=1)}{P_Y(1)}$ 이므로

$$E(X \mid Y=1) = \sum_{x=0}^{3} x \cdot P(X \mid Y=1) = 0 \cdot \frac{P(0,\ 1)}{\frac{1}{4}} + 1 \cdot \frac{P(1,\ 1)}{\frac{1}{4}} +$$

$$2 \cdot \frac{P(2,\ 1)}{\frac{1}{4}} + 3 \cdot \frac{P(3,\ 1)}{\frac{1}{4}}$$

$$= 0+0+0+3 \cdot \frac{\frac{1}{9}}{\frac{1}{4}} = \frac{3}{2}$$

예 6-16 결합확률밀도함수

$$f\ (x,\ y) = \begin{cases} x+y, & 0<x<1,\ 0<y<1 \\ 0, & \text{그 밖에} \end{cases}$$

일 때 다음의 기댓값을 구하여라.

(1) $E(X)$ (2) $E(X+Y)$

(3) $E(XY)$ (4) $E(Y|X)$

풀이

(1) $E(X) = \int_0^1 x f_X(x)dx = \int_0^1 x\left(x+\frac{1}{2}\right)dx = \frac{7}{12}$

$\left(\because\ f_X(x) = \int_0^1 f\ (x,\ y)dy = \int_0^1 (x+y)dy = x+\frac{1}{2}\right)$

(2) $E(X+Y) = E(X) + E(Y) = \frac{7}{12} + \frac{7}{12} = \frac{7}{6}$

(3) $E(XY) = \int_0^1 \int_0^1 xy(x+y)dxdy$

$$= \int_0^1 \left(\frac{1}{3}y + \frac{1}{2}y^2\right)dy = \frac{1}{6} + \frac{1}{6} = \frac{1}{3}$$

(4) $E(Y|X) = \int_0^1 yf(y|x)dy = \int_0^1 y\frac{(x+y)}{x+\frac{1}{2}}dy$

$$= \frac{1}{x+\frac{1}{2}}\left(\frac{1}{2}x+\frac{1}{3}\right)$$

$$\left(\because\ f(y|x) = \frac{f(x,\ y)}{f_X(x)} = \frac{x+y}{x+\frac{1}{2}},\ 0 < y < 1\right)$$

6.2 분산

정의 6-2 **분산**

분산(variance)은 분포가 그 평균으로부터 어느 정도 산포되어 있는지의 척도이다.

$$V(X) = E[(X-\mu)^2],\ \ \mu = E(X),$$

$$V(X) = \begin{cases} \sum (x_i - \mu)^2 f(x_i) & \text{(이산확률의변수인 경우)} \\ \int_{-\infty}^{\infty} (x-\mu)^2 f(x)dx & \text{(연속확률변수인 경우)} \end{cases}$$

표준편차(standard deviation) $\sigma(X) = \sqrt{V(X)}$,

간편식 : $V(X) = E[(X-E(X))^2] = E[X^2 - 2XE(X) + E^2(X)]$

$$= E(X^2) - E^2(X)$$

예 6-17 다음과 같은 분포를 가질 때 각각의 분산을 구하여라.

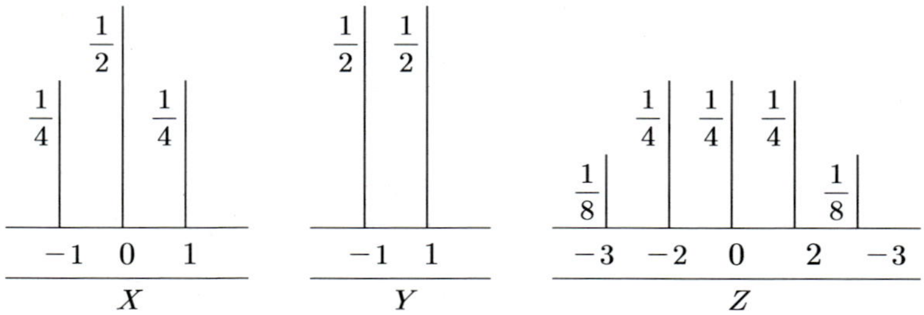

풀이

$$E(X)=-1\times\frac{1}{4}+0\times\frac{1}{2}+1\times\frac{1}{4}=0,$$

$$E(Y)=E(Z)=0,$$

$$V(X)=(-1-0)^2\times\frac{1}{4}+(0-0)^2\times\frac{1}{2}+(1-0)^2\frac{1}{4}=\frac{1}{2}$$

혹은

$$V(X)=E(X^2)-E^2(X)=\frac{1}{2}-0=\frac{1}{2}$$

$$(\because\ E(X^2)=(-1)^2\times\frac{1}{4}+0^2\times\frac{1}{2}+1^2\times\frac{1}{4}=\frac{1}{2},\ E^2(X)=0^2=0)$$

같은 방법으로 $V(Y)=1,\ V(Z)=4.25$

예 6-18 이항분포의 분산을 구하여라.

풀이

$$X\sim B(n,\,p),\ f(x)=\binom{n}{x}p^x(1-p)^{n-x},\quad x=0,\,1,\,2,\,\cdots,\,n$$

$$E(X)=np,$$

$$V(X)=E(X^2)-E^2(X)=n^2p^2-np^2+np-(np)^2$$

$$=np(1-p).$$

$$\Bigg(\because\ E[X(X-1)]$$

$$=\sum_{x=0}^{n}x(x-1)f(x)$$

$$=\sum_{x=2}^{n}x(x-1)f(x)$$

$$= \sum_{x=2}^{n} x(x-1)\frac{n!}{x!(n-x)!}p^x(1-p)^{n-x}$$

$$= n(n-1)p^2\sum_{x=2}^{n}\frac{(n-2)!}{(x-2)!(n-x)!}p^{x-2}(1-p)^{n-x}$$

$$= n(n-1)p^2\sum_{y=0}^{n-2}\frac{(n-2)!}{y!(n-2-y)!}p^y(1-p)^{n-2-y} \quad (\because\ y = x-2)$$

$$= n(n-1)p^2[p+(1-p)]^{n-2}$$

$$= n^2p^2 - np^2 = E(X^2) - E(X)\Big)$$

예 6-19 포아송분포의 분산을 구하여라.

풀이

$$f(x) = \lambda^x\frac{e^{-\lambda}}{x!},\quad E[X(X-1)] = \sum_{x=0}^{\infty} x(x-1)\lambda^x\frac{e^{-\lambda}}{x!}$$

$$= \sum_{x=2}^{\infty}\frac{\lambda^2\lambda^{x-2}e^{-\lambda}}{(x-2)!}$$

$$= \lambda^2 e^{-\lambda}\sum_{y=0}^{\infty}\frac{\lambda^y}{y!} = \lambda^2 = E(X^2) - E(X)$$

$E(X^2) = \lambda^2 + \lambda$이므로, $V(X) = E(X^2) - E^2(X) = \lambda^2 + \lambda - \lambda^2 = \lambda$

예 6-20 기하분포의 분산을 구하여라.

풀이

$$f(x) = p(1-p)^{x-1},\quad x = 1, 2, 3, \cdots,\quad E(X) = \frac{1}{p}$$

$$E[X(X-1)] = \sum_{x=1}^{\infty} x(x-1)pq^{x-1}$$

$$= pq\sum_{x=2}\frac{d^2}{dq^2}q^x = pq\frac{d^2}{dq^2}\sum_{x=2}^{\infty}q^x$$

$$= pq\frac{d^2}{dq^2}\left(\frac{q^2}{1-q}\right)$$

$$= pq[2(1-q)^{-3}] = \frac{2q}{p^2}$$

$$= E(X^2) - E(X)$$

$$E(X^2) = \frac{2q}{p^2} + \frac{1}{p} \text{ 이므로, } V(X) = \frac{2q}{p^2} + \frac{1}{p} - \frac{1}{p^2} = \frac{q}{p^2} = \frac{(1-p)}{p^2}$$

예 6-21 지수분포의 분산을 구하여라.

풀이 $f(x) = \lambda e^{-\lambda x}, \quad x > 0, \quad E(X) = \frac{1}{\lambda}$

$$E(X^2) = \int_0^\infty x^2 f(x)dx = \int_0^\infty x^2 \lambda e^{-\lambda x} dx$$

$$= [-x^2 e^{-\lambda x}]_0^\infty + 2\int_0^\infty x e^{-\lambda x} dx = \frac{2}{\lambda^2},$$

$$V(X) = E(X^2) - E^2(X) = \frac{2}{\lambda^2} - \frac{1}{\lambda^2} = \frac{1}{\lambda^2}$$

예 6-22 정규분포의 분산을 구하여라.

풀이 $f(x) = \frac{1}{\sqrt{2\pi}\,\sigma} e^{-\frac{(x-\mu)^2}{2\sigma^2}}, \quad -\infty < x < \infty, \quad E(X) = \mu$

$$V(X) = \int_{-\infty}^{\infty} (x-\mu)^2 f(x)dx$$

$$= \int_{-\infty}^{\infty} \frac{(x-\mu)^2}{\sqrt{2\pi}\,\sigma} \exp\left[-\frac{1}{2}\left(\frac{x-\mu}{\sigma}\right)^2\right] dx$$

$$= \sigma^2 \int_{-\infty}^{\infty} \frac{y^2}{\sqrt{2\pi}} e^{-\frac{y^2}{2}} dy \quad \left(\because\ y = \frac{x-\mu}{\sigma}\right)$$

$$= \sigma^2 \int_{-\infty}^{\infty} \frac{y}{\sqrt{2\pi}} y e^{-\frac{y^2}{2}} dy$$

$$= \sigma^2 \left(\left[-\frac{y}{\sqrt{2\pi}} e^{-\frac{y^2}{2}} \right]_{-\infty}^{\infty} + \int_{-\infty}^{\infty} \frac{1}{\sqrt{2\pi}} e^{-\frac{y^2}{2}} dy \right)$$

$$= \sigma^2(0+1) = \sigma^2$$

예 6-23 감마분포의 분산을 구하여라.

풀이

$$f(x) = \frac{\lambda^\alpha}{\Gamma(\alpha)} x^{\alpha-1} e^{-\lambda x}, \ \alpha > 0, \ \lambda > 0, \ x > 0$$

$$\begin{aligned}\Gamma(\alpha) &= \int_0^\infty t^{\alpha-1} e^{-t} dt \\ &= \int_0^\infty u(t) v'(t) dt \quad (\because u(t) = t^{\alpha-1}, v'(t) = e^{-t}) \\ &= [u(t)v(t)]_0^\infty - \int_0^\infty u'(t) v(t) dt \\ &= (\alpha-1)\int_0^\infty t^{\alpha-2} e^{-t} dt = (\alpha-1)\Gamma(\alpha-1) \ (\alpha > 1)\end{aligned}$$

$$\Gamma(1) = 1, \ \Gamma(n) = (n-1)!, \ \Gamma\left(\frac{1}{2}\right) = \sqrt{\pi}$$

$$\begin{aligned}E(X) &= \int_0^\infty x \frac{\lambda^\alpha}{\Gamma(\alpha)} x^{\alpha-1} e^{-\lambda x} dx \\ &= \frac{\lambda^\alpha}{\Gamma(\alpha)} \int_0^\infty x^\alpha e^{-\lambda x} dx \\ &= \frac{1}{\lambda \Gamma(\alpha)} \int_0^\infty y^\alpha e^{-y} dy \quad (\because \ \lambda x = y) \\ &= \frac{1}{\lambda} \frac{\Gamma(\alpha+1)}{\Gamma(\alpha)} \\ &= \frac{1}{\lambda} \frac{\alpha \Gamma(\alpha)}{\Gamma(\alpha)} = \frac{\alpha}{\lambda}\end{aligned}$$

$$\begin{aligned}E(X^2) &= \int_0^\infty x^2 \frac{\lambda^\alpha}{\Gamma(\alpha)} x^{\alpha-1} e^{-\lambda x} dx \\ &= \frac{\lambda^\alpha}{\Gamma(\alpha)} \int_0^\infty x^{\alpha+1} e^{-\lambda x} dx \\ &= \frac{1}{\lambda^2 \Gamma(\alpha)} \int_0^\infty y^{\alpha+1} e^{-y} dy \\ &= \frac{1}{\lambda^2} \frac{\Gamma(\alpha+2)}{\Gamma(\alpha)} = \frac{\alpha(\alpha+1)}{\lambda^2}\end{aligned}$$

$$V(X) = \frac{\alpha(\alpha+1)}{\lambda^2} - \left(\frac{\alpha}{\lambda}\right)^2 = \frac{\alpha}{\lambda^2}$$

정리 6-2

확률변수 $X_1, X_2, \cdots, X_n$의 기댓값과 분산이 존재할 때,

(i) $V(X) \geq 0$

(ii) $V(X) = 0 \Leftrightarrow X$는 상수

(iii) $V(aX+b) = a^2 V(X)$

(iv) 만일 X와 Y가 독립이면 다음 식이 성립한다.

$$V(X+Y) = V(X) + V(Y)$$

또 X_i와 X_j들이 서로 독립이면 다음 식이 성립한다.

$$V(X_1 + X_2 + \cdots + X_n) = V(X_1) + V(X_2) + \cdots + V(X_n)$$

증명 (i) $(X - E(X))^2 \geq 0$

(ii) $E[(X - E(X))^2] = 0 \Leftrightarrow X - E(X) = 0 \Leftrightarrow X$는 상수

(iii)
$$\begin{aligned} V(aX+b) &= E\left[(aX+b-E(aX+b))^2\right] \\ &= E[(aX+b-aE(X)-b)^2] \\ &= E[(a^2(X-E(X))^2] \\ &= a^2 E[(X-E(X))^2] = a^2 V(X) \end{aligned}$$

(iv)
$$\begin{aligned} V(X+Y) &= E[(X+Y-E(X)-E(Y))^2] \\ &= E[[(X-\mu_1)+(Y-\mu_2)]^2] \\ &= E[(X-\mu_1)^2 + (Y-\mu_2)^2 + 2(X-\mu_1)(Y-\mu_2)] \\ &= E[(X-\mu_1)^2] + E[(Y-\mu_2)^2] + 2E[(X-\mu_1)(Y-\mu_2)] \\ &= V(X) + V(Y) \end{aligned}$$

($\because$ X와 Y가 독립이면 $E(X-\mu_1)E(Y-\mu_2) = 0$)

예 6-24 X는 지수분포로 $E(X)=2$이고 Y는 $N(-3,\ 2^2)$인 정규분포이다. 두 확률변수가 독립일 때 $V(3X-2Y+5)$를 구하여라.

풀이

$$\begin{aligned} V(3X-2Y+5) &= V(3X-2Y) \\ &= 9V(X)+4V(Y) \\ &= 9\times4+4\times4=52 \end{aligned}$$

예 6-25 공정한 주사위를 1회 던졌을 때 나타나는 눈을 X라 할 때 분산 $V(X)$를 구하여라.

풀이

$$E(X)=1\times\frac{1}{6}+\cdots+6\times\frac{1}{6}=\frac{7}{2},$$

$$E(X^2)=1^2\times\frac{1}{6}+\cdots+6^2\times\frac{1}{6}=\frac{91}{6},$$

$$V(X)=E(X^2)-E^2(X)=\frac{91}{6}-\left(\frac{7}{2}\right)^2=\frac{35}{12}$$

예 6-26 확률변수 X와 Y의 결합확률밀도함수가

$$f(x,y)=\begin{cases}\frac{1}{2}xy, & 0<x<y<2 \\ 0, & \text{그 이외는}\end{cases}$$ 일 때 다음을 구하여라

(1) $E(X)$

(2) $E(XY)$

(3) $V(Y)$

(4) $E[X|y=1]$

풀이

(1) $f_X(x)=\int_x^2\frac{1}{2}xydy=\frac{1}{4}x(4-x^2),\ 0<x<2$

$$f_Y(y)=\int_0^y\frac{1}{2}xydx=\frac{1}{4}y^3,\ 0<y<2$$

$$E(X)=\int_0^2 x\cdot\frac{1}{4}x(4-x^2)dx=\frac{16}{15}$$

(2) $E(XY) = \int_0^2 \int_0^y xy \cdot \frac{1}{2} xydxdy = \int_0^2 \frac{1}{6} y^5 dy = \frac{16}{9}$

(3) $E(Y) = \int_0^2 y \cdot \frac{1}{4} y^3 dy = \frac{8}{5}$, $E(Y^2) = \int_0^2 y^2 \cdot \frac{1}{4} y^3 dy = \frac{8}{3}$

$$V(Y) = \frac{8}{3} - \left(\frac{8}{5}\right)^2 = \frac{8}{75}$$

(4) $f(x|y) = \frac{f(x, y)}{f_Y(y)} = \frac{2x}{y^2}$

$$E(X|y=1) = \int_0^2 x f(x|y=1) = \int_0^2 x \cdot 2x\,dx = \frac{16}{3}$$

6.3 공분산과 상관계수

정의 6-3 공분산 (covariance)

두 확률변수 X와 Y가 같이 변하는 정도의 측도로서 $(X-\mu_X)(Y-\mu_Y)$의 평균을 사용한다. 즉

$$\begin{aligned}\mathrm{Cov}(X, Y) &= E[(X-\mu_X)(Y-\mu_Y)] \\ &= \sum_{all\, x} \sum_{all\, y} (X-\mu_X)(Y-\mu_Y) P(X=x, Y=y).\end{aligned}$$

NOTE $\mathrm{Cov}(X, Y) = E[(X-\mu_X)(Y-\mu_Y)]$

$$= E[XY - X\mu_X) Y\mu_Y + \mu_X\mu_Y$$

$$= E[XY] - \mu_X\mu_Y = E[XY] - E[X]E[Y]$$

예 6-27 하나의 동전을 3번 던졌을 때 나오는 앞면의 수를 X, 처음 2번의 시행에서 나오는 뒷면의 수를 Y라 했을 때 두 확률변수 X와 Y의 공분산을 구하여라.

풀이 결합분포표

표본공간	HHH	HHT	HTH	THH	HTT	THT	TTH	TTT
X	3	2	2	2	1	1	1	0
Y	0	0	1	1	1	1	2	2

Y \ X	0	1	2	3	$f_Y(y)$
0	0	0	$\frac{1}{8}$	$\frac{1}{8}$	$\frac{2}{8}$
1	0	$\frac{2}{8}$	$\frac{2}{8}$	0	$\frac{4}{8}$
2	$\frac{1}{8}$	$\frac{1}{8}$	0	0	$\frac{2}{8}$
$f_X(x)$	$\frac{1}{8}$	$\frac{3}{8}$	$\frac{3}{8}$	$\frac{1}{8}$	1

주변확률분포표

X	0	1	2	3
$P(X=x)$	$\frac{1}{8}$	$\frac{3}{8}$	$\frac{3}{8}$	$\frac{1}{8}$

Y	0	1	2
$P(Y=y)$	$\frac{2}{8}$	$\frac{4}{8}$	$\frac{2}{8}$

$\mu_X = 1.5$ $\mu_Y = 1$

$$\begin{aligned}\mathrm{Cov}(X,\ Y) &= E[XY] - E[X]E[Y] \\ &= 1\cdot 1\cdot \frac{2}{8} + 1\cdot 2\cdot \frac{1}{8} + 2\cdot 1\cdot \frac{2}{8} - 1.5\times 1 \\ &= -0.5\end{aligned}$$

따라서 한 확률변수가 평균보다 큰 값을 가질 때 다른 확률변수는 평균보다 작은 값을 가지는 경향이 있다. 즉 앞면의 수가 많을 때는 뒷면의 수가 적게 나타나기 때문이다.

NOTE 만일 X와 Y가 독립이면

$$\mathrm{Cov}(X,\ Y) = E(XY) - E(X)E(Y) = 0.$$

예 6-28 주사위 2번 던질 때 X는 처음 시행의 눈, Y는 두 번째 시행의 눈일 때 $\mathrm{Cov}(X, Y)$를 구하여라.

풀이 $E(X)=E(Y)=\dfrac{7}{2}$,

$$E(XY)=\sum_{x=1}^{6}\sum_{y=1}^{6}xyP(x, y)$$

$$=\sum\sum xy\frac{1}{36}=21\cdot\frac{21}{36}=\frac{49}{4},$$

$$\mathrm{Cov}(X, Y)=\frac{49}{4}-\frac{7}{2}\cdot\frac{7}{2}=0$$

NOTE (ⅰ) 만일 $\mathrm{Cov}(X, Y)=0$이면 X와 Y는 독립일 필요가 없다.

(ⅱ) $\mathrm{Var}(X+Y)=E[(X+Y-E[X+Y])^2]$

$$=E[(X-E[X])^2]+E[(Y-E[Y])^2]$$
$$+2E[(X-E[X])(Y-E[Y])]$$
$$=\mathrm{Var}(X)+\mathrm{Var}(Y)+2\mathrm{Cov}(X, Y)$$

따라서 X와 Y가 독립이면 $V(X+Y)=V(X)+V(Y)$가 성립한다. 또한 다음 식이 성립한다.

$$V\left(\sum_{i=1}^{n}X_i\right)=\sum_{1}^{n}V(X_i)+2\sum_{i}\sum_{<j}\mathrm{Cov}(X_i, Y_j)$$

예 6-29 X가 $(-1, 1)$에서 균등확률분포이고 $Y=X^2$이면 $\mathrm{Cov}(X, Y)=0$임을 보여라.

풀이 $\mathrm{Cov}(X, Y)=E[XY]-E[X]E[Y]$

$$=\int_{-1}^{1}\frac{1}{2}x^3dx-\int_{-1}^{1}\frac{1}{2}x\,dx\int_{-1}^{1}\frac{1}{2}x^2dx$$

$$=0-0=0$$

그러나 X와 Y는 종속이다.

정리 6-3

X, Y가 확률변수이고 a, b가 상수일 때 다음이 성립한다.

(i) $\text{Cov}(aX, bY) = ab\text{Cov}(X, Y)$

(ii) $\text{Cov}(X+a, Y+b) = \text{Cov}(X, Y)$

(ii) $\text{Cov}(X, aX+b) = aV(X)$

증명 (i), (ii)는 정의에 따라 증명한다.

(iii) $$\begin{aligned}\text{Cov}(X, aX+b) &= E[X(aX+b)] - E[X]E[aX+b] \\ &= aE[X^2] + bE[X] - aE^2[X] - bE[X] \\ &= a(E[X^2] - E^2[X]) \\ &= aV(X)\end{aligned}$$

NOTE (i) 양의 공분산 : 두 변수 간의 양의 직선관계가 있음.

(ii) 음의 공분산 : 두 변수 간의 음의 직선관계가 있음.

$\text{Cov}(X, Y) \to 0$: 선형 종속관계가 없음.

예 6-30 만일 $\text{Cov}(X, Y) = 0$이면 X와 Y는 독립일 필요는 없음을 보여라. (즉 $\text{Cov}(X, Y) = 0 \not\rightarrow X$와 Y는 독립)

풀이 결합분포표가 다음과 같다고 하자.

Y \ X	-1	0	1	$f_Y(y)$
0	0	$\frac{1}{3}$	0	$\frac{1}{3}$
1	$\frac{1}{3}$	0	$\frac{1}{3}$	$\frac{2}{3}$
$f_X(x)$	$\frac{1}{3}$	$\frac{1}{3}$	$\frac{1}{3}$	1

주변확률분포표

X	-1	0	1
$P(X=x)$	$\frac{1}{3}$	$\frac{1}{3}$	$\frac{1}{3}$

$E(X) = 0$

Y	0	1
$P(Y=y)$	$\frac{1}{3}$	$\frac{2}{3}$

$E(Y) = \frac{2}{3}$

그러므로

$$\begin{aligned}\mathrm{Cov}(X,\ Y) &= E(XY) - E(X)E(Y) \\ &= -1\times 1\times \frac{1}{3} + 1\times 1\times \frac{1}{3} - 0 = 0.\end{aligned}$$

그러나

$$P(X=0,\ Y=0) = \frac{1}{3} \neq P(X=0)P(Y=0) = \frac{1}{3}\cdot\frac{1}{3} = \frac{1}{9}$$

이므로, 따라서 X와 Y는 독립이 아니다.

공분산 값은 확률변수가 취하는 값의 단위에 의존하기 때문에 측정척도에 상관없는 척도가 필요하며 공분산을 두 확률변수의 표준편차의 곱으로 나누는데 이를 상관계수(correlation coefficient)라 한다.

정의 6-4 **상관계수**

$$r = \rho_{X,Y} = \mathrm{Corr}(X,\ Y) = \frac{\mathrm{Cov}(X,\ Y)}{\sigma_X \sigma_Y}$$

예 6-31 예 6−27에서 X와 Y의 상관계수 $\rho_{X,Y}$를 구하여라.

풀이

$$V(Y) = \sigma_Y^2 = 1^2\times\frac{4}{8} + 2^2\times\frac{2}{8} - 1^2 = 0.5,$$

$$V(X) = \sigma_X^2 = 1^2\times\frac{3}{8} + 2^2\times\frac{3}{8} + 3^2\times\frac{1}{8} - (1.5)^2 = 0.75,$$

$$\rho_{X,Y} = \mathrm{Corr}(X,\ Y) = \frac{\mathrm{Cov}(X,\ Y)}{\sigma_X\sigma_Y} = -\frac{0.5}{\sqrt{0.75}\sqrt{0.5}} = -0.632$$

NOTE $-1 \le \mathrm{Corr}(X,\ Y) = \rho_{XY} \le 1$ (코시-슈바르츠 부등식)

$r = \mathrm{Corr}(X,\ Y) = 1,\ -1$; Y는 X의 일차함수관계

$$Y = aX + b \begin{cases} a > 0, & \rho_{X,Y} = 1 \\ a < 0, & \rho_{X,Y} = -1 \end{cases}$$

$r = \mathrm{Corr}(X,\ Y) \to 0$: X와 Y 간의 선형관계가 거의 없음.

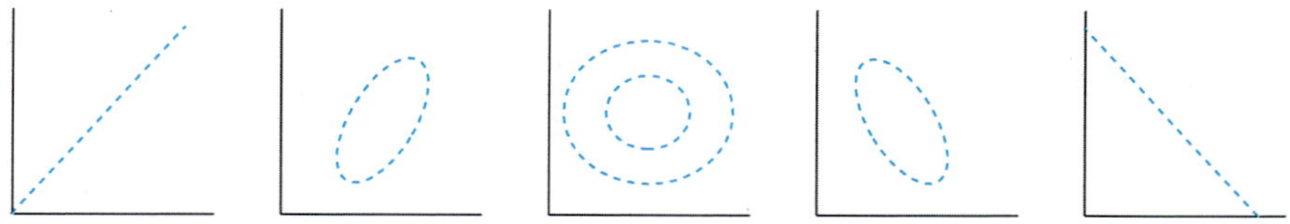

$r=1$ 정상관 | $r>0$ 양의 상관 | $r=0$ 상관없다 | $r<0$ 음의 상관 | $r=-1$ 역상관

예 6-32 한 개의 동전을 3번 던질 때 X는 2번 던질 때까지의 표면의 수이고, Y는 세 번째 던졌을 때 나타나는 표면의 수라 할 때 X와 Y의 결합확률분포를 구하고 공분산과 상관계수를 구하여라.

풀이 결합확률분포

$Y \backslash X$	0	1	2	$f_Y(y)$
0	$\frac{1}{8}$	$\frac{2}{8}$	$\frac{1}{8}$	$\frac{1}{2}$
1	$\frac{1}{8}$	$\frac{2}{8}$	$\frac{1}{8}$	$\frac{1}{2}$
$f_X(x)$	$\frac{1}{4}$	$\frac{1}{2}$	$\frac{1}{4}$	1

$$\mu_X = 0\times\frac{1}{4}+1\times\frac{1}{2}+2\times\frac{1}{4}=1,$$

$$\mu_Y = 0\times\frac{1}{2}+1\times\frac{1}{2}=\frac{1}{2},$$

$$V(X)=\sigma_X^2 = 0^2\times\frac{1}{4}+1^2\times\frac{1}{2}+2^2\times\frac{1}{4}-1^2=\frac{1}{2},$$

$$V(Y)=\sigma_Y^2 = 0^2\times\frac{1}{2}+1^2\times\frac{1}{2}-\left(\frac{1}{2}\right)^2=\frac{1}{4},$$

$$\begin{aligned}\mathrm{Cov}(X,\ Y) &= E(XY)-E(X)E(Y)\\ &= 0\cdot 0\cdot\frac{1}{8}+0\cdot 1\cdot\frac{2}{8}+0\cdot 2\cdot\frac{1}{8}\\ &\quad +1\cdot 0\cdot\frac{1}{8}+1\cdot 1\cdot\frac{2}{8}+1\cdot 2\cdot\frac{1}{8}-1\cdot\frac{1}{2}=0,\end{aligned}$$

$$\mathrm{Corr}(X,\ Y)=\frac{0}{\sqrt{\frac{1}{2}}\sqrt{\frac{1}{4}}}=0$$

예 6-33 확률변수 X, Y의 결합확률밀도함수가

$$f(x, y)=\begin{cases} e^{-y}, & 0 \le x \le y < \infty \\ 0, & \text{그 밖에} \end{cases}$$

일 때 공분산과 상관계수를 구하여라.

풀이

$$f_X(x)=\int_x^{\infty} e^{-y}dy=e^{-x},\ 0<x<\infty$$

$$f_Y(y)=\int_0^{y} e^{-y}dx=ye^{-y},\ 0<y<\infty$$

$$E(X)=\int_0^{\infty} xf_X(x)dx=\int_0^{\infty} xe^{-x}dx=1$$

$$E(Y)=\int_0^{\infty} yf_Y(y)dy=\int_0^{\infty} y\cdot ye^{-y}dy=2$$

$$E(XY)=\int_0^{\infty}\int_0^{y} xye^{-y}dxdy=\int_0^{\infty}\frac{1}{2}y^3e^{-y}dy=3$$

$$\mathrm{Cov}(X,Y)=\mathrm{E}(XY)-\mathrm{E}(X)\mathrm{E}(Y)=3-2=1$$

$$V(X)=E(X^2)-E^2(X)=2-1=1$$

$$V(Y)=E(Y^2)-E^2(Y)=6-4=2$$

$$\mathrm{Corr}(X, Y)=\frac{\mathrm{Cov}(X, Y)}{\sigma_x\sigma_y}=\frac{1}{1\cdot\sqrt{2}}=\frac{\sqrt{2}}{2}$$

6.4 적률생성함수

적률생성함수는 평균과 분산을 계산하는 데 유용하게 사용되며, 두 확률변수의 독립성을 증명할 수 있다. 또한, 적률생성함수의 유일성 성질에 의해 그 분포를 결정할 수 있다.

정의 6-5 **적률생성함수(Moment generating function : M.G.F)**

$M_X(t)=E(e^{tX})$: 원점에 대한 적률생성함수,

$M_{X-\mu}(t)=E\left(e^{t(X-\mu)}\right)$: 평균에 대한 적률생성함수,

X: 확률변수, μ: 평균, $-h<t<h\ (h>0)$

NOTE (i) $M_X(t)=\begin{cases}\sum_{i=1} e^{tx_i}f(x_i) & (\text{이산형})\\ \int_{-\infty}^{\infty} e^{tx}f(x)dx & (\text{연속형})\end{cases}$

$M_X{}'(t)=\sum x_i\ e_i^{tx}f(x_i),\ M_X''(t)=\sum x_i^2\ e^{tx_i}f(x_i),$

$M_X^{(r)}(t)=\sum x_i^r e_i^{tx}f(x_i)$

(ii) $E(X^r)=M_X^{(r)}(0)=\begin{cases}\sum_{i=1} x_i{}^r f(x_i)\\ \int_{-\infty}^{\infty} x^r f(x)dx\end{cases}$

: 원점에 대한 r차 적률

$E[(X-\mu)^r]=M_{X-\mu}^{(r)}(0)=\begin{cases}\sum_{i=1}(x_i-\mu)^r f(x_i)\\ \int_{-\infty}^{\infty}(x-\mu)^r f(x)dx\end{cases}$

: 평균에 대한 r차 적률

예 6-34 1, 3, 5에 대한 1차, 2차 적률생성함수를 구하여라.

풀이 (1) 1차 원점적률 :

$$E(X)=M_X^{(1)}(0)=E(X\cdot e^{0\cdot X})=\frac{1+3+5}{3}=3=X\text{의 평균}$$

(2) 2차 원점적률 : $E(X^2)=\dfrac{1^2+3^2+5^2}{3}=\dfrac{35}{3}=X^2$의 평균

(3) 평균 μ에 대한 1차 적률은 항상 0이다.

$$E[(X-\mu)]=\frac{(1-3)+(3-3)+(5-3)}{3}=0$$

(4) 평균 μ에 대한 2차 적률은 분산 $V(X)$이다.

$$E[(X-\mu)^2]=\frac{(1-3)^2+(3-3)^2+(5-3)^2}{3}=\frac{8}{3}=V(X)$$

예 6-35 $X\sim B(n,p)$일 때 적률생성함수를 이용하여 분산을 구하여라.

풀이 $M_X(t)=\sum_{x=0}^{n}e^{tx}\binom{n}{x}p^xq^{n-x}$

$$=\sum_{x=0}^{n}\binom{n}{x}(pe^t)^xq^{n-x}=(pe^t+q)^n\quad(-\infty<t<\infty)$$

$M_X{}'(t)=n(pe^t+q)^{n-1}pe^t,\ M_X{}'(0)=np,$

$M_X{}''(0)=np+np^2(n-1),$

$V(X)=M_X{}''(0)-\{M_X{}'(0)\}^2=npq$

예 6-36 $X\sim \text{Poi}(\lambda)$일 때 적률생성함수를 이용하여 분산을 구하여라.

풀이 $M_X(t)=E(e^{tX})$

$$=\sum_{i=0}^{\infty}e^{ti}e^{-\lambda}\frac{\lambda^i}{i!}$$

$$=e^{-\lambda}\sum_{i=0}^{\infty}\frac{(\lambda e^t)^i}{i!}$$

$$=e^{-\lambda}e^{\lambda e^t}=e^{\lambda(e^t-1)}$$

$$M_X'(t) = \lambda e^{\lambda(e^t-1)}e^t = \lambda e^{t+\lambda(e^t-1)},$$

$$M_X'(0) = \lambda,$$

$$M_X''(t) = M_X'(t)[1+\lambda e^t],$$

$$M_X''(0) = \lambda(1+\lambda),$$

$$V(X) = E(X^2) - (E(X))^2 = \lambda(1+\lambda) - \lambda^2 = \lambda$$

예 6-37 $X \sim \exp(\lambda)$(지수분포)일 때 적률생성함수를 이용하여 분산을 구하여라.

풀이

$$M_X(t) = E(e^{tX}) = \int_0^\infty e^{tx} f(x) dx = \int_0^\infty e^{tx} \lambda e^{-\lambda x} dx$$

$$= \lambda \int_0^\infty e^{-(\lambda-t)x} dx$$

$$= \frac{\lambda}{\lambda - t} \quad (t < \lambda)$$

$M_X'(0) = \frac{1}{\lambda}$, $M_X''(0) = \frac{2}{\lambda^2}$ 이므로

$V(X) = E(X^2) - E(X)^2 = \frac{2}{\lambda^2} - \frac{1}{\lambda^2} = \frac{1}{\lambda^2}$ 이다.

예 6-38 확률질량 함수 $f(x) = \left(\frac{1}{2}\right)^x$, $x = 1, 2, \cdots$ 일 때 분산을 구하여라.

풀이

$E(X) = \sum_{x=1}^{\infty} x \cdot \left(\frac{1}{2}\right)^x$ 를 구하기가 어려우므로 적률생성함수를 이용한다.

$$M_X(t) = E(e^{tx}) = \sum_{x=1}^{\infty} e^{tx} \cdot \left(\frac{1}{2}\right)^x = \sum \left(\frac{e^t}{2}\right)^x$$

$$= \frac{e^t}{2-e^t} \quad (\text{단, } t < \ln 2)$$

$$M_X'(t) = \frac{2e^t}{(2-e^t)^2}, \quad M_X''(t) = \frac{2e^t(2+e^t)}{(2-e^t)^3}$$

$$M_X'(0) = E(X) = 2, \quad M_X''(0) = E(X^2) = 6$$

$$V(X) = E(X^2) - E^2(X) = 2$$

정리 6-4

$Y = aX + b$일 때,

$$M_Y(t) = e^{bt} M_X(at).$$

증명 $M_Y(t) = E(e^{tY}) = E(e^{t(aX+b)})$

$= E(e^{atX}e^{bt}) = e^{bt}E(e^{atX}) = e^{bt}M_X(at)$

정리 6-5

$X_1,\ X_2,\ \cdots,\ X_n$이 동일한 M.G.F $M_{X_i}(t)$를 갖는 독립인 확률변수일 때, $Y = \sum_{i=1}^{n} X_i$의 M.G.F는

$$M_Y(t) = M_{X_1}(t) M_{X_2}(t) \cdots M_{X_n}(t).$$

특히 $X_1,\ X_2,\ \cdots,\ X_n$이 공통인 확률밀도함수 $f(x)$와 $M(t)$를 갖는다면

$$M_Y(t) = [M_{X_i}(t)]^n.$$

증명 $M_Y(t) = E(e^{tY}) = E\left(e^{t(X_1 + X_2 + \cdots + X_n)}\right)$

$= E(e_1^{tX})E(e_2^{tX}) \cdots E(e_n^{tX})$

$= M_{X_1}(t) M_{X_2}(t) \cdots M_{X_n}(t)$

NOTE M.G.F의 유일성(M.G.F가 어떤 분포를 유일하게 결정)

$$X_1 \sim F_1(x),\ X_2 \sim F_2(x)$$

이고 각각의 M.G.F가 $M_1(t)$, $M_2(t)$일 때 다음이 성립한다.

모든 실수 x에 대하여 $F_1(x) = F_2(x) \Leftrightarrow$ 모든 t에서 $M_1(t) = M_2(t)$

(단, $h > 0,\ -h < t < h$)

정리 6-6

X, Y가 서로 독립인 확률변수이면

$$M_{X,Y}(t_1, t_2) = M_X(t_1)M_Y(t_2)$$

가 성립하고, 그 역도 성립한다.

증명 $M_{X,Y}(t_1, t_2) = E[e^{t_1X} \cdot e^{t_2Y}] = E[e^{t_1X}]E[e^{t_2Y}]$
$= M_X(t_1)M_Y(t_2)$

그 역의 증명은 기댓값의 성질에 의해 성립된다.

NOTE (i) M.G.F는 확률변수함수의 분포를 결정한다.

$B(n, p) \sim M_X(t) = (pe^t + q)^n$, Ber(베르누이) $\sim M_X(t) = pe^t + q$

$\text{Poi}(\lambda) \sim M_X(t) = e^{\lambda(e^t - 1)}$, Unif $((a, b)) \sim M_X(t) = \dfrac{e^{bt} - e^{at}}{(b-a)t}$

$N(\mu, \sigma^2) \sim M_X(t) = e^{\mu t + \frac{\sigma^2 t^2}{2}}$, $\text{Exp}(\alpha) \sim M_X(t) = \dfrac{\alpha}{\alpha - t}$

(ii) M.G.F는 독립인 확률변수들의 합의 분포를 결정한다.

① $X_1, X_2, \cdots, X_k \sim B(n, p)$, $Y = \sum_{i=1}^{k} X_i$ 이면

$M_Y(t) = [M_X(t)]^k = (pe^t + q)^{nk}$이므로 $Y \sim B(nk, p)$이다.

② $X \sim \text{Exp}(\alpha)$, $Y = \sum_{i=1}^{n} X_i$ 이면

$M_Y(t) = [M_X(t)]^n = \left[\dfrac{\alpha}{\alpha - t}\right]^n$ 이다.

③ $X \sim \text{Poi}(\lambda)$, $Y = \sum_{i=1}^{n} X_i$

$$M_Y(t) = \exp[\lambda_1(e^t - 1)] \cdots \exp[\lambda_n(e^t - 1)]$$
$$= \exp[(\lambda_1 + \lambda_2 + \cdots + \lambda_n)(e^t - 1)]$$

이므로 $Y \sim \text{Poi}(\lambda_1 + \lambda_2 + \cdots + \lambda_n)$이다.

(iii) 만일 변수의 M.G.F를 알 수 있으면 어떤 분포를 갖는지 알 수 있다.

$f(x) = \frac{1}{\theta} e^{-\frac{x}{\theta}}$, $x > 0$이면

$$M_X(t) = \int_0^\infty e^{tx} \frac{e^{-\frac{x}{\theta}}}{\theta} dx = \frac{1}{\theta} \int_0^\infty e^{-x\left(\frac{1}{\theta} - t\right)} dx$$

$$= \frac{1}{\theta} \left[-\frac{1}{\frac{1}{\theta} - t} e^{-x} \right]_0^\infty$$

$$= \frac{1}{\theta} \frac{1}{\frac{1}{\theta} - t} = \frac{1}{1 - \theta t}$$

따라서 $M_X(t) = \frac{1}{1-\theta t}$이면 $X \sim \mathrm{Exp}\left(\frac{1}{\theta}\right)$이다.

$N(0,\ 1) \sim Z$이면

$$M_Z(t) = \int_{-\infty}^\infty e^{tz} \frac{1}{\sqrt{2\pi}} e^{-\frac{1}{2}z^2} dz$$

$$= \int_{-\infty}^\infty \frac{1}{\sqrt{2\pi}} e^{-\frac{1}{2}z^2 + tz} dz$$

$$= \int_{-\infty}^\infty \frac{1}{\sqrt{2\pi}} e^{-\frac{1}{2}(z-t)^2 + \frac{t^2}{2}} dz = e^{\frac{t^2}{2}}$$

따라서 $M_Z(t) = e^{t^2/2}$이면 $Z \sim N(0,\ 1)$이다.

NOTE (ⅰ) 왜도(skewness) : 분포의 모양이 어느 쪽으로 얼마나 기울어졌는지를 알아보는 척도이다.

$$\alpha_3 = \frac{E[(X-\mu)^3]}{E[(X-\mu)^2]^{3/2}} = E\left[\frac{(X-\mu)^3}{\sigma}\right]$$

① $\alpha_3 = 0$, 완전대칭(normal)

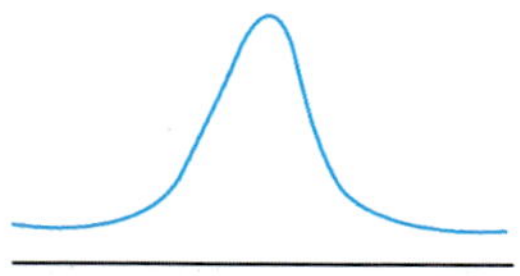

② $\alpha_3 > 0$, 꼬리가 오른쪽. 즉 작은 데이터가 많으면

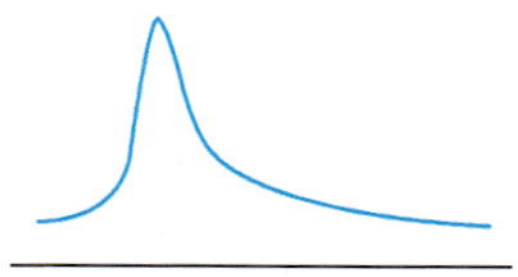

③ $\alpha_3 < 0$, 꼬리가 왼쪽. 즉 큰 데이터가 많으면

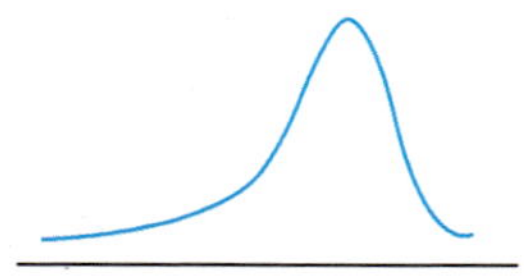

피어슨의 비대칭 계수

$$S_k = \frac{\overline{X} - M_0}{\sigma} = \frac{3(\overline{X} - M_e)}{\sigma}$$

(단, M_0 : 최빈값, M_e : 중앙값)

예 6-39 1, 3, 5의 왜도를 구하여라.

풀이 $E[(X-\mu)^3] = \dfrac{(1-3)^3 + (3-3)^3 + (5-3)^3}{3} = 0$,

$\alpha_3 = 0$ (완전대칭)

NOTE (ⅱ) 첨도(kurtosis) : 분포의 모양이 위로 뾰쪽한지 아니면 완만한지를 알아볼 수 있는 척도이다.

$$\alpha_4 = \frac{E[(X-\mu)^4]}{E[(X-\mu)^2]^2}$$

$$= E\left[\left(\frac{X-\mu}{\sigma}\right)^4\right] = \begin{cases} \alpha_4 = 3, & \text{정상(normal)} \\ \alpha_4 > 3, & \text{위로 뾰족함} \\ \alpha_4 < 3, & \text{완만함} \end{cases}$$

예 6-40 1, 3, 5의 첨도를 구하여라.

풀이

$$E[(X-\mu)^2]=\frac{(1-3)^2+(3-3)^2+(5-3)^2}{3}=\frac{8}{3},$$

$$E[(X-\mu)^4]=\frac{(1-3)^4+(3-3)^4+(5-3)^4}{3}=\frac{32}{3},$$

$$\alpha_4=\frac{\frac{32}{3}}{\left(\frac{8}{3}\right)^2}=1.3\ (\text{완만함})$$

CHAPTER 06

연습문제

6-1 변수 X가 $0, 1, 2$의 값을 가질 때 확률함수가 $f(x)=\frac{1}{3}$일 경우 $E(X)$, $\mathrm{Var}(X)$의 값은 얼마인가?

6-2 확률밀도함수 $f(x)=\begin{cases} 1, & 0 \le x \le 1 \\ 0, & x<0,\ x>1 \end{cases}$ 일 때 기댓값과 분산은 얼마인가?

6-3 변수 X가 평균 $\frac{1}{2}$이고 분산이 4인 정규분포를 이룬다. $P(X<2.5)$의 값은 얼마인가?

6-4 X_1, X_2 각각 독립이고 $N(\mu_1, \sigma_1^2)$, $N(\mu_2, \sigma_2^2)$인 정규분포를 따르는 확률변수이면 $Y=2X_1-X_2$는 어떤 분포를 따르는가?

6-5 확률변수 X의 확률밀도함수 $f(x)=\begin{cases} x, & 0 \le x \le 1 \\ 2-x, & 1 \le x \le 2 \end{cases}$ 로 주어질 때 X의 평균과 표준편차를 구하여라.

6-6 6개의 숫자 1, 1, 2, 3, 4, 5를 써넣은 주사위를 던져서 나오는 눈의 수를 확률변수 X라 할 때 $Y=2X+3$의 기댓값 $E(Y)$와 분산 $V(Y)$를 구하여라.

6-7 X가 아래 분포의 확률변수이고 $Y=X^2$이다. 다음을 구하여라.

(1) Y의 분포 g

(2) X와 Y의 결합분포 h

(3) $\mathrm{Cov}(X, Y)$와 $\rho(X, Y)$

x_i	-2	-1	1	2
$f(x_i)$	$\frac{1}{4}$	$\frac{1}{4}$	$\frac{1}{4}$	$\frac{1}{4}$

6-8 아래는 X와 Y의 결합분포일 때 다음을 구하여라.

(1) $E(X)$와 $E(Y)$ (2) $\mathrm{Cov}(X, Y)$

(3) σ_X, σ_Y, 그리고 $\rho(X, Y)$

X \ Y	-4	2	7	합
1	$\frac{1}{8}$	$\frac{1}{4}$	$\frac{1}{8}$	$\frac{1}{2}$
5	$\frac{1}{4}$	$\frac{1}{8}$	$\frac{1}{8}$	$\frac{1}{2}$
합	$\frac{3}{8}$	$\frac{3}{8}$	$\frac{1}{4}$	1

6-9 동전을 4번 던질 때 X는 앞면의 수이며 Y는 연속하여 나오는 앞면의 수일 때 다음을 구하여라.

(1) X와 Y의 결합분포 (2) $\mathrm{Cov}(X, Y)$와 $\rho(X, Y)$

6-10 분산이 4이고 평균에 대한 4차 적률이 64인 분포 곡선의 첨도를 구하여라.

6-11 확률변수 X와 Y의 결합확률질량함수가

$$f(x, y)=\begin{cases}\dfrac{4}{5xy}, & x=1, 2,\ \ y=2, 3\\ 0, & \text{그 이외는}\end{cases}$$

일 때 다음을 구하여라.

(1) $E(X)$

(2) $E(Y)$

(3) $V(X)$

(4) $Corr(X, Y)$

6-12 확률변수 X와 Y의 결합확률밀도함수가

$$f(x, y)=\begin{cases}x+y, & 0<x<1,\ 0<y<1\\ 0, & \text{그 밖에}\end{cases}$$

일 때 상관계수를 구하여라.

6-13 이산확률변수 X의 적률생성함수

$$M(t)=\frac{1}{6}e^{t}+\frac{2}{6}e^{2t}+\frac{3}{6}e^{3t}$$

일 때, $p(x)$를 구하여라.

6-14 연속확률변수 X가 정규분포 $N(\mu,\ \sigma^2)$일 때, X의 적률생성함수 $M_X(t)$를 구하여라.

6-15 확률질량함수 $P(X=x)=\dfrac{e^{-1}}{x!}$, $x=0,1,2,\cdots$일 때 평균과 분산을 구하여라.

6-16 X와 Y의 결합확률밀도함수가 $f(x,\ y)=x\cdot e^{-(x+y)}$, $x>0$, $y>0$일 때, 다음을 구하여라.

(1) X와 Y의 각각의 $M_X(t_1)$와 $M_Y(t_2)$

(2) 적률생성함수를 이용하여 X와 Y는 독립

CHAPTER

07 극한정리

이 장에서는 다음 정리에 대하여 알아본다.

첫째는 확률변수의 평균이 기댓값에 수렴한다는 대수의 법칙(Law of Large Number)이고, 둘째는 큰 수의 확률변수의 합은 근사적으로 정규분포를 따르는 중심극한정리(Central Limit Theorem)이다. 이 두 정리의 증명을 위하여 몇 개의 보조정리에 대하여 알아본다.

정리 7-1 **마르코프 부등식(Markov's Inequality)**

X가 음이 아닌 값을 취하고 $a > 0$일 때 다음 부등식이 성립한다.

$$P(X \geq a) \leq \frac{E(X)}{a}$$

증명 X가 연속확률변수로 확률밀도함수를 $f(x)$라 하자.

$$\begin{aligned} E(X) &= \int_0^{\infty} xf(x)dx \\ &= \int_0^a xf(x)dx + \int_a^{\infty} xf(x)dx \\ &\geq \int_a^{\infty} xf(x)dx \\ &\geq \int_a^{\infty} af(x)dx \\ &= a\int_a^{\infty} f(x)dx = aP(X \geq a) \end{aligned}$$

예 7-1 어떤 렌트카 회사는 손님이 도착하여 평균 5분만 기다린다고 광고한다. 한 회사원은 1시간 이상을 기다릴 여유가 없다. 이 사람이 1시간(60분) 이상 지체할 확률은 얼마인가?

풀이 X : 한 회사원이 기다리는 시간

$$P(X \geq 60) \leq \frac{5}{60} = \frac{1}{12} = 0.083$$

정리 7-2 **체비셰프 부등식(Chebyshev's Inequality)**

확률변수 X의 평균이 μ, 분산이 σ^2일 때 다음 부등식이 성립한다.

$$P(|X-\mu| \geq k) \leq \frac{\sigma^2}{k^2} \quad (k > 0)$$

증명 $(X-\mu)^2 \geq 0$, 마르코프 부등식을 이용하여 구한다.

$$P[(X-\mu)^2 \geq k^2] \leq \frac{E[(X-\mu)^2]}{k^2}$$

$(X-\mu)^2 \geq k^2 \iff |X-\mu| \geq k$이므로 다음 부등식이 성립한다.

$$P[|X-\mu| \geq k] \leq \frac{E[(X-\mu)^2]}{k^2} = \frac{\sigma^2}{k^2}$$

NOTE 만일 $k = c\sigma$이면

$$P[|X-\mu| \geq c\sigma] \leq \frac{1}{c^2} \Rightarrow P[|X-\mu| < c\sigma] \geq 1-\frac{1}{c^2}$$

이고, 만일 $c = 2$이면

$$P[|X-\mu| < 2\sigma] \geq 1-\frac{1}{2^2} = 0.75$$

이며, 만일 $c = 3$이면

$$P[|X-\mu| < 3\sigma] \geq 1-\frac{1}{3^2} = 0.889$$

이다. 따라서 평균으로부터 표준편차의 2배 이내에 위치한 자료는 적어도 전체 자료의 75%에 해당된다.

예 7-2 일주일 동안 공장에서 생산되는 제품의 수는 평균 500개라 가정하자.

(1) 이번 주의 생산품 제품의 수가 1000개 초과할 확률을 구하여라.

(2) 한 주에 생산될 제품의 분산이 100이면 이번 주에 생산될 제품의 수가 400 ~ 600개일 확률을 구하여라.

풀이 (1) 마르코프 부등식을 이용한다.

$$P[X \geq 1000] \leq \frac{E(X)}{1000} = \frac{500}{1000} = \frac{1}{2}$$

이번 주의 생산품 제품의 수가 1000개를 초과할 확률은 $\frac{1}{2}$보다 작다.

(2) 체비셰프 부등식을 이용한다.

$$P[|X-500| \geq 100] \leq \frac{\sigma^2}{(100)^2} = \frac{1}{100},$$

$$P[|X-500| < 100] \geq 1 - \frac{1}{100} = \frac{99}{100}$$

이번 주의 생산될 제품의 수가 400 ~ 600개일 확률은 적어도 99%이다.

정리 7-3 **대수의 약법칙(The weak law of Large numbers)**

서로 독립이고 동일한 분포를 따르는 확률변수의 수열 $X_1, X_2, \cdots, X_n$에 대하여 X_i의 평균과 분산이 존재하면 $(E(X_i) < \infty,\ V(X_i) < \infty)$, 임의의 양수 ε에 대하여 다음이 성립한다.

$$\lim_{n\to\infty} P\left(\left|\frac{S_n}{n} - E(X_i)\right| < \varepsilon\right) = 1,\ S_n = X_1 + X_2 + \cdots + X_n$$

$$\lim_{n\to\infty} P\left(\left|\frac{X_1 + \cdots + X_n}{n} - E(X_i)\right| \geq \varepsilon\right) = 0$$

증명 체비셰프 부등식을 이용한다.

$$X \rightarrow \frac{X_1 + X_2 + \cdots + X_n}{n}$$

$$E(X) = E\left(\frac{X_1 + \cdots + X_n}{n}\right) = \frac{n}{n} E(X_i)$$

$$V(X) = V\left(\frac{X_1 + \cdots + X_n}{n}\right) = \frac{n}{n^2} V(X_i) = \frac{V(X_i)}{n}$$

$$P\left(\left|\frac{1}{n}(X_1+\cdots+X_n)-E(X_i)\right|\geq\varepsilon\right)<\frac{V(X_i)}{n\varepsilon^2}$$

양변에 $\lim_{n\to\infty}$를 취하하면 정리가 성립된다.

정리 7-4 **대수의 강법칙(Strong Law of Large number)**

확률변수 X_1, X_2, $\cdots$, X_n이 서로 독립이고 동일한 분포를 따르며 평균이 존재하면

$$P\left(\lim_{n\to\infty}\frac{X_1+X_2+\cdots+X_n}{n}=E(X_i)\right)=1$$

정리 7-5 **중심극한정리(Centeral Limit Theorem)**

정확한 분포가 알려지지 않았거나 다루기 힘든 경우 근사분포를 제공하며, n이 충분히 크면 분포의 모양에 관계없이

$$\overline{X}=\frac{X_1+X_2+\ldots+X_n}{n}$$

는 근사적으로 정규분포 $N\left(\mu,\ \frac{\sigma^2}{n}\right)$을 따른다. X_1, X_2, $\cdots$, X_n은 각각 평균 μ, 분산 σ^2을 갖는 분포인 독립확률변수이면

$$P\left(\frac{X_1+\cdots+X_n-n\mu}{\sqrt{n}\,\sigma}\leq x\right)\to N(c)\ \ as\ \ n\to\infty$$

즉 $N(c)=\int_{-\infty}^{c}\frac{1}{\sqrt{2\pi}}e^{-\frac{t^2}{2}}dt$이다. 따라서 다음 식이 성립한다.

$$\lim_{n\to\infty}P\left(a<\frac{X_1+\cdots+X_n-n\mu}{\sqrt{n}\,\sigma}\leq b\right)=N(b)-N(a)$$

NOTE (i) $nV(X) \geq 5$일 때 $n \geq 50$이면 실제 문제에 적용시킨다.

(ii) 이항분포 $B(n, p)$는 $np \geq 5$, $n(1-p) \geq 5$일 때 정규분포 $N(\mu, \sigma^2)$를 이용하여 근삿값을 구한다.

$$\begin{aligned} P(Y=k) &= \binom{n}{k} p^k q^{n-k} \quad (\sigma = \sqrt{npq},\ \mu = np) \\ &\fallingdotseq \frac{1}{\sqrt{2\pi npq}} \exp\left(-\frac{(k-np)^2}{2npq}\right) \\ &\fallingdotseq N\left(\frac{k+\frac{1}{2}-np}{\sqrt{npq}}\right) - N\left(\frac{k-\frac{1}{2}-np}{\sqrt{npq}}\right) \end{aligned}$$

예 7-3 감기가 유행하면 한 마을에 사는 10%의 사람이 감기에 걸린다고 가정할 때 1000명의 사람을 무작위로 뽑아 가장 가능성 있는 감기환자 수는 몇 명이고 그 확률은 얼마인지 구하여라.

풀이 $X \sim B(1000, 0.1)$, $np = 100$,

$$P(X=100) \fallingdotseq \frac{1}{\sqrt{2\pi npq}} = \frac{1}{\sqrt{2\pi \times 90}} = 0.0419,$$

$$P(X=100) = N\left(\frac{100+\frac{1}{2}-100}{\sqrt{90}}\right) - N\left(\frac{100-\frac{1}{2}-100}{\sqrt{90}}\right) = 0.0418$$

따라서 가장 가능성 있는 감기환자 수는 100명이고 그 확률은 약 0.042이다.

예 7-4 동전을 한 번 던질 때 앞면과 뒷면이 나타날 확률이 동일하다면 동전을 40번 던졌을 때 앞면이 나오는 개수를 X라 할 때 $P(X=20)$을 구하여라.

풀이 $X \sim B\left(40, \frac{1}{2}\right)$,

$$P(X=20) = \binom{40}{20}\left(\frac{1}{2}\right)^{20}\left(\frac{1}{2}\right)^{20} = 0.1268,$$

$X \sim B(n, p)$의 근사식 $X \sim N(np, np(1-p))$

$E(X) = np$, $V(X) = npq$, $X \sim N(20, 10)$이므로 근삿값을 구한다.

$$P(X=20)=P(19.5<X<20.5)$$
$$=P\left(\frac{19.5-20}{\sqrt{10}}<\frac{X-20}{\sqrt{10}}<\frac{20.5-20}{\sqrt{10}}\right)$$
$$=P(-0.16<Z<0.16)$$
$$=N(0.16)-N(-0.16)=2N(0.16)-1=0.1272$$

예 7-5 공정한(fair) 주사위를 180번 던졌을 때 눈 2가 나오는 개수를 X라고 한다. 다음 확률을 구하여라.

(1) $P(29\le X\le 32)$　　　　(2) $P(X=31)$

풀이

$$X\sim B\left(180,\ \frac{1}{6}\right)\Rightarrow N(30,\ 5^2)$$

(1) $P(29\le X\le 32)=P\left(\frac{28.5-30}{5}<Z<\frac{32.5-30}{5}\right)=0.3094$

(2) $P(X=31)=P\left(\frac{30.5-30}{5}<Z<\frac{31.5-30}{5}\right)=0.0781$

예 7-6 $X_i\,(i=1,2,3,\cdots,10)$는 동일하며 독립으로 구간 $(0,1)$에서 균등분포를 이룰 때 $P\left(\sum_1^{10}X_i>7\right)$의 확률을 구하여라.

풀이

$$E(X_i)=\int_0^1 x\,dx=\frac{1}{2},$$

$$V(X_i)=E(X_i^2)-E^2(X_i)=\frac{1}{3}-\left(\frac{1}{2}\right)^2=\frac{1}{12}$$

중심극한정리에 따라 다음 값을 구한다.

$$P\left(\sum_1^{10}X_i>7\right)=P\left(\frac{\sum_1^{10}X_i-10\times\frac{1}{2}}{\sqrt{10\times\frac{1}{12}}}>\frac{7-5}{\sqrt{10\times\frac{1}{12}}}\right)$$
$$=1-N(2.2)=0.0139$$

예 7-7 X_1, $\cdots$, X_{100}은 각각 동일하며 독립이고, $E(X_i)=2$, $V(X_i)=\dfrac{1}{4}$일 때 확률 $P(192 < X_1+\cdots+X_{100} < 210)$을 구하여라.

풀이 중심극한정리를 이용한다.

$$P(192 < X_1+\cdots+X_{100} < 210)$$

$$= P\left(\frac{192-200}{5} < \frac{X_1+\cdots+X_{100}-nE}{\sqrt{100\,V(X_i)}} < \frac{210-200}{5}\right)$$

$$= N(2) - N(-1.6) = 0.9224$$

예 7-8 10개의 공정한 주사위를 던진다면, 주사위 눈의 합이 30과 40 사이에 있을 근사확률을 구하여라.

풀이 $E(X_i)=\dfrac{1}{6}\times(1+\cdots+6)=\dfrac{7}{2}$,

$V(X_i)=E(X_i^2)-E^2(X_i)=\dfrac{35}{12}\quad(i=1,\ 2,\ \cdots,\ 10)$

이므로 중심극한정리를 이용한다.

$$P\left(30 \le \sum_{i=1}^{10} X_i \le 40\right)$$

$$\fallingdotseq P\left(\frac{30-10\times\frac{7}{2}}{\sqrt{10\times\frac{35}{12}}} \le \frac{\sum X_i - nE(X_i)}{\sqrt{n\,V(X_i)}} \le \frac{40-35}{\sqrt{\frac{350}{12}}}\right)$$

$$= 2N\left(\sqrt{\frac{6}{7}}\right) - 1 = 0.65$$

CHAPTER 07

연습문제

7-1 확률변수 X의 기댓값 $E(X)=2$이고 분산 $V(X)=4$일 때 $P(-3<X<7)$의 하한값을 구하여라.

7-2 확률변수 X의 기댓값 $E(X)=5$이고 분산 $V(X)=3$일 때 확률 $P(X \geq 10)$의 상한값을 구하여라.

7-3 $X \sim N(\mu, \sigma^2)$일 때 확률변수 X가 $\mu - k\sigma$와 $\mu + k\sigma$ 사이일 확률이 적어도 0.9일 최소의 k값을 구하여라. 체비셰프 부등식을 이용한다.

7-4 공정한 동전을 15번 던질 때 앞면의 횟수를 X라 하면 X가 8회 또는 9회일 확률을 구하여라.

7-5 $X \sim B(50, 0.2)$일 때 확률 $P(S_{50} \leq 15)$을 구하여라.
(단, $S_{50} = X_1 + X_2 + \cdots + X_{50}$)

CHAPTER

08

통계학과 자료정리

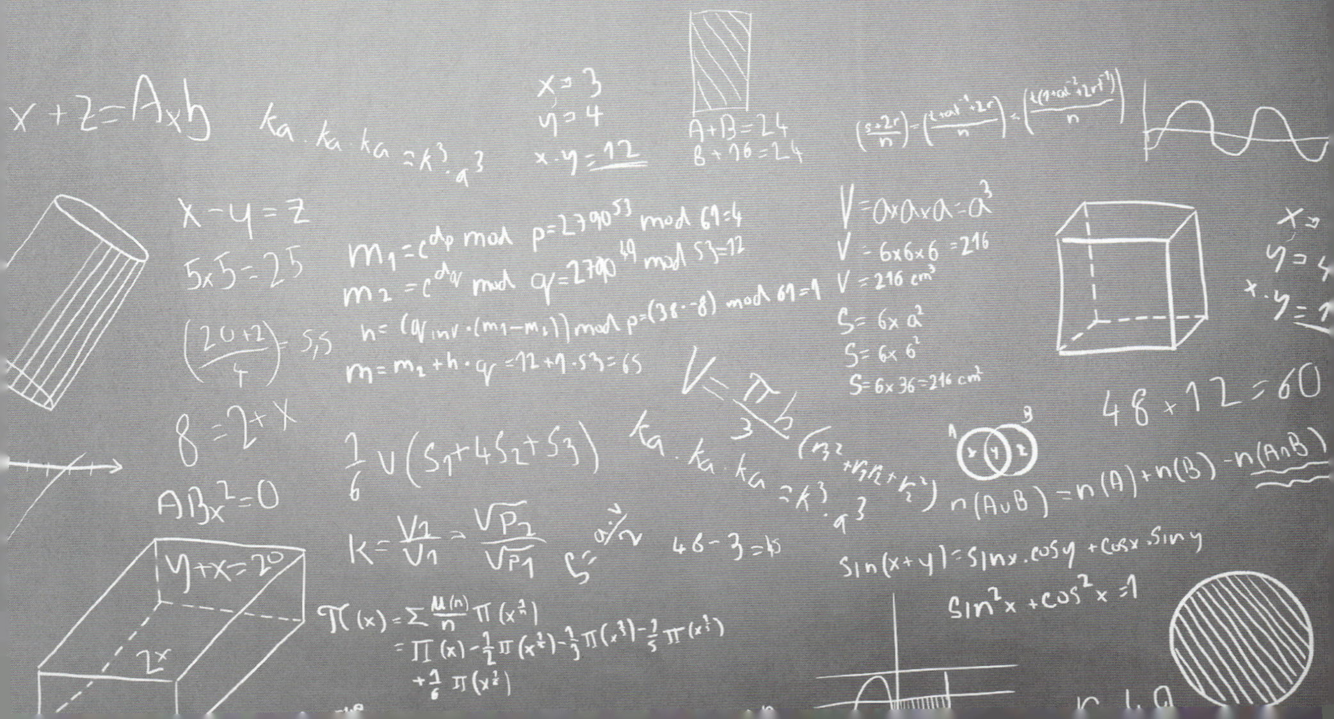

8.1 모집단과 표본

통계학(statistics)은 자료를 수집, 정리, 분석 또는 해석하는 학문이다. 즉 연구목적에 필요한 자료 및 정보를 최적한 방법으로 수집하고, 수집된 자료를 과학적이고 논리적인 이론에 의하여 정리, 분석하는 학문이다.

통계학을 연구하는 데 필요한 기본적인 용어를 알아보자.

정의 8-1

모집단(population) : 통계적 연구대상이 되는 집합

표본(sample) : 연구를 위하여 선택된 모집단의 일부분

모수(parameter) : 모집단의 특성값

	모집단	표본
특성	모수	통계량
기호	모평균 μ 모표준편차 σ, 모분산 σ^2 모비율 p, 표본크기 N	표본평균 $\overline{X}$ 표본표준편차 S, 표본분산 S^2 표본비율 $\hat{p}$, 표본크기 n

통계조사에는 모집단 전체를 조사하는 **전수조사**(census)와 모집단 일부분을 조사하는 **표본조사**(sample survey)가 있다. 대부분의 경우 비용절감과 시간절약 등의 이유로 표본조사를 시행한다.

8.2 자료의 정리

자료의 종류에는 질적자료와 양적자료로 분류된다.

질적자료 : 숫자로 나타낼 수 없는 자료(예 : 성별, 교육수준)

양적자료 : 숫자로 나타낼 수 있는 자료(예 : 전구의 수명, 시험성적)

질적자료의 분석 방법으로는 **도수분포표, 상대도수 막대그래프, 원형그래프** 등이 있다.

도수(frequency) : 각 자료값이 나타나는 횟수(빈도수)

상대도수(relative frequency) : $\dfrac{\text{각 도수}}{\text{전체 도수}}$

예 8-1 어느 대학교의 신입생 중 20명을 뽑아서 주거지에 대해 조사한 결과가 다음과 같다.

(a) 도수분포표

주거지	자가	기숙사	하숙	자취	합계
도수	7	6	4	3	20
상대도수	$\frac{7}{20}=0.35$	$\frac{6}{20}=0.30$	$\frac{4}{20}=0.20$	$\frac{3}{20}=0.15$	1.00

(b) 상대도수 막대그래프

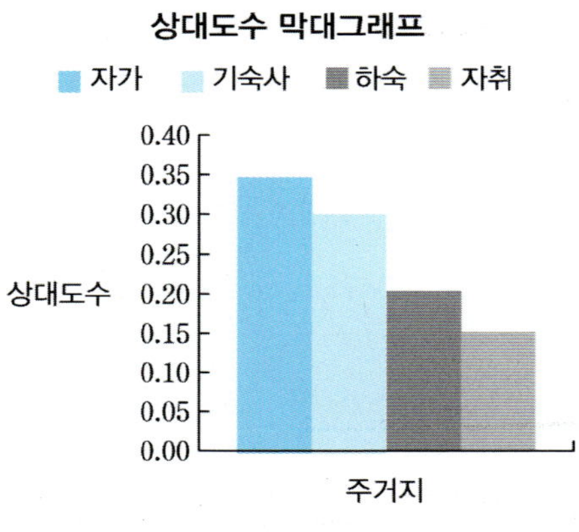

(c) 상대도수 원형그래프

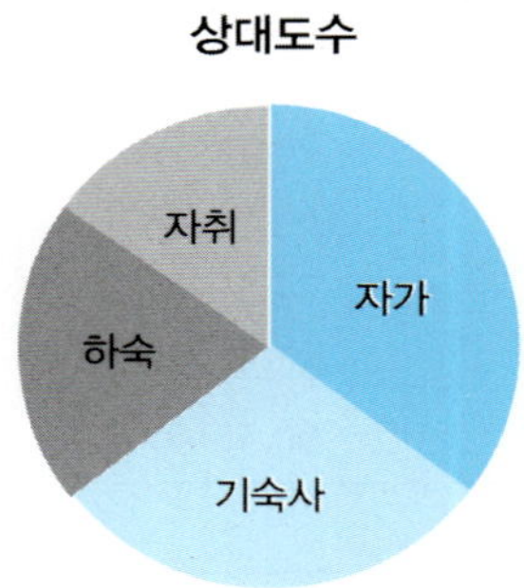

양적자료의 분석방법으로는 줄기-잎-그림, 도수분포표, 히스토그램(histogram) 등이 있다. 예를 들면 다음 자료는 1학년 20명의 통계학 기말고사 성적이다.

통계학 기말고사 성적

53	62	97	65	79
88	77	71	51	83
73	86	64	82	92
69	94	76	55	75

(a) 줄기-잎-그림

줄기	잎
5	3 1 5
6	2 5 9 4
7	1 5 3 7 6 9
8	8 2 6 3
9	7 4 2

(b) 도수분포표

계급 : 자료집합을 몇 개의 집단으로 나눈다.

계급간격 : $\dfrac{\text{자료의 최댓값} - \text{자료의 최솟값}}{\text{계급의 수}} = \dfrac{97-51}{6} \approx 7.67 \approx 8$

첫 번째 계급의 하측 경계값 : 최솟값 $- \dfrac{1}{2} \times$ 단위 $= 51 - \dfrac{1}{2} \times 1 = 50.5$

계급번호	계급구간	도수	상대도수
1	50.5 ~ 58.5	3	0.15
2	58.5 ~ 66.5	3	0.15
3	66.5 ~ 74.5	3	0.15
4	74.5 ~ 82.5	5	0.25
5	82.5 ~ 90.5	3	0.15
6	90.5 ~ 98.5	3	0.15
		20	1.00

(c) 히스토그램

양적자료의 도수분포표를 구한 다음 이를 그림으로 표현하는 방법

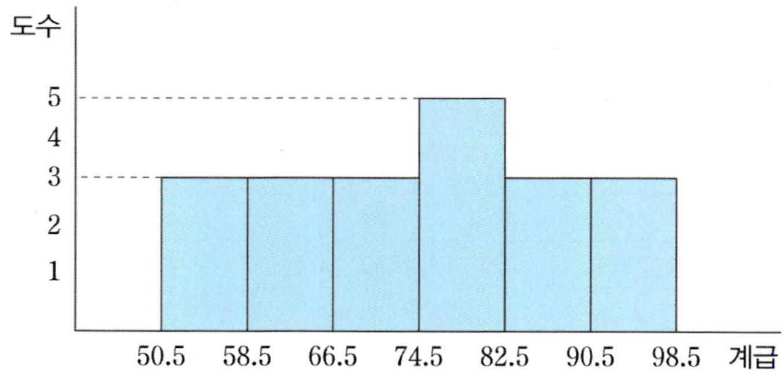

8.3 자료의 요약

도수분포표는 주어진 자료의 일반적인 분포를 나타낼 뿐이다. 이 절에서는 자료를 요약하여 분포의 특성을 하나의 수치로 나타낸 중심위치의 측도, 자료들이 분산되어 있는 정도를 나타낸 산포의 측도와 어떤 특정한 자료값이 주어진 자료의 어떤 위치에 있는지를 알 수 있는 상대적 위치의 측도에 관하여 알아본다.

(1) 중심위치의 측도

ⓐ 평균 : $\dfrac{x_1 + x_2 + \cdots + x_n}{n}$

모평균 : $\mu = \dfrac{1}{N}\sum_{i=1}^{N} x_i$

표본평균 : $\overline{X}=\frac{1}{n}\sum_{i=1}^{n}x_i$

ⓑ 중앙값(중위수)

n이 홀수이면 $\frac{n+1}{2}$번째 자료값

n이 짝수이면 $\frac{n}{2}$번째와 $\left(\frac{n}{2}+1\right)$번째 자료값의 평균

ⓒ 최빈값(mode)

자료 중 가장 많이 나오는 값

예 8-2 어느 회사 10명의 직원의 월급을 알아본 결과가 다음과 같다.

(단위 : 만 원)

80, 90, 120, 110, 130, 150, 100, 120, 100, 500

(1) 평균을 구하여라.

(2) 중앙값을 구하여라.

(3) 최빈값을 구하여라.

풀이 (1) $\overline{X}=\frac{80+90+\cdots+500}{10}=150$

(2) $\frac{110+120}{2}=115$

(3) 최빈값은 100만 원, 120만 원

---

(2) 산포의 측도

ⓐ 범위(range)

R=자료의 최댓값−자료의 최솟값

ⓑ 사분위수

$Q=(Q_3-Q_1)$

Q_3 : 크기순으로 나열하여 75%에 해당하는 자료값

Q_1 : 크기순으로 나열하여 25%에 해당하는 자료값

ⓒ 분산

모분산 $\sigma^2 = \frac{1}{N}\sum_{i=1}^{N}(x_i - m)^2$,

모표준편차 $\sigma = \sqrt{\frac{1}{N}\sum_{i=1}^{N}(x_i - m)^2}$

표본분산 $s^2 = \frac{1}{n-1}\sum_{i=1}^{n}(x_i - \overline{x})^2$,

표본 표준편차 $s = \sqrt{\frac{1}{n-1}\sum_{i=1}^{n}(x_i - \overline{x})^2}$

NOTE 표본분산에서 n 대신에 $n-1$을 사용한 이유는 s^2의 기댓값이 모분산 σ^2이 되어 s^2이 σ^2의 좋은 추정량이기 때문이다. 즉 $E(s^2) = \sigma^2$인 불편추정량이다.

예 8-3 예 8−2의 자료를 이용하여 (1) 범위, (2) 사분위수, (3) 분산을 각각 구하여라.

풀이 (1) 범위$= 500 - 80 = 420$

(2) | 80 90 100 100 110 | | 120 120 130 150 500 |

Q_1은 처음 반의 중앙값인 100이며 Q_3는 나머지 반의 중앙값인 130이다. 따라서 사분위수 범위는 $130 - 100 = 30$이다.

(3) 분산 $S^2 = \frac{(80-150)^2 + (90-150)^2 + \cdots + (500-150)^2}{10-1}$

ⓓ 변동계수

두 종류의 자료의 산포를 비교할 때 사용된다.

$$v = \frac{s}{\overline{x}} \quad (s : \text{표준편차},\ \overline{x} : \text{산술평균})$$

예 8-4 다음 자료 1은 5명의 신생아의 몸무게이고, 자료 2는 5명의 성인의 몸무게이다. 자료값들 간의 변화가 더 심한 자료는 어떤 자료인가?

(단위 : kg)

자료 1	자료 2
4.0 3.0 3.5 3.4 3.6	71.0 64.0 67.0 66.0 59.0

풀이 신생아와 성인 몸무게의 변동계수를 구하면 다음과 같다.

	자료 1	자료 2
평균	$\overline{x}=3.5$	$\overline{x}=65.4$
표준편차	$s=0.36$	$s=4.39$
변동계수	$v=\frac{0.36}{3.5}=0.103$	$v=\frac{4.39}{65.4}=0.067$

따라서 변동계수를 비교하면 자료 1의 자료값이 평균을 중심으로 더 흩어져 있다고 말할 수 있다.

(3) 상대적 위치의 측도

ⓐ 백분위수

크기순으로 나열하여 백등분하였을 때의 자료값

예 8-5 예 8−2의 자료에서 85백분위수를 구하여라.

풀이 85백분위수는 130과 150의 중간값이다. 즉 $\frac{130+150}{2}=140$이다.

ⓑ Z값

어떤 자료값이 평균으로부터 표준편차의 몇 배 만큼 떨어진 정도의 측도

$$Z=\frac{x-\overline{x}}{s}$$

예 8-6 다음은 철수의 수학, 영어, 국어 성적과 철수반 전체의 평균 및 표준편차 표이다. 3과목 중 성적이 가장 좋은 과목은 어느 과목인가?

과목	수학	영어	국어
철수성적	71	80	79
반평균	51	63	65
반표준편차	17	15	13

풀이

표준측도를 $\frac{x-\overline{x}}{s}$ 으로 계산하면

수학 : $\frac{71-51}{17}=\frac{20}{17}$

영어 : $\frac{80-63}{15}=\frac{17}{15}$

국어 : $\frac{79-65}{13}=\frac{14}{13}$

따라서 $\frac{14}{13}<\frac{17}{15}<\frac{20}{17}$ 이므로 수학 성적이 가장 좋다.

ⓒ 체비셰프 부등식

$$P(\mu-ks\leq x\leq \mu+ks)=P(-k\leq Z\leq k)\geq 1-\frac{1}{k^2}$$

즉 $k=2$인 경우 자료 중 적어도 75%가 $-2\leq Z\leq 2$ 사이에 포함되어 있다.

예 8-7 어느 통계학 강좌를 수강한 100명의 학생들에 대하여 시험성적과 출석률, 그리고 숙제점수 등을 고려하여 종합적인 평가점수를 산출한 결과, 평균이 70점, 표준편차가 10점이었다. 이 강좌를 담당한 교수는 절대평가를 실시하여 90점 이상이면 A를 주려고 한다. 평가점수의 분포가 대칭임을 가정할 때 A학점을 받을 학생의 수는 최대한 몇 명까지 가능한가?

✔ 풀이 체비셰프 부등식을 이용하여 구한다.

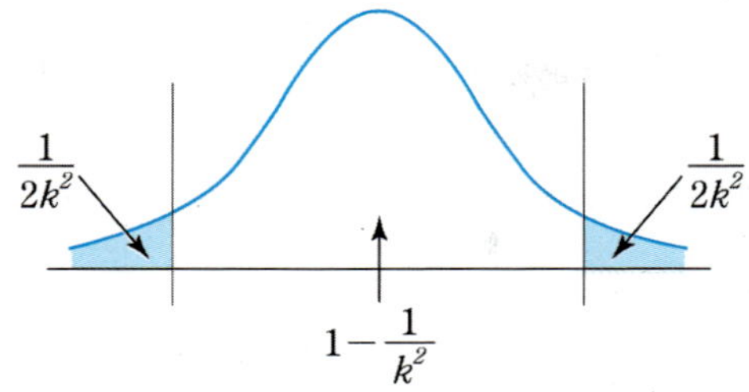

$$Z=\frac{90-70}{10}=2=k,\ \ \frac{1}{2k^2}=\frac{1}{2\cdot 2^2}=\frac{1}{8}$$

따라서 $\frac{1}{8}\times 100=12.5$명이므로 최대 12명까지 가능하다.

CHAPTER 08

연습문제

8-1 우리나라 대학생의 시력상태를 알아보기 위하여 전국에서 1000명의 대학생을 뽑아 시력검사를 실시하였다. 이때 모집단과 표본이 무엇인가?

8-2 다음은 한 교과목의 중간시험 성적이다.

50	48	85	62	54	38	63	69	75	59
63	68	76	57	72	68	76	92	82	72
72	92	69	85	59	68	52	56	74	74
72	82	58	88	68	62	42	74	56	96

(1) 도수분포표를 작성하여라.

(2) 히스토그램을 그려라.

(3) 줄기-잎-그림을 그려라.

8-3 서울 어느 지역의 전세로 입주한 세입자의 평균 거주기간을 알아보기 위하여 7가구를 무작위로 추출하여 거주기간을 알아본 결과 다음과 같다.

(단위 : 년)

6	12	7	8	9	11	17

(1) 평균을 구하여라.

(2) 중앙값을 구하여라.

(3) 사분위수 범위를 구하여라.

8-4 어느 대학의 남학생과 여학생의 키를 측정하여 다음과 같은 결과를 얻었다. 어느 자료값이 변화가 더 심한가?

	조사자수(명)	평균키(cm)	표준편차(cm)
남학생	50	172	8
여학생	50	161	3

8-5 어떤 반에서 영어와 수학성적은 다음과 같다. 그러면 영어 76점, 수학 70점을 받은 학생은 어느 과목이 그 반에서 더 잘하는 편에 속한다고 볼 수 있는가?

	영어	수학
평균	69	56
표준편차	8.2	12.4

8-6 10개의 측정값 3, 4, 1, 7, 5, 9, 5, 2, 8, 6의 중앙값, 최빈값을 구하여라.

8-7 산술평균을 $\overline{X}$, 기하평균을 G, 조화평균을 H라 할 때 그 크기를 비교하여라.

8-8 예 8-7에서 80점 이상이면 적어도 B학점을 준다고 가정할 때, 적어도 B학점을 받을 학생의 수는 최대한 몇 명까지 가능한가?

8-9 연습문제 8.2에서 다음을 구하여라.

(1) 중앙값을 구하여라.

(2) 80백분위수를 구하여라.

8-10 도수분포곡선의 모양이 다음과 같을 때 산술평균($\overline{x}$), 중앙값(M_e), 최빈값(M_o)의 크기를 비교하여라.

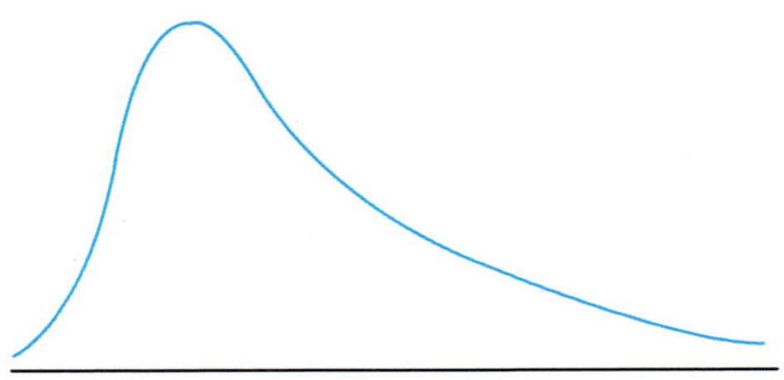

CHAPTER

09 표본분포

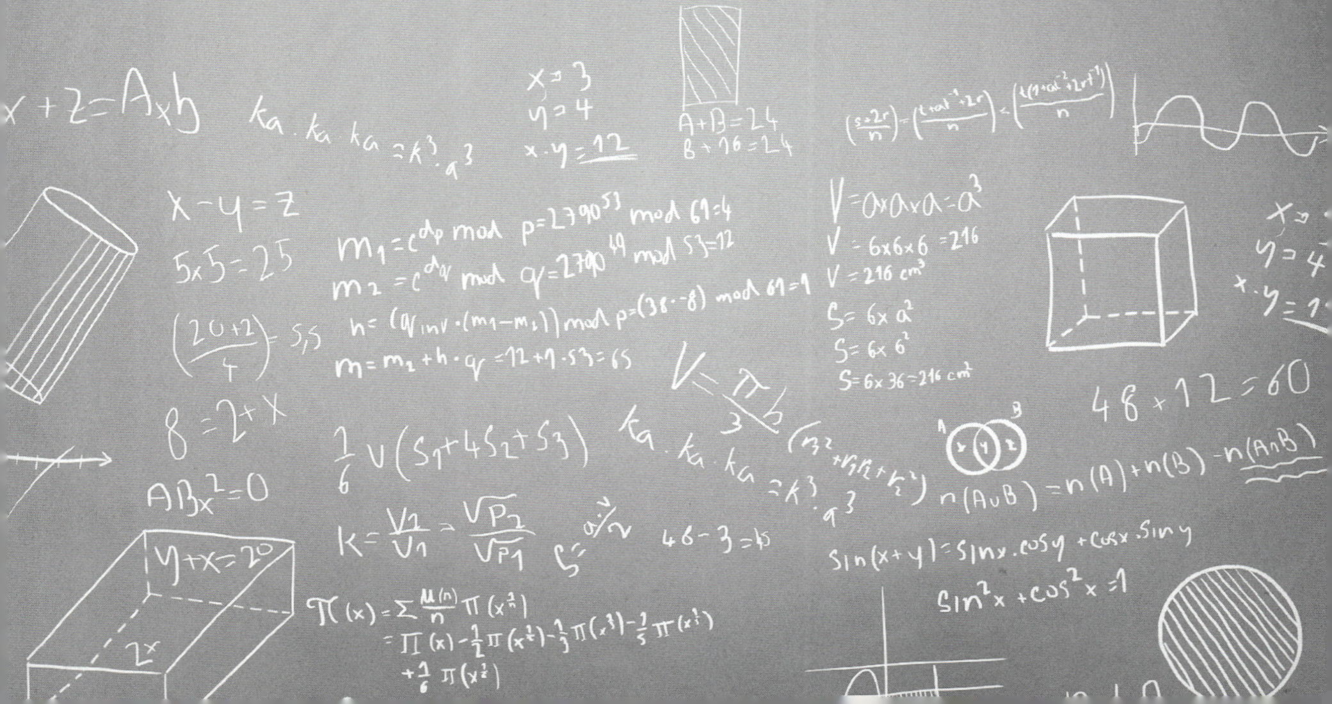

필요한 정보나 자료를 얻기 위해서는 모집단 전체를 조사하는 것이 가장 바람직하지만, 현실적으로 모집단 전체를 조사한다는 것은 거의 불가능할 뿐만 아니라, 연구의 목적에 따라 모집단 전부를 조사할 필요가 없을 때도 있다. 따라서 모집단에 대한 어떤 정보나 특성을 알고자 할 때 모집단 전체를 조사하지 않고 모집단에서 추출한 표본을 조사하여 정보를 얻는 경우가 많다. 모집단에서 추출한 표본은 모집단의 일부에 지나지 않기 때문에 표본조사에 의해서는 모집단에 대한 정확한 정보를 알 수는 없으며 반드시 오차가 생기게 된다.

그러므로 모집단을 잘 대표하는 표본을 추출하여 이러한 오차를 줄여야 하며, 이때 추출한 표본으로부터 얻어진 정보와 모집단 전체를 조사함으로써 얻어질 수 있는 정보와의 관계를 파악한다면 모집단 전체의 특성을 이해하는 데 큰 도움이 될 것이다.

9.1 표본추출법

인구조사와 같이 모집단에 관한 어떤 지식이나 특성을 얻기 위하여 모집단 전체를 하나도 빠짐없이 모두 조사하는 통계조사를 **전수조사**(complete survey)라고 한다. 그리고 여론조사와 같이 모집단의 일부분인 표본을 추출하여 추출한 표본을 조사하여 그 결과를 바탕으로 모집단에 대한 특징을 추정하는 통계조사를 **표본조사**(sample survey)라 한다.

표본추출의 장점을 요약하면 다음과 같다.

(1) 경제성 : 비용 절약
(2) 신속성 : 시간 절약
(3) 정확성 : 비표본오차를 줄임(조사원으로 발생되는 오차 등)
(4) 파괴적인 조사를 해야 할 경우 : 전구의 수명조사, 혈액검사 등
(5) 전수조사가 불가능할 경우 : 새로 개발된 의약품의 효과검사 등
(6) 표본관리 용이
(7) 다량의 정보 획득

모집단의 특성을 잘 반영하는 표본을 추출하고 이러한 표본으로부터 모집단에 대한 정보를 효과적으로 얻을 수 있는 방법을 연구하는 것이 **표본추출법**이다. 그런 방법

중에서 가장 널리 사용되는 **단순랜덤추출법**에 대하여 알아본다. 그 예로는 비복원추출, 복원추출, 또는 난수표를 사용하여 추출하는 것이다. 그 외의 추출법으로는 층화추출, 계통추출, 집락추출, 그리고 다단계추출 등이 있다.

(a) **단순랜덤추출**(simple random sampling)

크기 N인 모집단에서 크기 n인 표본을 추출할 때, 모집단의 모든 원소가 동일한 확률로 뽑히도록 표본을 추출하는 방법을 **단순랜덤추출법**(simple random sampling)이라 한다. 이 방법은 가장 기본적인 추출법으로 조사자의 주관에 입각하지 않고 카드를 뽑거나 정십이면체를 이용한 난수주사위나 난수표를 이용하여 표본을 추출하는 방법이다.

카드를 이용하는 방법 중 하나는 다음과 같다. 모집단 전체 대상의 번호를 각각 크기가 같은 카드 1장에 하나씩 적어서 주머니에 넣는다. 그리고 여러 번 흔들어서 카드를 잘 섞는다. 표본의 크기만큼 카드를 주머니에서 뽑아서 이런 카드에 적힌 번호를 표본으로 이용한다. 이와 같은 방법은 모집단의 크기가 매우 클 때는 실질적으로 사용하기가 불가능하다. 또한 모집단의 크기가 적당할 때도 매우 번거롭고 시간과 경비가 많이 드는 단점이 있다. 이에 반하여 난수표를 이용하는 방법은 좀 더 체계적이고 편리하다.

난수표(random number table)란 0부터 9까지의 숫자들이 동일한 확률 $\frac{1}{10}$을 가지면서 나타나도록 한 **난수**(random number)들의 집합이다. 난수표를 만드는 단순한 방법은 다음과 같다. 0, 1, ⋯, 9의 숫자를 적은 공 10개를 항아리에 넣는다. 공들을 잘 섞은 후 하나를 꺼내 그 숫자를 기록하고 그 공을 다시 항아리에 넣는 과정을 반복한다. 그러나 요즘은 컴퓨터를 이용하여 난수표를 만들고 있다.

다음은 부록의 난수표를 이용하는 방법을 알아보자. 1부터 500까지의 숫자 중에서 8개의 숫자를 랜덤하게 선택하고 싶다면 먼저 난수표의 시발점(행과 열)을 임의로 결정한다. 그리고 5개의 숫자가 모두 뽑힐 때까지 시발점으로부터 아래로 세 자리의 난수를 읽어 나간다.

예를 들어, 난수의 시발점을 15행 11열로 택했다고 하자. 15행 11열에서 세 자리씩 읽고 아래로 세 자리의 난수는 다음과 같다.

174, 177, 774, 662, 142, 684, 269, 851, 111, 165, 264, 952, ⋯

이 중에서 500을 넘는 숫자와 중복되는 숫자를 버리면 선택되는 8개의 숫자가 난수표에 의해 추출된 표본이 된다. 추출된 8개의 숫자는 다음과 같다.

174, 177, 142, 269, 111, 165, 264, 268

(b) **층화랜덤추출**(stratified random sampling)

모집단을 두 개 이상의 상호 배타적인 집단으로 분류하고 각 집단 내에서 무작위로 표본을 추출하는 방법이다. 모집단을 동질적인 층으로 나눌 수 있을 때 층화랜덤추출법을 사용하면 추정량의 분산을 줄일 수 있는 장점이 있다. 또한 층화를 통하여 표본의 대표성이 높아지고, 층별 특성을 파악할 수가 있다.

(c) **계통추출**(systematic sampling)

하나의 모집단 배열이 무작위로 되어 있을 때 체계적인 수단을 동원하여 추출하는 방법으로 표본을 시간적으로나 공간적으로 일정한 간격을 두고 계통적으로 취하는 추출법으로 방법이 간편하고 쉬워서 널리 이용된다.

모집단과 표본의 크기를 각각 N과 n이라 할 때 $k=\frac{N}{n}$을 **추출 간격**(sampling interval)이라 하면 계통추출법은 모집단의 처음 k개의 추출단위에서 임의로 하나를 추출하고, 그로부터 k번째마다 원소를 표본으로 추출해 나가는 것이다. 첫 번째 추출단위는 임의로 추출되지만, 첫 번째 추출단위가 선택되면 표본의 나머지는 앞의 과정에 의하여 결정된다.

(d) **집락추출**(cluster sampling)

모집단을 **집락**(cluster)이라 부르는 몇 개의 부분집단으로 분류하고 그 집락들 가운데서 몇 개의 집락을 랜덤추출하여 추출된 집락을 전수조사하거나 그 집락에서만 표본을 추출하는 방법이다. 집락추출법에서는 층화랜덤추출법과는 달리 부분집단, 즉 집락 사이에 이질성이 적어야 한다. 그래야만 추출된 집락이 모집단을 잘 대표할 수 있어 올바르게 추정할 수 있다.

(e) **다단계추출**(multi-stage sampling)

몇 단계의 표본추출법을 거쳐서 최종 표본의 선택이 이루어지도록 하는 방법이다.

9.2 표본분포

대부분의 경우 모집단 전체를 조사하는 것은 불가능하여 일반적으로 모수(모평균, 모분산, 모비율 등)는 알 수 없다.

따라서 모집단으로부터 대표성을 가진 표본을 뽑아 표본으로부터 표본의 평균, 분산과 같은 표본의 특성값, 즉 통계량을 이용하여 모수를 추정한다. 이런 통계량은 어떤 표본이 뽑히느냐에 따라 그 값이 달라지고, 그 값에 의하여 하나의 분포를 이루게 된다. 이 통계량의 분포를 **표본분포**(sampling distribution)라고 부른다.

9.2.1 평균의 표본분포

모집단의 평균의 알기 위해서는 표본분포 중에서도 평균의 표본분포가 중요하다. 평균의 표본분포를 설명하기 위하여 어떤 항아리에 1, 2, 3, 4라고 표시된 구슬 4개가 들어 있는데 이 중에서 2개를 무작위로 뽑아 평균을 구하는 경우를 살펴보자. 먼저 모집단으로부터 크기 2인 랜덤(임의)표본을 복원추출하는 경우를 생각해 보면 추출될 수 있는 가능한 표본의 수는 $4^2=16$이고 평균은 다음 표와 같다.

| 표 9.1 랜덤표본과 그 평균(복원추출) |

표본	(1, 1)	(1, 2)	(1, 3)	(1, 4)	(2, 1)	(2, 2)	(2, 3)	(2, 4)
$\bar{x}$	1	1.5	2	2.5	1.5	2	2.5	3
표본	(3, 1)	(3, 2)	(3, 3)	(3, 4)	(4, 1)	(4, 2)	(4, 3)	(4, 4)
$\bar{x}$	2	2.5	3	3.5	2.5	3	3.5	4

표 9.1에서 평균이 1인 표본은 (1, 1)뿐이고 평균이 3인 표본은 (2, 4), (3, 3), (4, 2)의 세 가지이므로 표본을 복원추출할 때 표본의 평균이 1과 3이 될 확률은 각각 $\frac{1}{16}$과

$\frac{3}{16}$이 된다. 이와 같은 방법으로 하여 평균 $\overline{X}$의 표본분포를 구하면 표 9.2와 같다.

| 표 9.2 평균의 표본분포(복원추출) |

$\overline{x}$	1	1.5	2	2.5	3	3.5	4	합계
$p(\overline{x})$	$\frac{1}{16}$	$\frac{2}{16}$	$\frac{3}{16}$	$\frac{4}{16}$	$\frac{3}{16}$	$\frac{2}{16}$	$\frac{1}{16}$	1
$\overline{x}p(\overline{x})$	$\frac{1}{16}$	$\frac{3}{16}$	$\frac{6}{16}$	$\frac{10}{16}$	$\frac{9}{16}$	$\frac{7}{16}$	$\frac{4}{16}$	$\frac{5}{2}$
$\overline{x}^2p(\overline{x})$	$\frac{1}{16}$	$\frac{4.5}{16}$	$\frac{12}{16}$	$\frac{25}{16}$	$\frac{27}{16}$	$\frac{24.5}{16}$	$\frac{16}{16}$	$\frac{110}{16}$

표 9.2에서 본 바와 같이 표본평균 $\overline{X}$의 평균은 $\Sigma\overline{x}p(\overline{x})=\frac{5}{2}$이다.

이제 주어진 항아리에서 크기가 2인 랜덤표본을 비복원추출로 뽑을 때를 생각해 보자. 비복원추출로 크기 2인 표본을 뽑을 때의 가능한 표본의 수는 ${}_4C_2=6$이다. 비복원추출로 표본을 뽑을 때의 가능한 표본과 평균이 표 9.3에 주어졌다.

| 표 9.3 랜덤표본과 그 평균(비복원추출) |

표본	{1, 2}	{1, 3}	{1. 4}	{2, 3}	{2, 4}	{3, 4}
$\overline{x}$	1.5	2	2.5	2.5	3	3.5

표 9.3에서 평균이 1.5인 표본은 {1, 2}뿐이고 평균이 2.5인 표본은 {1, 4}, {2, 3}의 두 가지이므로 표본을 비복원추출할 때 표본의 평균이 1.5와 2.5가 될 확률은 각각 $\frac{1}{6}$과 $\frac{2}{6}$가 된다. 이러한 방법으로 얻어진 비복원추출하는 경우 평균의 표본분포가 표 9.4에 주어졌다.

| 표 9.4 평균의 표본분포(비복원추출) |

$\overline{x}$	1.5	2	2.5	3	3.5	합계
$p(\overline{x})$	$\frac{1}{6}$	$\frac{1}{6}$	$\frac{2}{6}$	$\frac{1}{6}$	$\frac{1}{6}$	1
$\overline{x}p(\overline{x})$	$\frac{1.5}{6}$	$\frac{2}{6}$	$\frac{5}{6}$	$\frac{3}{6}$	$\frac{3.5}{6}$	$\frac{5}{2}$
$\overline{x}^2p(\overline{x})$	$\frac{2.25}{6}$	$\frac{4}{6}$	$\frac{12.5}{6}$	$\frac{9}{6}$	$\frac{12.25}{6}$	$\frac{40}{6}$

표 9.4에 나타난 바와 같이 표본평균 $\overline{x}$의 평균은 $\Sigma \overline{x} p(\overline{x}) = \frac{5}{2}$이다. 즉 $E(\overline{X}) = \frac{5}{2}$이다.

주어진 문제는 모집단 $\{1, 2, 3, 4\}$에서 크기 2인 임의표본을 뽑는 경우로 생각할 수 있다. 그러므로 모집단의 확률분포를 구하면 다음과 같다.

| 표 9.5 모집단의 확률분포 |

x	1	2	3	4	합계
$p(x)$	$\frac{1}{4}$	$\frac{1}{4}$	$\frac{1}{4}$	$\frac{1}{4}$	1
$xp(x)$	$\frac{1}{4}$	$\frac{2}{4}$	$\frac{3}{4}$	1	$\frac{5}{2}$

9.2.2 표본평균의 기댓값

모평균 μ와 표본평균 $\overline{X}$ 사이의 관계를 이용하여 표본평균의 기댓값을 구하고자 한다.

모평균 μ와 표본평균 $\overline{X}$ 사이에 어떤 관계가 있는지 알아보기 위하여 9.2.1절에서 언급했던 모집단 $\{1, 2, 3, 4\}$으로부터 크기 2인 표본을 뽑는 경우를 생각해 보자.

표 9.5로부터 모평균은 $\mu = \Sigma \overline{x} p(\overline{x}) = \frac{5}{2}$이다. 복원추출이나 비복원추출의 경우에 표본평균 $\overline{X}$의 기댓값 $E(\overline{X})$는 공식 $E(\overline{X}) = \Sigma \overline{x} p(\overline{x})$를 사용하면 표 9.2와 9.4에 나타난 바와 같이 다음을 얻는다.

$$E(\overline{X}) = \Sigma \overline{x} p(\overline{x}) = \frac{5}{2}$$

즉, 표본평균 $\overline{X}$는 모집단으로부터 어떤 표본이 뽑히느냐에 따라 그 값이 달라질 수 있으나 평균값들의 평균은 모집단의 평균 $\mu = \frac{5}{2}$과 같게 된다는 사실을 알 수 있다.

표본평균의 기댓값과 모평균의 관계

모평균이 μ인 모집단에서 크기 n인 랜덤표본을 뽑을 때 표본평균 $\overline{X}$에 대하여 다음이 항상 성립한다.

$$E(\overline{X}) = \mu$$

증명 랜덤표본을 $X_1, X_2, \cdots, X_n$이라 하면 이들은 서로 독립이고 동일한 분포를 따르고, $\overline{X} = \frac{1}{n}\sum_{i=1}^{n} X_i$이므로 기댓값의 성질에 의해 다음이 성립한다.

$$E(\overline{X}) = \frac{1}{n}E(X_1 + \cdots + X_n) = \frac{1}{n}[E(X_1) + \cdots + E(X_n)]$$

$$= \frac{1}{n}[\mu + \cdots + \mu] = \frac{1}{n}\cdot n\mu = \mu$$

9.2.3 표본평균의 분산

앞의 표와 같이 표본평균의 분산은 랜덤표본을 복원추출하거나 비복원추출로 추출함에 따라 그 값이 다르다. 9.2.1절의 예를 다음의 분산 공식에 적용해 보자.

(분산공식: $\mathrm{Var}(\overline{X}) = E[(\overline{X} - E(\overline{X}))^2] = E(\overline{X}^2) - [E(\overline{X})]^2$)

복원추출의 경우 : $\mathrm{Var}(\overline{X}) = \sum \overline{x}^2 p(\overline{x}) - [E(\overline{X})]^2 = \frac{110}{16} - (\frac{5}{2})^2 = \frac{5}{8}$

비복원추출의 경우 : $\mathrm{Var}(\overline{X}) = \sum \overline{x}^2 p(\overline{x}) - [E(\overline{X})]^2 = \frac{40}{6} - (\frac{5}{2})^2 = \frac{5}{12}$

앞의 예에서 공식을 이용하여 $\overline{X}$의 분산을 다시 구해보자. $N = 4$, $n = 2$이고 모집단에서의 분산은 $\sigma^2 = \frac{5}{4}$이므로 $\overline{X}$의 분산은 다음과 같다.

복원추출의 경우 : $Var(\overline{X}) = \frac{1}{2}\cdot\frac{5}{4} = \frac{5}{8}$

비복원추출의 경우 : $Var(\overline{X}) = \frac{4-2}{4-1}\cdot\frac{1}{2}\cdot\frac{5}{4} = \frac{5}{12}$

따라서 표본평균의 분산과 모집단의 분산 사이에는 다음과 같은 관계가 성립한다.

표본평균의 분산

모분산이 σ^2이고 크기가 N인 모집단에서 크기 n인 랜덤표본을 뽑을 때 표본평균 $\overline{X}$에 대하여 다음이 항상 성립한다.

복원추출 : $\mathrm{Var}(\overline{X}) = \dfrac{\sigma^2}{n}$

비복원추출 : $\mathrm{Var}(\overline{X}) = \dfrac{N-n}{N-1} \cdot \dfrac{\sigma^2}{n}$

증명 복원추출의 경우에 대해서만 증명하자. 랜덤표본 $X_1, X_2, \cdots, X_n$이 서로 독립이므로 독립일 때 분산의 성질에 의해 다음이 성립한다.

$$
\begin{aligned}
Var(\overline{X}) &= \frac{1}{n^2} Var(X_1 + \cdots + X_n) \\
&= \frac{1}{n^2} [\, Var(X_1) + \cdots + Var(X_n) \,] \\
&= \frac{1}{n^2} [\sigma^2 + \cdots + \sigma^2] = \frac{n\sigma^2}{n^2} = \frac{\sigma^2}{n}
\end{aligned}
$$

예 9-1 어느 대학교 신입생 전체 8,000명의 평균신장은 170cm이고, 분산은 10cm로 알려져 있다. 60명의 표본을 랜덤하게 뽑을 때 표본평균의 분산을 구하여라.

풀이 복원추출의 경우 : $\mathrm{Var}(\overline{X}) = \dfrac{\sigma^2}{n} = \dfrac{10}{60} \simeq 0.1667$

비복원추출의 경우 : $\mathrm{Var}(\overline{X}) = \dfrac{N-n}{N-1} \cdot \dfrac{\sigma^2}{n}$

$$= \frac{8000-60}{8000-1} \cdot \frac{10}{60} \simeq 0.1655$$

위의 [예 9-1]와 같이 모집단의 크기 N이 n에 비하여 매우 크면 $\dfrac{N-n}{N-1} \approx 1$이므로 복원추출의 경우나 비복원추출의 경우 $\mathrm{Var}(\overline{X})$의

값은 근사적으로 $\frac{\sigma^2}{\mathrm{n}}$으로 같다.

또한 표본평균의 표준편차 $\sqrt{\mathrm{Var}(\overline{\mathrm{X}})}$를 표준오차라고 부른다.

9.3 표본분포의 모양과 중심극한정리

이 절에서는 모집단의 분포가 정규분포인 경우와 정규분포가 아닌 경우를 나누어서 $\overline{X}$의 표본분포의 모양에 대해서 알아보자.

9.3.1 정규 모집단의 경우

모집단의 분포가 정규분포 $N(\mu,\ \sigma^2)$를 따르는 경우에 표본평균 $\overline{X}$의 분포도 표본의 크기 n에 관계없이 정규분포를 이루게 된다는 사실이 알려져 있다. 정규모집단은 무한모집단이므로 비복원추출과 복원추출에 관계없이 $E(\overline{X})=\mu$, $\mathrm{Var}(\overline{X})=\frac{\sigma^2}{n}$이 성립되므로 정리하면 다음과 같다.

> **평균의 표본분포(정규모집단의 경우)**
> 모집단의 분포가 정규분포 $N(\mu,\ \sigma^2)$일 때, 표본평균 $\overline{X}$는 정규분포 $N\left(\mu,\ \frac{\sigma^2}{n}\right)$을 따른다.

그러므로 $Z=\frac{\overline{X}-\mu}{\sigma/\sqrt{n}}$의 분포는 표준정규분포 $N(0,\ 1)$를 따르고 분포의 모양은 다음과 같다.

| 그림9-1 |

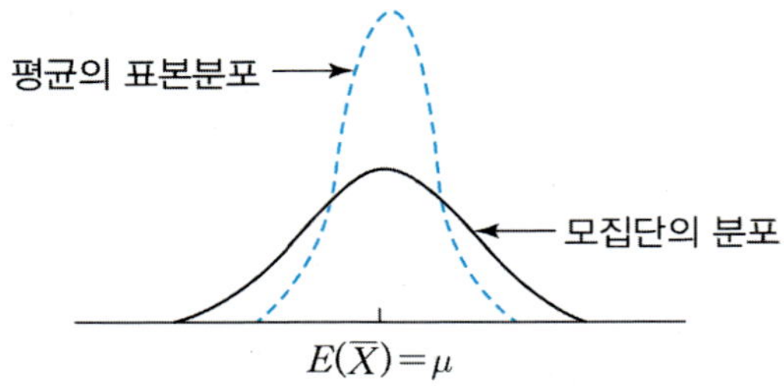

예 9-2 어느 공장에서 공급되는 형광등은 평균수명이 1,200시간, 표준편차가 100시간인 정규분포를 따른다고 한다. 100개의 형광등을 임의로 뽑아 평균수명을 잴 때 그 값이 1,220시간 이상일 확률을 구하라.

풀이 모집단은 모평균 $\mu = 1200$, 모표준편차 $\sigma = 100$인 정규분포를 따르므로 100개 표본의 평균 $\overline{X}$도 정규분포를 따른다. $\overline{X}$의 분포는 $N\left(1200,\ \dfrac{100^2}{100}\right)$을 따르고 $\overline{X}$를 표준화시켜 확률을 구하면 다음과 같다.

$$P(\overline{X} \geq 1220) = P\left(Z \geq \frac{1220 - 1200}{100/10}\right)$$
$$= P(Z \geq 2) = 1 - 0.9772 = 0.0228$$

즉, 100개의 형광등을 뽑을 때 그 평균수명이 1,220시간 이상이 될 확률은 2.28%이다.

9.3.2 비정규 모집단의 경우

모집단의 분포가 정규분포를 따르지 않으면 표본평균은 정규분포를 따른다고 할 수 없다. 그렇다면 모집단이 정규분포를 따르지 않는다면 표본평균의 분포는 어떻게 될까? 이 질문에 대한 답은 물론 모집단의 분포에 따라 결정될 것이다.

그러나 표본의 크기 n이 충분히 클 때는 표본평균의 표본분포는 모집단의 분포와 관계없이 정규분포에 근사한다는 사실이 알려져 있다. 이러한 사실을 **중심극한정리**(central limit theorem)라고 부르는데 정리하면 다음과 같다.

> **중심극한정리**
>
> 평균이 μ이고 분산이 σ^2인 무한모집단에서 충분히 큰 크기 n의 랜덤표본을 뽑으면 모집단의 분포와 관계없이 표본평균 $\overline{X}$는 근사적으로 정규분포 $N\left(\mu, \dfrac{\sigma^2}{n}\right)$을 따른다.

중심극한정리는 n이 클 때 $\overline{X}$의 분포를 평균이 μ이고 분산이 $\dfrac{\sigma^2}{n}$인 정규분포로 근사시키는 것을 의미한다. 중심극한정리에서 표본의 크기가 충분히 크다는 것은 $n \geq 30$ 이면 근사 정도가 만족함을 의미한다. 따라서 $Z = \dfrac{\overline{X} - \mu}{\sigma / \sqrt{n}}$의 분포는 근사적으로 표준정규분포 $N(0, 1)$을 따른다.

| 그림9-2 |

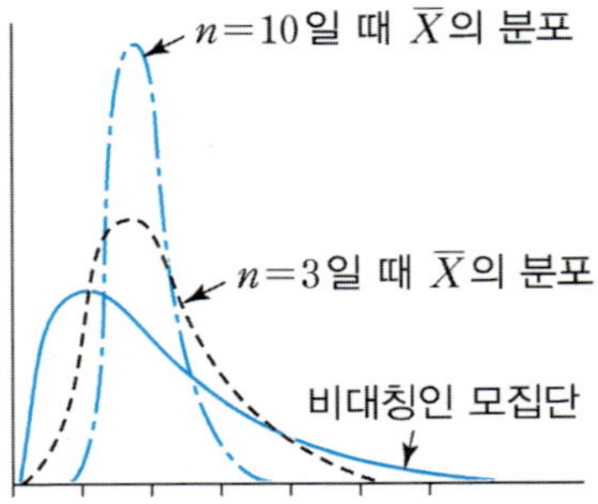

[그림9-2]는 $\mu = 2$, $\sigma = 1.41$인 비대칭인 모집단에서 표본의 크기가 $n = 3$, $n = 10$일 때의 표본평균 $\overline{X}$의 분포를 나타낸다. 이 그림에서 표본의 크기가 커질수록 표본평균의 분포가 좀 더 정규분포(대칭성)에 가까운 형태로 나타나고 있음을 보여준다.

예 9-3 어느 대기업의 사원의 평균체중이 $65kg$이고 표준편차가 $5kg$이었다. 이 중에서 100명의 사원을 랜덤추출할 때 그 평균이 $64kg$이상 $66kg$미만이 될 확률을 구하여라.

풀이 중심극한정리에 의해 $\overline{X}$의 분포는 정규분포 $N\left(65, \left(\frac{5}{10}\right)^2\right)$으로 근사되므로,

$$P(64 \le \overline{X} < 66) = P\left(\frac{64-65}{1/2} \le \frac{\overline{X}-65}{1/2} < \frac{66-65}{1/2}\right)$$
$$= P(-2 \le Z < 2) = 0.9544$$

그러나 한 사원의 체중이 64kg 이상 66kg 미만이 될 확률은 다음과 같다.

$$P(64 \le X < 66) = P\left(\frac{64-65}{5} \le \frac{X-65}{5} < \frac{66-65}{5}\right)$$
$$= P\left(-\frac{1}{5} \le Z < \frac{1}{5}\right) = 0.1586$$

이와 같은 이유는 모집단의 표준편차는 5로 평균체중 65kg을 중심으로 널리 퍼져있고 표본평균의 표준편차(표준오차)는 $\frac{1}{2}$로 작기 때문에 평균체중 65kg을 중심으로 몰려 있음을 알 수 있다.

예 9-4 어느 공장에서 생산되는 제품의 무게는 과거의 경험에 의하면 평균이 10g이고 표준편차가 1g이라고 한다. 이 제품 중 100개를 추출했을 때 그 무게의 평균이 9.9g과 10.1g 사이에 있을 확률을 구하여라.

풀이 중심극한정리에 의해 $\overline{X}$의 분포는 정규분포 $N\left(10, \left(\frac{1}{10}\right)^2\right)$으로 근사되므로

$$P(9.9 \le \overline{X} \le 10.1) = P\left(\frac{9.9-10}{1/10} \le Z \le \frac{10.1-10}{1/10}\right)$$
$$= P(-1 \le Z \le 1) = 0.6826$$

CHAPTER 09

연습문제

9-1 $N(20, 16)$인 정규모집단으로부터 64개의 표본을 추출할 때 표본평균이 19에서 21 사이에 있을 확률은 얼마인가?

9-2 무한모집단에서 표본을 랜덤추출할 때, 표본의 크기를 64개에서 6,400개로 늘린다면 평균의 표준오차에는 어떤 변화가 있을까요?

9-3 크기가 3인 모집단 $\{1, 2, 3\}$에서 크기 2인 표본을 비복원추출하는 경우 표본평균의 기댓값은 얼마인가?

9-4 어떤 제품의 수명을 검사한 결과 평균 32시간, 표준편차 8시간이었다. 임의로 20개를 추출하여 조사할 때 표본평균의 분포와 표준오차는 얼마인가?

9-5 모평균 20, 모분산이 16인 무한모집단으로부터 추출한 크기 64인 표본의 평균은 어느 분포에 접근하는가?

9-6 어떤 공장에서 생산하는 전구는 평균수명이 800시간이고 표준편차가 40시간인 근사적 정규분포를 한다고 한다. 이 제품 중에서 임의로 16개를 추출했을 때 평균수명이 775시간 미만일 확률은 얼마인가?
(단, $P(0 \le Z \le 1.5) = 0.4332$, $P(0 \le Z \le 2.5) = 0.4938$)

9-7 어느 공장에서 생산하는 실의 강도는 평균이 6.8kg이고 표준편차가 1.2kg인 정규분포를 한다. 이 공장에서 생산하는 실에서 임의로 100개의 표본을 추출하여 그 평균을 $\overline{X}$라 할 때 $P(6.5 \le \overline{X} \le 7.0)$은 얼마인가?

9-8 사슴농장에서 기르는 사슴의 평균수명을 조사하니 평균이 9.5년, 표준편차가 3.6년이라고 한다. 이 농장에서 기르는 사슴들 가운데 36마리를 임의로 추출하여 평균수명이 8.5년 이하일 확률을 구하여라.

9-9 과거의 경험으로 비추어볼 때 비행기 승객 1인당 평균 짐의 무게는 15kg이고 표준편차는 5kg이라 한다. 어느 특정한 날에 랜덤추출한 64명의 승객들의 평균 짐의 무게가 17kg 이상일 확률은?

9-10 어느 공장에서 생산되는 제품의 무게는 과거의 경험으로 볼 때 평균이 6g이고 표준편차가 2.5g이라 한다. 이 공장에서 생산되는 제품 중 50개를 랜덤추출할 때 평균무게가 5.75g과 6.25g 사이일 확률은?

CHAPTER

10

추정

모집단에서 랜덤표본을 추출하여 표본자료에 함축된 정보를 이용하여 모집단의 특성을 찾아내는 분석과정을 **통계적 추론**(statistical inference)이라 한다. 통계적 추론은 표본을 이용하여 모집단의 어떤 미지의 모수를 추측하는 **추정**(estimation)과 모집단에 대한 어떤 예상 또는 주장의 옳고 그름을 판정하거나, 주장 또는 추측의 타당성 여부를 확인하여 채택 또는 기각을 결정하는 **가설검정**(hypothesis testing)의 두 분야로 구분된다.

이 장에서는 표본으로부터 미지의 모수값을 추측하는 점추정과 미지의 모수값을 포함할 만한 구간을 설정하는 구간추정에 대하여 알아보자.

10.1 점추정

점추정 : 모수를 하나의 값으로 추정

점추정을 할 때 점추정 값이 참값과 일치하는 것은 거의 바랄 수 없다. 그러므로 어떤 추정량이 좋은 추정량인지를 알아야 한다. 따라서 다음과 같은 성질을 갖는 추정량이 바람직하다.

불편추정량(unbiased estimator) : $E(\hat{\theta})=\theta$이면 $\hat{\theta}$를 모수 θ의 불편추정량이라 한다.

예를 들어 표본평균 $\overline{X}$는 모평균 μ의 불편추정량이다.

$$E(\overline{X})=E\left(\frac{1}{n}\sum_{i=1}^{n}X_i\right)=\frac{1}{n}E(X_1+X_2+\cdots+X_n)$$

$$=\frac{1}{n}(\mu+\cdots+\mu)=\mu$$

또 표본분산 s^2은 모분산 σ^2의 불편추정량이다.

$$E(s^2) = E\left[\frac{1}{n-1}\sum_{i=1}^{n}(X_i - \overline{X})^2\right]$$

$$= \frac{1}{n-1}E\left[\sum_{i=1}^{n}X_i^2 - n\overline{X}^2\right]$$

$$= \frac{1}{n-1}\left[\sum E(X_i^2) - nE(\overline{X}^2)\right]$$

$$= \frac{1}{n-1}\left[n(\mu^2+\sigma^2) - n\left(\mu^2 + \frac{\sigma^2}{n}\right)\right]$$

$$= \sigma^2 \quad (\because V(\overline{X}) = E(\overline{X}^2) - E^2(\overline{X}))$$

그러나 표본표준편차 s는 모표준편차 σ의 불편추정량은 아니지만, 즉 $E(s) < \sigma$이지만 $n > 10$이면 오차가 아주 작아 s를 σ의 불편추정량으로 간주한다. 어떤 추정량의 표준편차는 그 추정량의 정밀도를 나타낸다. 이런 추정량의 표준편차를 **표준오차**(standard error)라 한다.

예를 들어 $\overline{X}$의 표준오차는 $SE(\overline{X}) = \frac{\sigma}{\sqrt{n}}$이고 그것의 추정값은 $\widehat{SE}(\overline{X}) = \frac{s}{\sqrt{n}}$이다.

> **최소분산 불편추정량(Minimum Variance Unbiased Estimator)** : 추정량으로서 최소의 분산을 갖는 불편추정량

좋은 통계량으로서 지녀야 할 성질은 이 밖에도 여러 가지 있으나 여기에서는 언급하지 않는다.

예 10-1 어떤 통조림의 내용물이 300g이라고 표시되어 있다. 실제 무게를 추정하기 위하여 10개의 통조림을 랜덤하게 뽑아 조사한 결과 다음의 정보를 얻었다.

295	302	285	290	310	298	305	300	292	287

통조림 무게의 평균과 표준오차(표본 표준편차)를 구하여라.

풀이 $\overline{X} = \sum \frac{X_i}{n} = \frac{2964}{10} = 296.4,$

$s^2 = \frac{1}{n-1}\sum(X_i - \overline{X})^2 = 64.978,$

$s = \sqrt{s^2} = 8.06$

따라서 μ의 추정량 $\hat{\mu} = \overline{X} = 296.4,$

표준오차 $\widehat{SE}(\overline{X}) = \frac{s}{\sqrt{n}} = \frac{8.06}{\sqrt{10}} = 2.55$이다.

모비율은 실업률, 찬성률, 불량률 등과 같이 모집단에서 어떤 특성을 갖는 개체들의 비율이다. 모집단 전체에서 지정된 특성을 갖는 개체들의 비율을 p라 하고 크기 n의 랜덤표본 $X_1, X_2, \cdots, X_n$을 추출하여 지정된 특성을 갖는 관측들의 개수를 X라 하면 X는 이항분포 $B(n, p)$를 따른다.

> 모비율 p의 추정량 = **표본비율** $\hat{p}$(sample proportion)
>
> $$\hat{p} = \frac{X}{n}$$

표본비율 $\hat{p}$는 다음 성질을 갖는다.

(i) $\hat{p}$는 p의 불편추정량이다. 즉 $E(\hat{p}) = p$.

$$E(\hat{p}) = E\left(\frac{X}{n}\right) = \frac{E(X)}{n} = \frac{np}{n} = p$$

(ii) $\mathrm{Var}(\hat{p}) = \mathrm{Var}\left(\frac{X}{n}\right) = \frac{\mathrm{Var}(X)}{n^2} = \frac{p(1-p)}{n}$

따라서 표준오차 $\widehat{SE}(\hat{p}) = \sqrt{\frac{\hat{p}(1-\hat{p})}{n}}$이다.

예 10-2 방송국에서 새 프로그램에 대한 여론을 조사하기 위하여 1,000명을 랜덤하게 추출하여 찬반을 조사하였다. 조사 결과 900명이 찬성했다. 찬성률에 대한 추정값을 구하고 표준오차를 구하여라.

풀이 $\hat{p} = \dfrac{X}{n} = \dfrac{900}{1000} = \dfrac{9}{10}$,

$\widehat{SE}(\hat{p}) = \sqrt{\dfrac{(0.9)(0.1)}{1000}} = \dfrac{0.3}{10\sqrt{10}}$

10.2 구간추정

정규모집단에서 모평균 μ가 미지일 때 모평균 μ에 대한 신뢰구간을 추정해보자. $\overline{X} \sim N\left(\mu, \dfrac{\sigma^2}{n}\right)$이므로 표준화시키면,

$$Z = \frac{\overline{X} - \mu}{\frac{\sigma}{\sqrt{n}}} \sim N(0, 1)$$

을 따른다. 표준정규분포의 성질을 이용하여

$$P(-z_{\alpha/2} < Z < z_{\alpha/2}) = 1 - \alpha$$

이므로

$$P\left(-z_{\alpha/2} < \frac{\overline{X} - \mu}{\frac{\sigma}{\sqrt{n}}} < z_{\alpha/2}\right) = 1 - \alpha.$$

만일 α (유의수준, 위험률)가 0.05라 하면

$$\begin{aligned} & P(-1.96 < z < 1.96) = 0.95 \\ & \Leftrightarrow P\left(-1.96 < \frac{\overline{X} - \mu}{\frac{\sigma}{\sqrt{n}}} < 1.96\right) = 0.95 \\ & \Leftrightarrow P\left(\mu - 1.96\frac{\sigma}{\sqrt{n}} < \overline{X} < \mu + 1.96\frac{\sigma}{\sqrt{n}}\right) = 0.95 \\ & \Leftrightarrow P\left(\overline{X} - 1.96\frac{\sigma}{\sqrt{n}} < \mu < \overline{X} + 1.96\frac{\sigma}{\sqrt{n}}\right) = 0.95 \end{aligned}$$

따라서 미지의 모수 μ에 대한 95% 신뢰구간은 다음과 같다.

$$\left(\overline{X}-1.96\frac{\sigma}{\sqrt{n}},\ \overline{X}+1.96\frac{\sigma}{\sqrt{n}}\right)$$

> **구간추정(interval estimation)**: 점추정에 오차의 개념을 포함한 추정법
> $(1-\alpha)$로 신뢰도가 지정되면 $P(L<\theta<U)=1-\alpha$이다. 이때 $(L,\ U)$를 모수 θ에 대한 $100(1-\alpha)\%$ 신뢰구간이라 하면 $(1-\alpha)$는 구간의 신뢰수준(confidence level), α는 유의수준(significance level), L은 신뢰하한, U는 신뢰상한이라 한다.

(a) 대표본($n \geq 30$)에서 모평균의 신뢰구간

모집단의 분포가 정규분포이면 표본분포 $\overline{X}$도 정규분포이고 모집단이 비정규분포일지라도 n이 충분히 클 때에는 중심극한정리에 의하여 $\overline{X}$는 근사적으로 정규분포를 따르므로 μ의 신뢰구간은 다음과 같다.

> 대표본에서 모평균 μ의 $100(1-\alpha)\%$ 신뢰구간
>
> $$\left(\overline{X}-z_{\alpha/2}\frac{s}{\sqrt{n}},\ \overline{X}+z_{\alpha/2}\frac{s}{\sqrt{n}}\right)$$

(b) 소표본($n<30$)에서 모평균의 신뢰구간

소표본에서는 모집단이 정규분포를 따를 때에도 σ 대신에 s를 대입하면 오차로 인하여 정규분포와 많이 다를 수 있으므로 t분포를 따른다.

> **t 분포**: $X_1,\ X_2,\ \cdots,\ X_n$이 $N(\mu,\ \sigma^2)$에서 랜덤표본일 때 $t=\dfrac{\overline{X}-\mu}{\frac{s}{\sqrt{n}}}$는 자유도 $n-1$인 t 분포를 이룬다.
>
> **자유도**: 독립변수의 개수

NOTE t 분포의 특성

(i) 원점에 대하여 좌우대칭이다.

(ii) 꼬리가 두껍다.

(iii) 자유도가 커질수록 정규분포에 근사한다.

> μ의 $100(1-\alpha)\%$ 신뢰구간
>
> $$\left(\overline{X}-t_{\alpha/2}(n-1)\frac{s}{\sqrt{n}},\ \overline{X}+t_{\alpha/2}(n-1)\frac{s}{\sqrt{n}}\right)$$

모집단의 분포가 정규분포를 따르지 않고 표본크기가 작으면($n<30$) 모평균 μ에 대한 신뢰구간을 구할 수 없다.

예 10-3 어느 고등학교 3학년 학생들의 평균 수면시간을 조사하기 위하여 64명에 대하여 조사한 결과 $\overline{x}=6$(시간), $s=1$(시간)이였다. 평균 수면시간의 95% 신뢰구간을 구하여라.

풀이 랜덤표본의 크기가 $64(>30)$개이므로 대표본으로 간주하여 다음의 신뢰구간을 얻는다. μ에 대한 95% 신뢰구간은 다음과 같다.

$$\left(\overline{X}-z_{0.025}\frac{s}{\sqrt{n}},\ \overline{X}+z_{0.025}\frac{s}{\sqrt{n}}\right)\ (z_{0.025}=1.96)$$

$$=\left(6-1.96\frac{1}{\sqrt{64}},\ 6+1.96\frac{1}{\sqrt{64}}\right)=(6-0.245,\ 6+0.245)$$

$$=(5.755,\ 6.245)$$

예 10-4 시중에서 인기 있는 7가지 캔 통조림의 주성분 비율을 조사하기 위하여 다음의 자료를 얻었다. 평균 주성분 비율의 90% 신뢰구간을 구하여라. 단, 캔 통조림의 주성분 비율은 정규분포를 따른다고 한다.

72	65	31	78	62	57	81

풀이 랜덤표본의 크기가 7이므로 소표본이다.

$$\overline{X} = 63.714,\ s = 16.790,\ t_{0.05}(7-1) = 1.943$$

$$\left(\overline{X} - t_{0.05}(n-1)\frac{s}{\sqrt{n}},\ \overline{X} + t_{0.05}(n-1)\frac{s}{\sqrt{n}}\right)$$

$$= \left(63.714 - 1.943 \times \frac{16.790}{\sqrt{7}},\ 63.714 + 1.943 \times \frac{16.790}{\sqrt{7}}\right)$$

$$= (51.385,\ 76.043)$$

(c) **모비율의 신뢰구간**

X는 이항분포 $B(n, p)$를 따르고 표본비율 $\hat{p} = \frac{X}{n}$이므로, n이 충분히 클 때 X의 분포는 근사적으로 $N(np, np(1-p))$이다. 따라서

$$Z = \frac{X - np}{\sqrt{n\hat{p}(1-\hat{p})}} = \frac{\hat{p} - p}{\sqrt{\frac{\hat{p}(1-\hat{p})}{n}}}$$

는 근사적으로 $N(0, 1)$을 따른다. 모비율 p의 $100(1-\alpha)\%$ 신뢰구간은 다음과 같다.

$$\left(\hat{p} - z_{\alpha/2}\sqrt{\frac{\hat{p}(1-\hat{p})}{n}},\ \hat{p} + z_{\alpha/2}\sqrt{\frac{\hat{p}(1-\hat{p})}{n}}\right)$$

예 10-5 시중에서 판매되는 컴퓨터의 불량을 추정하려 한다. 870대의 컴퓨터를 랜덤추출하여 조사하였더니 불량품이 330대였다. 판매되는 컴퓨터의 불량률에 대한 90% 신뢰구간을 구하여라.

풀이 $\hat{p} = \frac{330}{870} = 0.38,\ s = \sqrt{\frac{(0.38)(1-0.38)}{870}} = 0.016,$

$z_{\alpha/2} = z_{0.05} = 1.64$

따라서 불량품 p 의 90%의 신뢰구간은 다음과 같다.

$(0.38 - 1.64 \cdot 0.016,\ 0.38 + 1.64 \cdot 0.016) = (0.354,\ 0.406)$

10.3 두 모집단의 비교

(a) 대표본에서 두 모평균의 차에 관한 추정

도시와 농촌의 소득 수준의 차이의 비교, 성인 남녀의 평균 한 달 용돈 차이의 비교 등 서로 다른 두 모집단에 대한 비교가 필요하다. 모집단 1에서 $X_1, X_2, \cdots, X_{n_1}$의 확률표본을 택하고, 모집단 2에서 $Y_1, Y_2, \cdots, Y_{n_2}$의 확률표본을 택했다고 하자. 물론 각 확률표본들은 상호 독립적으로 추출되었다. 각 집단의 표본평균 $\overline{X}, \overline{Y}$라고 하면 각 집단의 모평균 μ_1과 μ_2의 차이는 $\overline{X}-\overline{Y}$로 추정할 수 있을 것이다. 이때 각 집단의 표준편차를 σ_1, σ_2라고 하면 두 집단의 표본크기 n_1, n_2가 작지 않을 때 $(n_1 \geq 30, n_2 \geq 30)$ 중심극한정리에 의하여 다음의 관계가 성립한다.

$$\overline{X} \sim N\left(\mu_1, \frac{s_1^2}{n_1}\right), \quad \overline{Y} \sim N\left(\mu_2, \frac{s_2^2}{n_2}\right)$$

$$E[\overline{X}-\overline{Y}] = \mu_1 - \mu_2, \quad V[\overline{X}-\overline{Y}] = \frac{S_1^2}{n_1} + \frac{S_2^2}{n_2}$$

또 통계량 $\overline{X}-\overline{Y}$의 분포는 정규분포를 따르므로, 즉

$$N\left(\mu_1 - \mu_2, \frac{S_1^2}{n_1} + \frac{S_2^2}{n_2}\right)$$

이다. 그러므로 $\overline{X}-\overline{Y}$를 표준화시키면 다음과 같다.

$$Z = \frac{\overline{X}-\overline{Y}-(\mu_1-\mu_2)}{\sqrt{\frac{S_1^2}{n_1} + \frac{S_2^2}{n_2}}} \sim N(0, 1)$$

따라서 모평균의 차 $(\mu_1-\mu_2)$의 $100(1-\alpha)\%$ 신뢰구간은 다음과 같다.

$$P\left((\overline{X}-\overline{Y}) - z_{\alpha/2}\sqrt{\frac{S_1^2}{n_1} + \frac{S_2^2}{n_2}} \leq \mu_1 - \mu_2 \leq (\overline{X}-\overline{Y}) + z_{\alpha/2}\sqrt{\frac{S_1^2}{n_1} + \frac{S_2^2}{n_2}}\right) = 1-\alpha$$

대표본에서 $\mu_1 - \mu_2$의 $100(1-\alpha)\%$ 신뢰구간

$$\left(\overline{X} - \overline{Y} \pm z_{\alpha/2}\sqrt{\frac{S_1^2}{n_1} + \frac{S_2^2}{n_2}}\right)$$

예 10-6 서울 지역의 지하철 5호선과 4호선을 이용하는 승객들의 1인당 1일 이용요금이 어느 정도인지를 알아보기 위하여 지하철 5호선과 지하철 4호선 이용승객 중 각각 50명, 30명을 무작위로 추출하여 1일 평균 이용금액을 조사하였더니 다음과 같았다. 이러한 자료를 바탕으로 지하철 5호선 1일 평균 이용금액과 지하철 4호선 1일 평균 이용금액 차이 $(\mu_1 - \mu_2)$에 대하여 95% 신뢰수준으로 구간추정하여라.

(단위 : 원)

	지하철 5호선	지하철 4호선
표본크기	$n_1 = 50$	$n_2 = 30$
표본평균	$\overline{X} = 1330$	$\overline{Y} = 1255$
표본표준편차	$S_1 = 215$	$S_2 = 238$

풀이 하루 동안 지하철 5호선을 이용하는 모든 승객들을 모집단 1, 하루 동안 지하철 4호선을 이용하는 모든 승객들을 모집단 2라 하자.

$(\overline{X} - \overline{Y}) = 1330 - 1255 = 75,$

$z_{\alpha/2} = z_{0.05/2} = z_{0.025} = 1.96,$

$$S_{\overline{X}-\overline{Y}} = \sqrt{\frac{S_1^2}{n_1} + \frac{S_2^2}{n_2}}$$

$$= \sqrt{\frac{(215)^2}{50} + \frac{(238)^2}{30}} = 53.03$$

그러므로 $(\mu_1 - \mu_2)$의 95% 신뢰구간을 추정하면 다음과 같다.

$$P\left[(\overline{X} - \overline{Y}) - 1.96 S_{\overline{X}-\overline{Y}} \le \mu_1 - \mu_2 \le (\overline{X} - \overline{Y}) + 1.96 S_{\overline{X}-\overline{Y}}\right] = 0.95$$

$$\Leftrightarrow P(75 - 1.96 \times 53.03 \le \mu_1 - \mu_2 \le 75 + 1.96 \times 53.03) = 0.95$$

$$\Leftrightarrow P(75 - 103.94 \le \mu_1 - \mu_2 \le 75 + 103.94) = 0.95$$

$$\Leftrightarrow P(-28.94 \le \mu_1 - \mu_2 \le 178.94) = 0.95$$

따라서 $(\mu_1 - \mu_2)$의 95% 신뢰구간은 $(-28.94, 178.94)$이다.

(b) 소표본에서 두 모평균의 차에 관한 추정

두 표본이 독립이라는 가정하에 두 모집단의 분산이 미지이기는 하나 같다고 가정할 수 있을 때, 즉 $\sigma_1^2 = \sigma_2^2$이고 $n_1, n_2 < 30$인 소표본의 경우 $(\mu_1 - \mu_2)$의 구간추정은 t분포를 이용한다.

공통분산의 추정은 다음의 **합동분산**(pooled variance)을 이용하여 $\overline{X} - \overline{Y}$를 표준화시킨 t통계량 분포는 아래와 같다.

$$\text{합동분산}: \ S_p^2 = \frac{(n_1 - 1)S_1^2 + (n_2 - 1)S_2^2}{n_1 + n_2 - 2}$$

t통계량의 분포 : 두 모집단이 서로 분산이 같은 정규분포를 따를 때

$$t = \frac{\overline{X} - \overline{Y} - (\mu_1 - \mu_2)}{S_p\sqrt{\dfrac{1}{n_1} + \dfrac{1}{n_2}}},$$

자유도 $n_1 + n_2 - 2$인 t분포를 따른다.

따라서 소표본에서 모평균의 차 $\mu_1 - \mu_2$의 $100(1-\alpha)\%$ 신뢰구간은 다음과 같다.

$$P\left[(\overline{X} - \overline{Y}) - t_{\alpha/2}(n_1 + n_2 - 2)S_p\sqrt{\frac{1}{n_1} + \frac{1}{n_2}} \le \mu_1 - \mu_2 \right.$$
$$\left. \le (\overline{X} - \overline{Y}) + t_{\alpha/2}(n_1 + n_2 - 2)S_p\sqrt{\frac{1}{n_1} + \frac{1}{n_2}}\right] = 1 - \alpha$$

소표본에서 $\mu_1 - \mu_2$의 $100(1-\alpha)\%$ 신뢰구간

$$\left((\overline{X} - \overline{Y}) \pm t_{\alpha/2}(n_1 + n_2 - 2)S_p\sqrt{\frac{1}{n_1} + \frac{1}{n_2}}\right)$$

예 10-7 어느 대학에서는 교양과목으로 L교수가 사회학과 120명과 경영학과 200명의 학생들을 대상으로 강의를 담당하는데, 동일한 조건하에서 한 학기 동안 강의를 한 다음 기말고사 시험을 치른 결과 사회학과 120명 중 8명을, 경영학과 200명 중 12명을 무작위로 선출하여 그 표본들의 평균점수와 표준편차를 계산해보니 다음과 같았다. 교양과목을 수강한 사회학과와 경영학과 학생들의 기말고사 시험에서 받은 평균점수의 차이 $(\mu_1-\mu_2)$를 90% 신뢰수준으로 구간추정하여라.

	사회학과	경영학과
표본크기	$n_1=8$	$n_2=12$
표본평균	$\overline{X}=76.9$	$\overline{Y}=72.7$
표본표준오차	$S_1=4.85$	$S_2=6.35$

풀이 $\overline{X_1}-\overline{X_2}=76.9-72.7=4.2$(점)이고, 자유도

$df=n_1+n_2-2=8+12-2=18$

이며, $\frac{\alpha}{2}=\frac{0.1}{2}=0.05$일 때의 t값은 부록의 t분포표에서

$t_{(18\,:\,0.05)}=1.734$이다. 한편 합동표준편차 S_p는 다음과 같다.

$$S_p=\sqrt{\frac{(n_1-1)S_1^2+(n_2-1)S_2^2}{n_1+n_2-2}}$$

$$=\sqrt{\frac{(7)(4.85)^2+(11)(6.35)^2}{8+12-2}}=5.813$$

그러므로 $(\mu_1-\mu_2)$의 90% 신뢰구간을 추정하면 다음과 같다.

$$P\left[(\overline{X}-\overline{Y})-1.734\cdot S_p\sqrt{\frac{1}{n_1}+\frac{1}{n_2}}\right.$$

$$\left.\le\mu_1-\mu_2\le(\overline{X}-\overline{Y})+1.734\cdot S_p\sqrt{\frac{1}{n_1}+\frac{1}{n_2}}\right]=0.90$$

$$\Leftrightarrow P(4.2-1.734\times5.813\times0.456$$

$$\le\mu_1-\mu_2\le4.2+1.734\times5.813\times0.456)=0.90$$

$$\Leftrightarrow P(4.2-4.6\le\mu_1-\mu_2\le4.2+4.6)=0.90$$

$$\Leftrightarrow P(-0.4\le\mu_1-\mu_2\le8.8)=0.90$$

따라서 $(\mu_1 - \mu_2)$의 90% 신뢰구간은 $(-0.4, 8.8)$이다. 즉 사회학과 학생들의 교양과목 평균이 경영학과 학생들의 점수보다 최저 0.4점 작거나 최고 8.8점 클 가능성이 90%이다.

(c) 대표본에서 두 모비율의 차에 관한 추정

통계분석을 실시할 때 가끔 두 모집단의 모비율을 비교하는 경우가 있다. 예를 들어 서울지역과 경북지역 고등학교의 대학입시 합격률, 남자와 여자의 정부에 대한 지지율 등과 같은 것이 있다.

여기서 두 모집단의 모비율 차이 $p_1 - p_2$에 관한 통계적 추론을 위하여 다음과 같은 과정을 생각해볼 수 있다. 두 모비율의 차 $p_1 - p_2$에 대한 신뢰구간을 추정하기 위해서는 두 표본비율의 차의 분포를 사용한다. 두 표본비율 $\hat{p_1}$, $\hat{p_2}$는 각각 모비율 p_1, p_2의 추정량이므로 두 표본비율의 차 $\hat{p_1} - \hat{p_2}$는 대표본일 경우 평균이 $p_1 - p_2$이고 분산이

$$\frac{p_1(1-p_1)}{n_1} + \frac{p_2(1-p_2)}{n_2}$$

인 정규분포에 접근하게 된다. 여기서 두 모비율 p_1과 p_2를 모르기 때문에 표본비율 $\hat{p_1}$과 $\hat{p_2}$로 대치한다. 따라서

$$Z = \frac{(\hat{p_1} - \hat{p_2}) - (p_1 - p_2)}{\sqrt{\dfrac{\hat{p_1}(1-\hat{p_1})}{n_1} + \dfrac{\hat{p_2}(1-\hat{p_2})}{n_2}}}$$

는 근사적으로 표준정규분포 $N(0, 1)$을 따른다.

두 모집단비율의 차 $p_1 - p_2$를 구간추정하고자 할 때는 각 모집단에서 $np \geq 5$, $n(1-p) \geq 5$인 대표본을 추출하여 이 두 표본들의 비율의 차로서 모집단 비율의 차를 구간추정하는 것이 가장 바람직하다. 따라서 두 모비율의 차 $p_1 - p_2$의 $100(1-\alpha)\%$ 신뢰구간은 다음과 같다.

$$\hat{p_1} - \hat{p_2} \pm z_{\frac{\alpha}{2}} \sqrt{\frac{\hat{p_1}(1-\hat{p_1})}{n_1} + \frac{\hat{p_2}(1-\hat{p_2})}{n_2}}$$

예 10-8 조선일보와 한국갤럽은 지난 해 12월 15일 전국의 유권자 중 A도시에서 100명의 유권자를, B도시에서 200명의 유권자를 임의로 추출하여 12월 18일에 실시하는 대통령 선거에 대한 전화 여론조사를 실시하여 '투표에 꼭 참여하겠다'는 응답률을 조사한 결과 A도시에서는 65명이, B도시에서는 110명이 '투표에 꼭 참여하겠다'는 응답을 했다고 한다. A도시와 B도시의 전체 유권자들 가운데 '투표에 꼭 참여하겠다'는 비율의 차이를 95% 신뢰수준으로 구간추정하여라.

풀이 A도시의 유권자 중 '투표에 꼭 참여하겠다'는 모집단비율을 p_1, B도시의 유권자 중 '투표에 꼭 참여하겠다'는 모집단의 비율을 p_2라 하고, 표본비율을 각각 $\hat{p_1}$, $\hat{p_2}$, 표본의 크기를 n_1, n_2라고 하면

$$\hat{p_1} - \hat{p_2} = \frac{65}{100} - \frac{110}{200} = 0.65 - 0.55 = 0.10,$$

$$z_{\alpha/2} = z_{0.05/2} = z_{0.025} = 1.96,$$

$$\begin{aligned} S_{\hat{p_1} - \hat{p_2}} &= \sqrt{\frac{\hat{p_1}(1-\hat{p_1})}{n_1} + \frac{\hat{p_2}(1-\hat{p_2})}{n_2}} \\ &= \sqrt{\frac{(0.65)(0.35)}{100} + \frac{(0.55)(0.45)}{200}} \\ &= \sqrt{0.0022750 + 0.0035125} \\ &= 0.05927 \fallingdotseq 0.06 \end{aligned}$$

따라서 구하는 신뢰구간은 다음과 같다.

$$P[(\hat{p_1} - \hat{p_2}) - 1.96 S_{\hat{p_1} - \hat{p_2}} \le p_1 - p_2 \le (\hat{p_1} - \hat{p_2}) + 1.96 S_{\hat{p_1} - \hat{p_2}}] = 0.95$$

$$\Leftrightarrow P(0.10 - 1.96 \times 0.06 \le p_1 - p_2 \le 0.10 + 1.96 \times 0.06) = 0.95$$

$$\Leftrightarrow P(0.0176 \le p_1 - p_2 \le 0.1176) = 0.95$$

즉 $(p_1 - p_2)$의 95% 신뢰구간은 $(0.0176, 0.1176)$이다.

(d) 짝진표본(대응 표본)에서 두 모평균의 차에 관한 추정

짝진표본(paired sample 또는 matched sample)이란 동일한 집단의 특성을 서로 다른 두 지역이나 서로 다른 두 시점에서 측정한 값으로 표본을 구성할 때 이루어지는 경우로, 자료형식은 두 집단의 표본과 동일하다. 예를 들어 통계학을 배우기 전과 후

의 통계 자료분석 능력의 차이라든지 피임약을 사용하기 전과 후의 혈압 차이를 분석하고자 할 때 두 관찰값이 대응된 쌍을 이루기 때문에 다음과 같은 방법을 이용하여 두 모집단의 평균 차에 대한 추정을 할 수 있다. 짝진표본의 특징은 표본 내에서 한 쌍을 이루는 두 관측은 서로 독립이 아니지만 각 쌍은 서로 독립인 점이다. 짝진표본의 자료구조를 정리하면 다음과 같다.

짝번호	표본 1	표본 2	차이
1	X_1	Y_1	$D_1 = X_1 - Y_1$
2	X_2	Y_2	$D_2 = X_2 - Y_2$
3	X_3	Y_3	$D_3 = X_3 - Y_3$
⋮	⋮	⋮	⋮
n	X_n	Y_n	$D_n = X_n - Y_n$

여기서 $(X_1, Y_1), (X_2, Y_2), \cdots, (X_n, Y_n)$은 서로 독립이다. 그러나 $(X_1, X_2, \cdots, X_n)$과 $(Y_1, Y_2, \cdots, Y_n)$은 서로 독립이 아니다. 확률표본 $D_1, D_2, \cdots, D_n$으로부터 표본평균과 표준편차는 다음과 같다.

$$\overline{D} = \frac{1}{n}\sum_{i=1}^{n} D_i, \quad S_D = \sqrt{\frac{1}{n-1}\sum_{i=1}^{n}(D_i - \overline{D})^2}$$

여기서 $\overline{D}$는 평균이 $\mu_1 - \mu_2 = \mu_D$인 정규분포를 따르므로 대표본인 경우 z통계량을 이용하면 다음과 같다.

$$Z = \frac{\overline{D} - \mu_D}{\frac{S_D}{\sqrt{n}}} \sim N(0, 1)$$

이 통계량을 이용하면 짝진표본의 $100(1-\alpha)\%$ 신뢰구간은 다음과 같다.

$$\overline{D} \pm z_{\alpha/2} \cdot \frac{S_D}{\sqrt{n}}$$

한편 소표본이고 모집단이 정규분포를 따른다면

$$t = \frac{\overline{D} - \mu_D}{\frac{S_D}{\sqrt{n}}} \sim t\,(n-1)$$

이 된다. 이 통계량을 이용하면 $(\mu_1 - \mu_2)$에 대한 $100(1-\alpha)\%$ 신뢰구간은 다음과 같다.

짝진표본의 $(\mu_1 - \mu_2)$에 대한 $100(1-\alpha)\%$ 신뢰구간

(a) 대표본일 때 :

$$P\left[\overline{D} - z_{\alpha/2}\frac{S_D}{\sqrt{n}} \le \mu_1 - \mu_2 \le \overline{D} + z_{\alpha/2}\frac{S_D}{\sqrt{n}}\right] = 1 - \alpha$$

(b) 소표본일 때 :

$$P\left[\overline{D} - t\left(n-1,\ \frac{\alpha}{2}\right)\frac{S_D}{\sqrt{n}} \le \mu_1 - \mu_2 \le \overline{D} + t\left(n-1,\ \frac{\alpha}{2}\right)\frac{S_D}{\sqrt{n}}\right] = 1 - \alpha$$

예 10-9 8사람이 한 다이어트 프로그램에 한 달 동안 참석하였는데, 처음 시작할 때와 한 달 후 다이어트 프로그램이 끝났을 때 측정한 체중이 다음 표와 같다. 다이어트 프로그램이 체중을 줄이는 효과가 있는지를 체중의 차에 대한 95% 신뢰구간을 구하여라.

사람	처음 체중(X)	나중 체중(Y)	$D = X - Y$
1	110	95	15
2	95	91	4
3	87	85	2
4	105	98	7
5	70	68	2
6	123	110	13
7	77	74	3
8	99	95	4

풀이 자료에 의하여 D의 평균과 표준편차는 각각

$$\overline{D}=\frac{1}{8}\sum_{i=1}^{8}D_i=6.25,\ \ S_D=\sqrt{\frac{1}{8-1}\sum_{i=1}^{8}(D_i-6.25)^2}=5.06$$

이며, 짝진표본의 평균차에 대한 $100(1-\alpha)\%$는 다음과 같다.

$$P\left[\overline{D}-t\left(n-1,\ \frac{\alpha}{2}\right)\frac{S_D}{\sqrt{n}}\le \mu_1-\mu_2\le \overline{D}+t\left(n-1,\ \frac{\alpha}{2}\right)\frac{S_D}{\sqrt{n}}\right]=1-\alpha$$

$$P\left[6.25-4.232\cdot\frac{5.06}{\sqrt{8}}\le \mu_1-\mu_2\le 6.25+4.232\cdot\frac{5.06}{\sqrt{8}}\right]=0.95$$

$$\therefore\ P[2.018\le \mu_1-\mu_2\le 10.482]=0.95$$

즉 $(\mu_1-\mu_2)$의 95% 신뢰구간은 $(2.018, 10.482)$이다.

10.4 표본크기의 결정

표본을 추출할 때 표본크기를 어느 정도로 하는 것이 가장 바람직하겠는가? 물론 표본크기가 클수록 모집단과의 오차가 작아지므로 정확한 정보를 얻을 수는 있지만, 이렇게 되면 시간과 노력의 낭비가 많아져서 표본추출의 의미를 상실하기 쉽다. 반면에 표본크기를 작게 할수록 시간과 노력의 낭비는 적지만 모집단과의 오차가 커져서 충분한 정보를 제공하지 못할 위험이 뒤따른다. 따라서 여기서는 일정한 신뢰구간의 폭을 유지할 수 있는 적절한 표본크기에 대해 살펴보기로 하자.

(a) 모집단 평균의 구간추정과 표본크기

신뢰구간의 폭이 좁을수록 좋은 구간추정이 될 수 있는데, 신뢰구간의 폭은 신뢰구간의 양 끝점에 의해 결정된다. 신뢰구간의 양 끝점

$$\overline{X}\pm z_{\alpha/2}\frac{\sigma}{\sqrt{n}}\quad(\text{또는 }\overline{X}\pm z_{\alpha/2}\frac{S}{\sqrt{n}})$$

는 신뢰구간이 일정(z값이 일정)할 경우 σ와 n에 의해 결정되는데, σ는 조작이 매우 어렵거나 불가능하므로 주로 표본크기 n에 의해 결정된다고 볼 수 있다.

따라서 일정한 신뢰수준 하에서 신뢰구간의 폭을 좁히기 위해서는 n을 크게 하면

된다. 신뢰구간을 계산하는 식 $\overline{X} \pm z_{\alpha/2}\dfrac{\sigma}{\sqrt{n}}$는 모수를 추정하기 위해 $\overline{X}$로부터 넓힐 수 있는 범위를 나타내는 것이다. 그런데 범위는 $\dfrac{\sigma}{\sqrt{n}}$(표본평균의 표본오차)로 표시되므로 $z_{\alpha/2}\dfrac{\sigma}{\sqrt{n}}$는 오차의 범위를 나타낸다. 신뢰구간의 한쪽 폭에 해당하는 표본오차를 d라고 하면, 즉 $z_{\alpha/2}\dfrac{\sigma}{\sqrt{n}}=d$라고 하면 신뢰수준과 표준편차가 주어졌을 경우 d를 일정하게 유지하기 위한 n은 다음과 같이 구할 수 있다.

> **표본크기의 결정**
>
> (a) 모집단의 분산을 아는 경우 : $n \geq \left[\left(\dfrac{z_{\alpha/2}\sigma}{d}\right)^2\right]$을 만족하는 최소의 정수
>
> (b) 모집단의 분산을 모르는 경우 : $n \geq \left[\left(\dfrac{z_{\alpha/2}S}{d}\right)^2\right]$을 만족하는 최소의 정수

예 10-10 우리나라의 사회 및 문화환경의 변화로 이혼이 늘면서 하루 평균 $\mu=233$쌍, 표준편차 $\sigma=35$쌍이라고 한다. 하루 평균 이혼율을 95% 신뢰수준 하에서, 그리고 5명 이하의 표본오차로 추정하기 위해서는 표본크기가 얼마 정도 되어야 하는가?

풀이 95% 신뢰수준에 해당하는 z 값은 $z_{\alpha/2}=z_{0.05/2}=1.96$이고, $d=5$, $\sigma=35$이므로 구하려는 표본크기는 다음과 같다.

$$n \geq \left(\frac{z_{\alpha/2}\sigma}{d}\right)^2 = \frac{(1.96)^2(35)^2}{(5)^2} = 188.238$$

그러므로 189쌍을 표본으로 추출해야 한다.

(b) 모비율 추정에서 표본크기

대표본에서 표본비율 $\hat{p}$의 $100(1-\alpha)\%$ 오차한계는

$$z_{\alpha/2} \cdot \sqrt{\hat{p}(1-\hat{p})/n}$$

로 주어진다. 따라서 오차한계를 d 이내로 하기 위한 표본크기 n은 등식 $z_{\alpha/2} \cdot \sqrt{\hat{p}(1-\hat{p})/n} = d$를 만족하며, 위 식을 n에 관하여 풀면 다음과 같다.

$$n = \hat{p}(1-\hat{p})\left(\frac{z_{\alpha/2}}{d}\right)^2$$

이때 $\hat{p}$는 과거의 경험에 의해 추정된 p값이거나, 사전조사에 의해 추정된 p값이다. 그러나 p값에 대한 지식이 전혀 없거나 사전조사도 어려울 때에는 $\hat{p}(1-\hat{p})$의 최댓값을 사용할 수 있다. 즉

$$\hat{p} + (1-\hat{p}) = 1$$

이므로 $\hat{p}(1-\hat{p})$의 최댓값은 $\hat{p} = \frac{1}{2}$일 때 $\frac{1}{4}$이다. 따라서 이때의 표본크기는 다음과 같다.

$$n = \frac{1}{4}\left(\frac{z_{\alpha/2}}{d}\right)^2$$

이들을 요약하면 다음과 같다.

모비율의 추정에서 표본크기

모비율 p의 추정에서 $100(1-\alpha)\%$ 오차한계가 d가 되기 위한 표본크기는 다음과 같다.

(a) p의 값이 대략 $\hat{p}$로 추정된 경우: $n \geq \hat{p}(1-\hat{p})\left(\frac{z_{\alpha/2}}{d}\right)^2$

(b) p에 대한 정보가 전혀 없는 경우: $n \geq \frac{1}{4}\left(\frac{z_{\alpha/2}}{d}\right)^2$

예 10-11 어느 대학에서는 학생들의 흡연율을 조사하고자 한다. 흡연율의 90% 추정오차한계가 5% 이내가 되기 위한 표본크기를 구하여라.

풀이 $\alpha = 0.1,\ d = 0.05$ 이며 흡연율에 대한 사전정보는 전혀 없으므로, 표본크기 n은 다음을 만족한다.

$$n \geq \frac{1}{4}\left(\frac{z_{\alpha/2}}{d}\right)^2 = \frac{1}{4}\left(\frac{1.645}{0.05}\right)^2 = 270.6$$

따라서 필요한 표본크기는 $n = 271$ 이다.

CHAPTER 10

연습문제

10-1 어느 모집단의 표준편차는 4이고 그 집단에서 100개를 추출하여 평균을 알아보니 501.2였다. 모집단의 평균 μ에 대한 95% 신뢰구간은?

10-2 어느 회사의 자동차 타이어의 수명은 평균 30,000km이고, 표준편차 2,000km인 정규분포에 따른다고 한다. 한 사람이 4개의 타이어를 샀을 때 이 4개의 평균 수명이 25,000km 이상으로 될 확률은?

10-3 $X_1,\ X_2,\ \cdots,\ X_{100}$이 서로 독립으로 $N(50,\ 15^2)$을 따를 때 $\overline{X}$가 $47 < \overline{X} < 53$인 범위에 있을 확률은?

10-4 한 타이어 제조회사에서 개발 중인 공정은 기존의 공정에 비하여 타이어의 평균 수명은 증가하고 표준편차는 기존 공정의 표준편차 $\sigma = 5{,}000\text{km}$가 그대로 유지되리라고 기대된다. 새로운 공정에 의한 시제품을 $n = 100$개 생산하여 실험한 결과 표본의 평균수명이 $\overline{x} = 38{,}000\text{km}$이었다. 새로운 공정에 의한 타이어의 평균수명 μ는 얼마인가? 그리고 표본평균의 표준편차는 얼마인가?

10-5 한 공장에서 생산하는 플라스틱판의 경우 그 두께의 변이 정도가 중요한 특성값이라고 한다. 이 공장에서 생산되는 플라스틱 판 중에서 10개의 표본을 추출하여 그 두께를 측정한 결과가 mm단위로 다음과 같았다.

236, 228, 226, 225, 232, 228, 227, 229, 225, 230

이 공장에서 생산하는 플라스틱판 두께의 표준편차 σ의 추정값을 구하여라.

10-6 어떤 대학교의 기말고사 통계학 시험에서 학생들의 통계학 성적이 $N(\mu, \sigma^2)$을 따른다고 하고 μ와 σ^2은 알 수 없다고 가정하자. 여기서 크기 $n=15$인 확률표본을 추출하여 $\bar{x}=27.38$점과 $S=2.26$을 얻었다고 하자. μ에 대한 90% 신뢰구간을 구하여라.

10-7 국회의원 선거기간 중에 한 후보가 자신의 구역구의 전체 유권자를 모집단으로 하여 $n=112$의 확률표본을 추출하여 그 중에 자신을 지지하는 유권자의 수 $x=59$를 얻었다. 여기서 표본비율

$$\hat{p}=\frac{x}{n}=\frac{59}{112}=0.527$$

을 가지고 이 후보는 선거에서 이길 것을 확신할 수 있겠는가? 모비율 p에 대한 95% 신뢰구간을 구하여라.

10-8 어느 통계학자가 D대학교 신입생의 평균체중을 추정하려고 한다. 모표준편차 σ는 8kg으로 알려져 있다고 가정하고 95% 신뢰도를 가지고 그의 추정값 $\bar{x}$와 모평균 μ와의 차이가 1.5kg보다 작게 하려면 얼마나 많은 학생의 몸무게를 재어야 하는가? (단, 신입생의 무게는 정규분포를 따른다고 가정하자.)

10-9 어느 공장에서 생산되고 있는 전구는 평균수명 1200시간, 표준편차 100시간으로 품질관리를 하고 있다. 현재 생산되고 있는 전구의 평균수명이 추정에서 99% 신뢰도를 가지고 추정값 $\bar{x}$와 모평균 μ와 차가 25시간 이내가 되기 위한 표본크기를 구하여라. (단, 표준편차는 100시간으로 변함이 없다고 가정하자.)

10-10 어느 대학교에서 학생회장 선거에서 특정 후보에 대한 지지율을 조사하고자 한다. 지난번의 조사결과에 의하면 이 후보에 대한 지지율이 38%이었다. 지지율이 95% 추정최대오차가 3% 이내가 되기 위한 표본크기를 구하여라.

10-11 어느 생활연구소에서 대학교 1학년 300명과 고등학교 3학년 200명 학생의 한 달 용돈 평균의 차이를 조사한 결과 대학생은 평균 35만 원, 표준편차 2만 원이고 고등학생은 평균 25만 원, 표준편차 1.5만 원이었다. 두 집단의 용돈의 평균의 차에 대한 95% 신뢰구간을 구하여라.

10-12 집단 1에서 15명을 택해 영어 성적의 평균을 측정한 결과 $\overline{x} = 70.1$점이었고, 집단 2에서 8명을 택해 조사한 결과 $\overline{y} = 75.3$점이었다고 하자. 또 각 집단의 분산은 $\sigma_X = 60$, $\sigma_Y = 40$으로 알려져 있다고 하자. 집단 1과 집단 2의 영어 성적의 평균 차 $\mu_X - \mu_Y$의 90% 신뢰구간을 구하여라.

10-13 두 학급에서 4명과 3명의 학생을 랜덤하게 뽑아 수학 성적을 조사해본 결과 각각 64, 66, 86, 77점과 56, 71, 53점이 나타났다. 자료로부터 학급 1과 학급 2의 수학 성적의 평균 차 $\mu_X - \mu_Y$의 90% 신뢰구간을 구하여라. (단, 각 학급 학생의 성적은 정규분포를 따르고 동일한 분산을 갖는다고 가정하자.)

10-14 어느 광고회사가 두 신문 A, B를 각각 구독하는 가정 중에서 연간 소득이 1,100만 원 이상인 가정에 대한 비율의 차를 추정하기 위하여 다음과 같은 중간 조사결과를 얻었다고 하자.

구독하는 신문	표본크기	소득 1,100만 원 이상인 가구
A	500	300
B	500	200

두 모비율의 차 $p_A - p_B$에 대한 95% 신뢰구간을 구하여라.

CHAPTER

11 검정

통계추론의 또 다른 분야는 **가설검정**(testing hypothesis)이다. 가설검정은 표본에 담긴 정보를 이용하여 가설의 옳고 그름을 통계적으로 판정한다. 수집된 표본 결과가 확률적 오차를 수반하므로 오류의 허용확률을 미리 정해놓고 그 기준에 따라 가설의 채택이나 기각을 결정한다.

예를 들어 어느 전구 생산 공정에서 평균수명이 1000시간이 되도록 품질 관리를 하였다. 이제 품질을 개선하기 위하여 새로운 공법이 개발되었고 기존의 전구에 비하여 평균수명이 길다고 주장한다.

이와 같은 주장을 확인하기 위해 100개의 표본을 랜덤하게 추출하여 수명을 측정한 결과 평균수명이 $\overline{x}=1030$(시간), 표준편차 $s=100$(시간)이었다. 이 자료로부터 새 공법에 의한 전구의 평균수명은 기존 전구의 평균수명보다 길어졌다고 확신할 수 있는가?

이와 같은 문제에서는 새 공법에 의한 평균수명이 기존의 공법에 의한 평균수명보다 증가했다는 확신이 있을 때에만 새 공법을 채택하게 된다. 따라서 다음과 같은 가설을 세운다.

$$H_0 : \mu = 1000, \; H_1 : \mu > 1000$$

여기에서 H_0를 **귀무가설**(null hypothesis)이라 하며 H_1을 **대립가설**(alternative hy-pothesis)이라 한다.

표본으로부터 확실한 근거에 의하여 입증하고자 하는 가설을 대립가설 H_1으로 정하고 H_0는 대립가설이 참이라는 확실한 근거가 없는 경우에 받아들이는 가설이다. 그러므로 귀무가설 H_0를 채택할 때에는 아무런 확신도 할 수 없다. 귀무가설 H_0와 대립가설 H_1 중에서 어느 것을 선택할 것인지는 표본평균 $\overline{X}$의 값에 따른다. 즉 $\overline{X}$의 값이 충분히 크면 대립가설 H_1을 선택하여 새 공법을 채택하는 결정을 내린다. 표본분포 $\overline{X}$는 정규분포 $N\left(\mu, \dfrac{\sigma^2}{n}\right)$을 따르므로

$$Z = \frac{\overline{X} - 1000}{\dfrac{100}{\sqrt{100}}} = \frac{\overline{X} - 1000}{10}$$

은 표준정규분포 $N(0, 1)$이다. 이제 $\overline{X}$의 값이 충분히 커서 $Z \geq z_{0.05} = 1.645$(즉, 유의수준 $\alpha = 0.05(5\%)$)일 때 H_0를 기각하고 H_1을 채택한다.

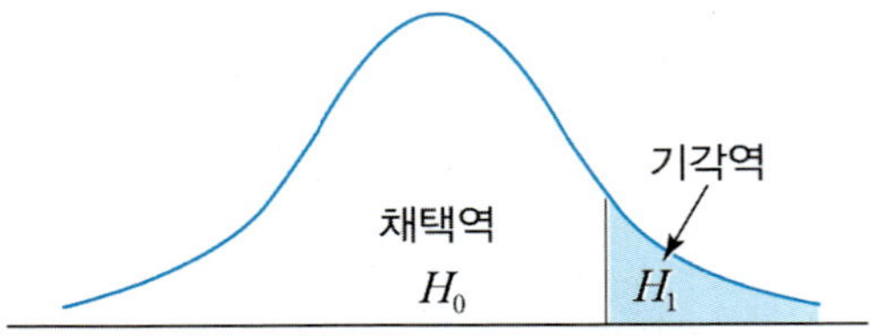

따라서 $Z=\dfrac{\overline{X}-1000}{10}=\dfrac{1030-1000}{10}=\dfrac{30}{10}\geq 1.645$이므로, 귀무가설 H_0를 기각하고 대립가설 H_1을 채택하는 결정을 내린다.

대립가설 H_1 : 분석자가 주장하는 가설, 모집단의 특성에 대한 새로운 사실이나 주장하는 가설 귀무가설 H_0 : 대립가설이 참이 아닌 가설

흔히 사용하는 유의수준 α 값은 0.05(5%), 0.01(1%), 0.1(10%) 등이다.

유의수준 : 귀무가설 H_0가 참일 때 대립가설 H_1을 채택하는 오류를 범할 확률의 최대허용한계

대립가설에는 모수의 영역이 한쪽만 주어지는 **단측검정**(one−sided test)과 양쪽이 주어지는 **양측검정**(two−sided test)이 있다. 즉,

(i) $H_1 : \theta > \theta_0$ (단측) $H_0 : \theta = \theta_0$(또는 $\theta \leq \theta_0$)

(ii) $H_1 : \theta < \theta_0$ (단측) $H_0 : \theta = \theta_0$(또는 $\theta \geq \theta_0$)

(iii) $H_1 : \theta \neq \theta_0$(양측) $H_0 : \theta = \theta_0$

11.1 모평균의 검정

(a) 대표본에서 모평균의 검정($n \geq 30$)

모평균 μ는 표본평균 $\overline{X}$로 추정하며 μ_0는 가정된 모평균의 값이고 α는 유의수준이며 z_α는 표준정규분포에서 오른쪽 꼬리부분의 면적이 α가 되는 점이다.

$$\text{귀무가설 } H_0 : \mu = \mu_0, \text{ 검정통계량 } Z = \frac{\overline{X} - \mu_0}{\frac{s}{\sqrt{n}}}$$

> **대표본에서 모평균의 검정**
>
> 귀무가설 $H_0 : \mu = \mu_0$
>
> 검정통계량 : $Z = \dfrac{\overline{X} - \mu_0}{\frac{s}{\sqrt{n}}}$
>
> 대립가설(기각역) : (i) $H_1 : \mu > \mu_0$ 일 때, $Z \geq z_\alpha$
>
> (ii) $H_1 : \mu < \mu_0$ 일 때, $Z \leq -z_\alpha$
>
> (iii) $H_1 : \mu \neq \mu_0$ 일 때, $|Z| \geq z_{\alpha/2}$

대립가설(기각역) (i) $H_1 : \mu > \mu_0$ 일 때 $Z \geq z_\alpha$

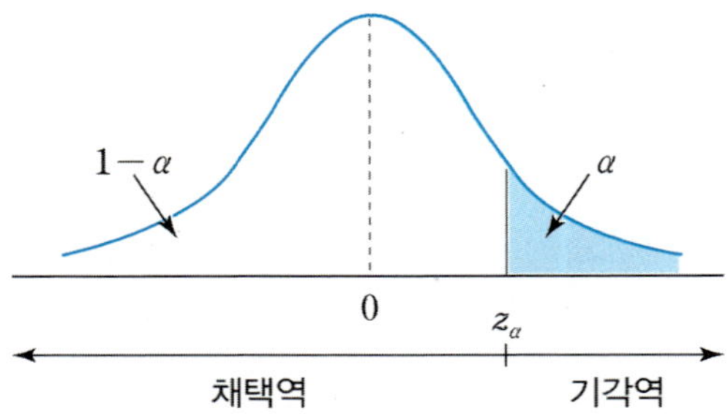

(ⅱ) H_1 : $\mu < \mu_0$ 일 때 $Z \le -z_\alpha$

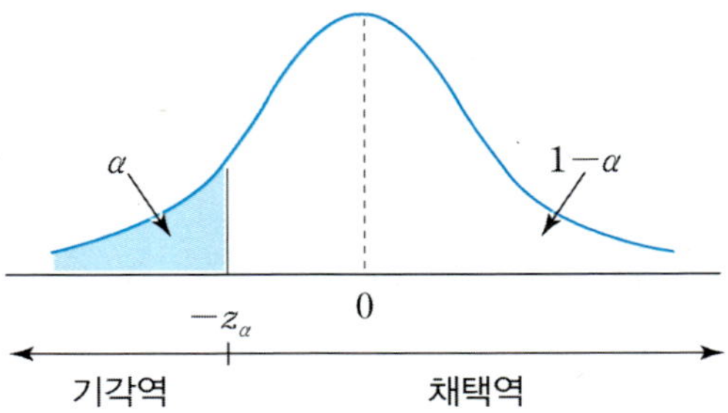

(ⅲ) H_1 : $\mu \ne \mu_0$ 일 때 $|Z| \ge z_{\alpha/2}$

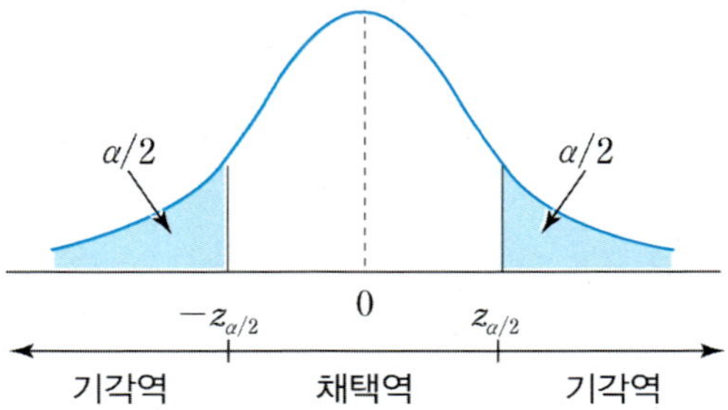

예 11-1 어느 꽁치 통조림의 염분 함량이 5%라고 표시되어 있다. 이를 확인하기 위하여 64통을 조사한 결과 염분 함량이 $\bar{x} = 5.2(\%)$, $s = 0.8(\%)$이었다. 이 통조림의 염분 함량 표시는 정당하다고 할 수 있는가? 유의수준 5%에서 검정하여라.

풀이 함량 표시가 정당하지 않은 것은 $\mu \ne 5.2(\%)$이다. 따라서 다음 검정을 시행한다.

귀무가설 H_0 : $\mu = 5.2$, 대립가설 H_1 : $\mu \ne 5.2$

유의수준 $\alpha = 0.05$, $|Z| \ge z_{\alpha/2} = z_{0.025} = 1.96$

$$\text{검정통계량 } Z = \frac{\overline{X} - \mu_0}{\frac{s}{\sqrt{n}}} = \frac{5.2 - 5}{\frac{0.8}{\sqrt{64}}} = 2 > 1.96$$

따라서 유의수준 5%에서 H_0는 기각된다. 즉 함량 표시는 정당하지 않다.

(b) 소표본에서 모평균의 검정

모집단의 분포가 정규분포이면 소표본($n < 30$)이 추출되는 경우 t통계량 $t = \dfrac{\overline{X} - \mu}{\frac{s}{\sqrt{n}}}$는 자유도 $n-1$인 t분포를 이용한다.

> **소표본에서 모평균의 검정**
>
> 귀무가설 H_0 : $\mu = \mu_0$, 검정통계량 $t = \dfrac{\overline{X} - \mu}{\frac{s}{\sqrt{n}}}$
>
> 대립가설(기각역) : (ⅰ) H_1 : $\mu > \mu_0$일 때, $t \ge t_\alpha(n-1)$
>
> (ⅱ) H_1 : $\mu < \mu_0$일 때, $t \le -t_\alpha(n-1)$
>
> (ⅲ) H_1 : $\mu \ne \mu_0$일 때, $|t| \ge t_{\alpha/2}(n-1)$

예 11-2 새로 나온 담배 1개피당 니코틴 함량이 20mg이라고 하자. 이를 확인하기 위하여 10개피를 조사한 결과 다음의 자료를 얻었다.

20	18	23	20	22	19	25	23	24	21

평균 니코틴 함량이 20mg 이상이라고 할 수 있는가? 유의수준 5%에서 검정하여라.

풀이 표본크기가 10이므로 t 분포를 이용한다.

귀무가설 H_0 : $\mu = 20$, 대립가설 H_1 : $\mu > 20$

$\overline{x} = 21.5$, $s = 2.273$, $t_{0.05}(9) = 1.833$

$$t = \frac{21.5 - 20}{\frac{2.273}{\sqrt{10}}} = 2.087 > 1.833$$

따라서 유의수준 5%에서 H_0를 기각한다. 즉 평균 니코틴 함량이 20mg 이상이라고 할 수 있다.

11.2 모비율의 검정

X가 이항분포 $B(n, p)$이며 표본비율 $\hat{p}=\frac{X}{n}$의 기댓값과 분산은 각각 p, $\frac{p(1-p)}{n}$이다. 표본크기 n개의 랜덤표본을 추출하여 n이 충분히 크면($np_0 > 5$, $n(1-p_0) > 5$)

$$Z=\frac{\hat{p}-p}{\sqrt{\frac{p(1-p)}{n}}}$$

는 근사적으로 표준정규분포 $N(0, 1)$을 따른다.

대표본에서 모비율의 검정

귀무가설 : H_0: $p=p_0$

검정통계량 : $Z=\frac{\hat{p}-p_0}{\sqrt{\frac{p_0(1-p_0)}{n}}}$

대립가설(기각역) : (i) H_1: $p > p_0$일 때, $Z \geq z_\alpha$

(ii) H_1: $p < p_0$일 때, $Z \leq -z_\alpha$

(iii) H_1: $p \neq p_0$일 때, $|Z| \geq z_{\alpha/2}$

예 11-3 어느 항공사에서 예약 취소율을 10% 정도로 예상하였다. 실제로 금년의 예약 취소는 100건 중 15건이었다. 이 항공사의 예상이 잘못되었다고 확신할 수 있는가? 유의수준 5%에서 검정하여라.

풀이 귀무가설과 대립가설은 다음과 같이 세울 수 있다.

H_0 : $p=0.1$, H_1 : $p \neq 0.1$

주어진 자료에서 $p_0=0.1$이고 $\hat{p}=\frac{15}{100}=0.15$이다. 검정통계량의 값은

$$|Z|=\frac{0.15-0.1}{\sqrt{\frac{0.1\times 0.9}{100}}}=1.67 < z_{0.025}=1.96.$$

따라서 H_0를 기각하지 못한다. 즉 항공사의 예측이 잘못되었다는 근거는 없다.

11.3 두 모평균과 두 모비율의 차에 관한 검정

(a) 대표본에서 두 모평균의 차에 관한 검정

일반적으로 두 개의 모집단을 비교, 연구하기 위한 목적은 두 모집단의 유사성을 찾아내거나 차이를 측정하기 위한 것이다. 두 모집단에서 상호 독립적인 확률분포를 각각 n_1, n_2개를 추출하고 표본분산을 각각 S_1^2, S_2^2이라 하면 다음이 성립된다.

$$E[\overline{X}-\overline{Y}] = E[\overline{X}] - E[\overline{Y}] = \mu_1 - \mu_2,$$

$$V[\overline{X}-\overline{Y}] = V[\overline{X}] - V[\overline{Y}] = \frac{S_1^2}{n_1} + \frac{S_2^2}{n_2},$$

$$Z = \frac{(\overline{X}-\overline{Y}) - (\mu_1 - \mu_2)}{\sqrt{\frac{S_1^2}{n_1} + \frac{S_2^2}{n_2}}} \sim N(0,\ 1)$$

이것은 대략 표준정규분포 $N(0, 1)$을 따름을 이용하여 두 모평균의 차에 관한 검정법을 유도한다. 귀무가설이 $H_0 : \mu_1 = \mu_2$로 주어질 때, $\mu_1 - \mu_2 = 0$이므로 위의 Z 통계량은

$$Z = \frac{\overline{X_1} - \overline{X_2}}{\sqrt{\frac{S_1^2}{n_1} + \frac{S_2^2}{n_2}}}$$

로 표시되며, 따라서 다음과 같은 Z검정법을 만들 수 있다.

대표본에서 $\mu_1 - \mu_2$에 관한 검정

귀무가설 : $H_0 \ : \ \mu_1 = \mu_2$

검정통계량 : $Z = \dfrac{\overline{X_1} - \overline{X_2}}{\sqrt{\dfrac{S_1^2}{n_1} + \dfrac{S_2^2}{n_2}}}$

대립가설(기각역) : (i) $H_1 : \ \mu_1 > \mu_2$일 때, $Z \geq z_\alpha$

(ii) $H_1 : \ \mu_1 < \mu_2$일 때, $Z \leq -z_\alpha$

(iii) $H_1 : \ \mu_1 \neq \mu_2$일 때, $|Z| \geq z_{\alpha/2}$

예 11-4 화장비누를 제조 판매하는 회사가 있다. 두 종류의 기계를 설치하여 만드는데 제품의 특성 중에서 강도 차이가 있는지를 검사하려고 한다. 이 검사를 위해 임의로 표본을 추출하여 일정 시간 동안 물속에 담근 후에 조사하였다. 조사결과 다음과 같은 자료를 얻었다. 여기서 평균수치가 높은 것일수록 강도가 더 높다는 것을 의미한다. 다음 자료를 이용하여 두 기계로 만든 비누제품의 품질은 같다고 할 수 있는가? 유의수준 $\alpha = 5\%$에서 검정하여라.

기계 A	기계 B
$n_1 = 35$	$n_2 = 30$
$\overline{x} = 2.4$	$\overline{y} = 4.5$
$S_1 = 4.0$	$S_2 = 6.2$

풀이 1) 가설의 검정 : $H_0 : \mu_1 = \mu_2$

$H_1 : \mu_1 \neq \mu_2$

2) 유의수준의 결정 : $\alpha = 0.05$

3) 기각치의 결정 : $\alpha = 0.05$이고 양측검정이므로, 기각역은 분포의 양쪽에 $\dfrac{\alpha}{2} = 0.025$의 면적만큼 설정된다. 이때 기각치는

$$\pm z_{0.025} = \pm 1.96$$

이다. 따라서

H_0 의 기각역: $Z \geq 1.96$ 또는 $Z \leq -1.96$

H_0 의 채택역: $-1.96 < Z < 1.96$

4) 검정통계량의 계산과 기각치의 비교:

$$\sqrt{\frac{S_1^2}{n_1}+\frac{S_2^2}{n_2}}=\sqrt{\frac{(4.0)^2}{35}+\frac{(6.2)^2}{30}}=1.32$$

$$\therefore\ |Z|=\left|\frac{(\overline{X}-\overline{Y})}{\sqrt{\frac{S_1^2}{n_1}+\frac{S_2^2}{n_2}}}\right|=\left|\frac{(2.4-4.5)}{1.32}\right|=1.59$$

$$|Z|=1.59<z_{\alpha/2}=1.96$$

이므로 기각역에 포함되지 않는다. 따라서 H_0 가 채택된다.

5) 결과의 해석: 두 기계로 만든 비누제품의 품질 차이가 있다는 근거는 없다.

(b) 소표본에서 두 모평균의 차에 관한 검정

두 모집단의 분산이 미지이고 두 표본의 크기 또한 작을 때 검정에 사용될 통계량의 형태에 대하여 알아보자. 다음에 정의될 통계량은 한 개의 표본을 사용할 때와 마찬가지로 표준화된 정규분포가 아니라 t분포를 따르게 됨은 사실이나 다음의 세 가지 가정을 필요로 한다.

① $X_1, X_2, \cdots, X_{n_1}$: $N(\mu_1, \sigma_1^2)$의 분포를 갖는 모집단 1에서 추출된 확률표본

② $Y_1, Y_2, \cdots, Y_{n_2}$: $N(\mu_2, \sigma_2^2)$의 분포를 갖는 모집단 2에서 추출된 확률표본

③ $X_1, X_2, \cdots, X_{n_1}$과 $Y_1, Y_2, \cdots, Y_{n_2}$는 서로 독립이다.

즉 두 개의 모집단이 모두 정규분포를 따르고, 분산이 서로 동일할 때($\sigma_1^2=\sigma_2^2=\sigma^2$)를 말한다.

이상의 세 가정이 만족된다는 조건하에서 우리가 사용할 수 있는 통계량의 형태는 다음의 식과 같다.

$$t = \frac{(\overline{X_1} - \overline{X_2}) - (\mu_1 - \mu_2)}{S_p\sqrt{\frac{1}{n_1} + \frac{1}{n_2}}}$$

위의 식은 자유도 $n_1 + n_2 - 2$인 t분포를 따른다.

$$\left(\text{단, } S_p^2 = \frac{(n_1 - 1)S_1^2 + (n_2 - 1)S_2^2}{n_1 + n_2 - 2}\right)$$

소표본에서 $\mu_1 - \mu_2$에 관한 검정

귀무가설 : $H_0 : \mu_1 = \mu_2$

검정통계량 : $t = \frac{\overline{X_1} - \overline{X_2}}{S_p\sqrt{\frac{1}{n_1} + \frac{1}{n_2}}}$, $\left(S_p = \sqrt{\frac{(n_1 - 1)S_1^2 + (n_2 - 1)S_2^2}{n_1 + n_2 - 2}}\right)$

대립가설(기각역) : (i) $H_1 : \mu_1 > \mu_2$ 일 때 $t \ge t_\alpha(n_1 + n_2 - 2)$

(ii) $H_1 : \mu_1 < \mu_2$ 일 때 $t \le -t_\alpha(n_1 + n_2 - 2)$

(iii) $H_1 : \mu_1 \ne \mu_2$ 일 때 $|t| \ge t_{\alpha/2}(n_1 + n_2 - 2)$

예 11-5 어떤 화학약품의 제조에 상표가 다른 두 종류의 원료를 사용하고 있다. 각 원료에서 그 주성분 A의 함량은 다음과 같다. 다만 함량들은 정규분포를 따르고 모분산이 같다고 한다. 상표 1의 주성분 A의 평균 함량을 μ_1, 상표 2의 주성분 A의 평균 함량을 μ_2라 한다. 상표 1의 주성분 A의 평균 함량과 상표 2의 주성분 A의 평균 함량 간에 차이가 있는지를 유의수준 $\alpha = 0.05$에서 가설검정하여라.

상표 1	80.4	78.2	80.1	77.1	79.6	80.4	81.6	79.9	84.4	80.9	83.1
상표 2	80.0	81.2	79.5	78.0	76.1	77.0	80.1	79.9	78.8	80.8	

풀이 1) 가설의 검정 : $H_0 : \mu_1 = \mu_2$

$H_1 : \mu_1 \ne \mu_2$

2) 유의수준의 결정 : $\alpha = 0.05$

3) 기각치의 결정: $\alpha = 0.05$이고 양측검정이므로, 기각역은 분포의 양쪽에 $\frac{\alpha}{2} = 0.025$의 면적만큼 설정된다. 이때 기각치는

$$t(n_1 + n_2 - 2 : \alpha/2) = t(19 : 0.025) = 2.093$$

이다. 따라서

H_0의 기각역: $t \geq 2.093$ 또는 $t \leq -2.093$

H_0의 채택역: $-2.093 < t < 2.093$.

4) 검정통계량의 계산과 기각치의 비교

$$n_1 = 11,\ n_2 = 10,\ \overline{x}_1 = 80.52,\ \overline{x}_2 = 79.14$$

$$(n_1 - 1)S_1^2 = \sum_{i=1}^{11}(x_i - \overline{x})^2 = \sum x_i^2 - \frac{(\sum x_i)^2}{n_1}$$

$$= 71356.49 - \frac{(885.7)^2}{11} \fallingdotseq 41.536$$

$$(n_2 - 1)S_2^2 = \sum_{i=1}^{10}(y_i - \overline{y})^2 = \sum y_i^2 - \frac{(\sum y_i)^2}{n_2}$$

$$= 62656 - \frac{(791.4)^2}{10} = 24.604$$

$$S_p^2 = \frac{41.536 + 24.604}{11 + 10 - 2} = 3.481$$

$$\therefore\ |t| = \left| \frac{|\ \overline{X_1} - \overline{X_2}\ |}{\sqrt{S_p^2\left(\frac{1}{n_1} + \frac{1}{n_2}\right)}} \right|$$

$$= \left| \frac{(80.52 - 79.14)}{\sqrt{3.481(\frac{1}{11} + \frac{1}{10})}} \right|$$

$$= \left| \frac{1.38}{0.813} \right| \fallingdotseq 1.697$$

$|t| = 1.697 < t(19 : 0.025) = 2.093$이므로 기각역에 포함되지 않는다.

따라서 H_0 가 채택된다.

5) 결과의 해석 : 상표 1과 2의 주성분 A의 평균 함량 간에 차이가 있다는 근거는 없다.

(c) 두 모비율의 차에 관한 검정

두 모비율의 차에 관한 추론은 $\hat{p_1}-\hat{p_2}$에 기초하며, $\hat{p_1}$과 $\hat{p_2}$의 기댓값은 각각 p_1, p_2 이고, 분산은 각각

$$\frac{p_1(1-p_1)}{n_1},\ \frac{p_2(1-p_2)}{n_2}$$

이다. 따라서 대표본에서 $\hat{p_1}-\hat{p_2}$를 표준화시킨 통계량

$$Z=\frac{(\hat{p_1}-\hat{p_2})-(p_1-p_2)}{\sqrt{\dfrac{p_1(1-p_1)}{n_1}+\dfrac{p_2(1-p_2)}{n_2}}}\sim N(0,\ 1)$$

는 근사적으로 표준정규분포 $N(0,\ 1)$을 따름을 이용하여 p_1-p_2에 관한 추론 문제를 다룰 수 있다. 두 모비율이 같다는 귀무가설은 $H_0:\ p_1=p_2$이며, 이때에 미지의 공통인 모비율 p 는

$$\hat{p}=\frac{X_1+X_2}{n_1+n_2}$$

로 추정될 수 있다. 따라서 H_0 가 참일 때 $\hat{p_1}-\hat{p_2}$의 표준오차는

$$\sqrt{\hat{p}(1-\hat{p})}\times\sqrt{\frac{1}{n_1}+\frac{1}{n_2}}$$

이다. 이를 이용하여 앞의 Z통계량은 다음과 같이 쓸 수 있다. 즉

$$Z=\frac{\hat{p_1}-\hat{p_2}}{\sqrt{\hat{p}(1-\hat{p})}\sqrt{\dfrac{1}{n_1}+\dfrac{1}{n_2}}}.$$

H_0가 참일 때 Z통계량은 근사적으로 $N(0,\ 1)$을 따름을 이용하여 다음과 같은 Z검정법을 만들 수 있다.

대표본에서 $p_1 - p_2$에 관한 검정

귀무가설 : $H_0 : p_1 = p_2$

검정통계량 : $Z = \dfrac{\hat{p_1} - \hat{p_2}}{\sqrt{\hat{p}(1-\hat{p})}\sqrt{\dfrac{1}{n_1} + \dfrac{1}{n_2}}}$

대립가설(기각역) : (i) $p_1 > p_2$일 때 $Z \geq z_\alpha$

(ii) $p_1 < p_2$일 때 $Z \leq -z_\alpha$

(iii) $p_1 \neq p_2$ 일 때 $|Z| \geq z_{\alpha/2}$

예 11-6 완구제품을 생산하는 제조업체에서 제품의 품질관리를 위하여 A공정라인, B공정라인에서 각각 제조된 완구제품을 조사하고 있다. 품질검사원이 임의로 표본을 추출하여 조사한 결과, A공정라인에서 제조한 제품은 105개 중 16개가 불량품이었으며, B공정라인에서는 96개 중 20개가 불량품이었다. A, B 두 공정라인의 불량비율에 차가 있다고 할 수 있는가? 유의수준 $\alpha = 0.05$로 검정하여라.

풀이 A, B 두 공정라인에서 만든 제품의 모집단 불량률에 차가 있는지 없는지에 관심이 있으므로 다음과 같이 설정되는 양측검정이 된다.

A 공정라인	$n_1 = 105,\ X_1 = 16,\ \hat{p_1} = \dfrac{16}{105} = 0.152$
B 공정라인	$n_2 = 96,\ X_2 = 20,\ \hat{p_2} = \dfrac{20}{96} = 0.208$

1) 가설의 검정 : H_0 : $p_1 = p_2$ 혹은 $p_1 - p_2 = 0$

H_1 : $p_1 \neq p_2$ 혹은 $p_1 - p_2 \neq 0$

2) 유의수준의 검정 : $\alpha = 0.05$

3) 기각치의 결정 : 양측검정이므로 기각치는

$$z_{0.025} = 1.96,\ -z_{0.025} = -1.96$$

이다. 따라서

H_0의 기각역 : $Z \geq 1.96$ 혹은 $Z \leq -1.96$

H_0의 채택역 : $-1.96 \leq Z \leq 1.96$

4) 검정통계량 계산과 기각치의 비교 : 모집단 비율의 통합추정값 $\hat{p}$를 구하면

$$\hat{p} = \frac{X_1 + X_2}{n_1 + n_2} = \frac{16 + 20}{105 + 96} = 0.179$$

이다. 그러므로 검정통계량 Z값은 다음과 같다.

$$Z = \frac{\widehat{p_1} - \widehat{p_2}}{\sqrt{\hat{p}(1 - \hat{p})\left(\frac{1}{n_1} + \frac{1}{n_2}\right)}} = \frac{0.152 - 0.208}{\sqrt{0.179(1 - 0.179)\left(\frac{1}{105} + \frac{1}{96}\right)}}$$

$$= -1.037$$

$Z = -1.037$는 기각치 ± 1.96의 범위 내에 속하므로 귀무가설 H_0가 채택된다.

5) 결과의 해석 : A, B 두 공정라인에서 만든 완구제품의 불량률은 차이가 있다는 근거는 없다.

(d) 짝진(대응)표본에서 두 모평균의 차에 관한 검정

어느 실험에서 두 실험을 비교하고자 할 때에는 동질적인 실험단위를 얻기가 어려운 경우가 많다. 예를 들면 속독법을 배우기 전과 후의 1분간 독파능력을 측정한다든지, 에어로빅 댄스를 배우기 전과 후의 몸무게를 관찰한다든지, 어느 회사에서 직업훈련이 근로자의 능률향상에 효과가 있는지를 알고 싶다면 이는 동일 대상물을 서로 다른 두 시점에서 관측하는 것으로 파악될 수 있으며, 이처럼 두 관측값이 대응된 쌍을 이루면 좀더 간편한 방식에 의해서 두 모평균의 차이에 대한 검정을 할 수 있는 것이다. 이러한 대응된 쌍의 비교에서의 자료의 구조를 다음과 같이 나타낼 수 있다. X와 Y는 처리 1, 처리 2에 의한 측정값을 뜻한다.

쌍번호	처리 1	처리 2	차이
1	X_1	Y_1	$D_1 = X_1 - Y_1$
2	X_2	Y_2	$D_2 = X_2 - Y_2$
⋮	⋮	⋮	⋮
n	X_n	Y_n	$D_n = X_n - Y_n$

이제 (X_1, Y_1), (X_2, Y_2), ⋯, (X_n, Y_n)에서 X_i와 Y_i는 각각 정규분포에 따르고, 또 (X_i, Y_i)들은 서로 독립이라고 가정하고 처리 1의 모평균 μ_1과 처리 2의 모평균 μ_2 간의 차에 관한 검정을 다루어보자. 두 관측값의 차이를 D_i라 하면

$$D_i = X_i - Y_i, \quad i = 1, 2, \cdots, n$$

이 될 것이다. D_i의 표본평균과 표본분산은 다음과 같이 정의된다.

$$\overline{D} = \frac{1}{n}\sum_{i=1}^{n} D_i, \quad S_D^2 = \frac{1}{n-1}\sum_{i=1}^{n}(D_i - \overline{D})^2$$

이때 두 관측값의 차이 $D_i = X_i - Y_i$, $i = 1, 2, \cdots, n$은 평균과 분산이

$$E(D_i) = E(X_i - Y_i) = \mu_1 - \mu_2 = \delta \ (\delta : \text{어떤 상수}),$$
$$\mathrm{Var}(D_i) = \mathrm{Var}(X_i - Y_i) = \delta_D^2$$

인 정규모집단에서 추출된 확률표본으로 간주할 수 있다. 따라서 $\mu_1 = \mu_2$일 때

$$Z = \frac{\overline{D}}{S_D / \sqrt{n}}$$

는 근사적으로 정규분포를 따름을 이용하여 다음 검정법을 구할 수 있다.

대응표본의 모평균에 관한 검정

귀무가설 : $H_0 : \mu_1 - \mu_2 = \delta = 0$

검정통계량 : ① 대표본일 때 : $Z = \dfrac{\overline{D}}{S_D / \sqrt{n}}$

② 소표본일 때 : $t = \dfrac{\overline{D}}{S_D / \sqrt{n}}$

대립가설(기각역) : (i) H_1: $\delta \neq 0$일 때 $|t| \geq t_{\alpha/2, n-1}$이면 H_0를 기각

(ii) H_1: $\delta > 0$일 때 $t \geq t_{\alpha, n-1}$이면 H_0를 기각

(iii) H_1: $\delta < 0$일 때 $t \leq -t_{\alpha, n-1}$이면 H_0를 기각

예 11-7 두 종류의 타이어에 대하여 열처리 전후에 변화가 있는 것 같아서 6개의 샘플을 취해 열처리 전에 한 번 측정하고 동일 샘플에 대해 열처리 후에 대응을 지어 측정한 결과 다음 자료를 얻었다. 열처리 전과 후의 평균값에 차가 있다고 할 수 있는가? 유의수준 5%에서 검정하여라.

처리 전(A)	처리 후(B)	차(D)
1.94	2.00	- 0.06
2.00	1.99	0.01
1.98	1.95	0.03
2.03	2.07	- 0.04
2.03	2.01	0.02
1.96	1.98	- 0.02
	합계	- 0.06

풀이 1) 가설의 검정 : H_0 : $\delta = 0$ $(\mu_1 - \mu_2 = 0)$

H_1 : $\delta \neq 0$ $(\mu_1 - \mu_2 \neq 0)$

2) 유의수준의 검정 : $\alpha = 0.05$

3) 기각치의 검정 : σ_d는 미지, $n = 6$,

$$\text{자유도 } df = n - 1 = 5,\ \overline{D} = \sum \frac{D_i}{n} = -0.01$$

$|t| \geq t(n-1 : \alpha/2) = t(5 : 0.025) = 2.571$

H_0의 기각역 : $t \geq 2.571$ 또는 $t \leq -2.571$

H_0의 채택역 : $-2.571 \leq t \leq 2.571$

4) 검정통계량 계산과 기각치의 비교 :

$$S_D^2 = \frac{\sum(D_i - \overline{D})^2}{n-1}$$

$$= \frac{1}{n-1}\left[\sum D_i^2 - \frac{(\sum D_i)^2}{n}\right]$$

$$= \frac{1}{6-1}\left[0.007 - \frac{(-0.06)^2}{6}\right] = 0.00128$$

$$\therefore \ |t| = \left| \frac{\overline{D}}{\sqrt{\frac{S_D^2}{n}}} \right| = \frac{0.01}{\sqrt{\frac{0.00128}{6}}} = 0.685 \Bigg\}$$

$|t| = 0.685 < t(5 : 0.025) = 2.571$이 성립하므로 H_0를 채택한다.

5) 결과의 해석 : 열처리 전후의 평균값에 차가 있다는 근거는 없다.

예 11-8 어느 한의원에서 다이어트 약을 개발하여 이 약이 실제로 체중감량에 효과가 있는지를 알아보기 위하여 49명을 대상으로 실험하였다. 약을 투여하기 전의 몸무게와 1개월 간 약을 투여한 후의 몸무게를 측정하여 조사한 몸무게의 차의 표본평균 $\overline{D} = 0.6\text{kg}$이고 표본표준편차 $S_D = 2\text{kg}$이었다. 이 약이 다이어트에 효과적이라고 할 수 있는지 유의수준 1%에서 검정하여라.

풀이 1) 가설의 검정 : $H_0 : \ \mu_1 = \mu_2$

$H_1 : \ \mu_1 > \mu_2$

2) 유의수준의 검정 : $\alpha = 0.01$

3) 기각치의 결정 : $\alpha = 0.01$이고 단측검정이므로, 기각역은 분포의 오른쪽 $\alpha = 0.01$의 넓이만큼 설정된다. 따라서 기각치는 $z_{0.01} = 2.326$이다.

H_0의 기각역 : $Z > 2,326$

4) 검정통계량 계산과 기각치의 비교

$$Z = \frac{\overline{D}}{\frac{S_D}{\sqrt{n}}} = \frac{0.6}{\frac{2}{\sqrt{49}}} = 2.1$$

$Z = 2.1 < z_{0.01} = 2.326$

이므로 기각역에 포함되지 않아 H_0가 채택된다.

5) 결과의 해석 : 이 약이 다이어트에 효과가 있다는 근거는 없다.

CHAPTER 11

연습문제

11-1 어떤 기계의 부품은 지름이 1.20cm로 표시되어 있다. 이를 확인하기 위하여 36개의 같은 부품을 조사한 결과

$$\bar{x} = 1.25(\text{cm}), \; s = 0.16(\text{cm})$$

을 얻었다. 이 부품의 크기 표시는 정당하다고 할 수 있는가? 유의수준 1%에서 검정하여라.

11-2 어느 특수 전구 생산회사에서는 전구의 평균수명에 대하여 15,000시간 이상을 보증한다고 선전하고 있다. 이를 확인하기 위하여 100개의 전구를 단축실험으로 검사한 결과

$$\bar{x} = 15,200(\text{시간}), \quad s = 1,220(\text{시간})$$

을 얻었다. 이 회사의 선전을 믿을 수 있는가? 유의수준 5%에서 검정하여라.

11-3 어느 지역의 가구당 평균소득이 650만 원이었다. 어느 마을에서 그 마을의 가구당 평균소득이 전국의 평균소득과 차이가 있는지를 알아보기 위하여 16가구를 랜덤하게 추출하여 조사한 결과 $\bar{x} = 600$(만 원), $s = 80$(만 원)을 얻었다. 이 마을의 평균소득이 전국의 평균소득과 다른지를 유의수준 5%에서 검정하여라. 단, 이 마을의 농가소득은 정규분포를 따른다고 가정하자.

11-4 모대학에서 학생들이 수업에 등록하는 데에 걸리는 평균시간은 50분이었고 표준편차는 10분이었다. 새로운 등록 절차를 시도하고 있다. 새로운 시스템하에서 9명의 학생들로 이루어진 확률표본의 평균 등록시간은 44분이고 표준편차가 9분이었다면, 모평균이 50보다 작다는 가설을 유의수준 5%에서 검정하여라. 단, 시간들의 모집단을 정규모집단이라고 가정하자.

11-5 어떤 제약회사에서 신약을 새로 개발하여 일주일간 치료하면 치유율이 70% 이상이라고 선전하였다. 이를 확인하기 위하여 30명의 환자에게 이 약을 투약한 결과 이중 27명이 완치되었다. 이 제약회사의 선전은 신빙성이 있다고 할 수 있는가? 유의수준 10%에서 결정하여라.

11-6 지난달에 어느 TV 방송국의 저녁 뉴스시간의 시청률이 38%로서 상당히 높은 것으로 나타났다. 이 시청률이 이달에도 변함이 없는지를 알아보기 위해 200세대를 전화번호부에서 랜덤하게 뽑아 조사한 결과, 그 중 64세대가 이 방송국의 뉴스를 시청하고 있는 것으로 나타났다. 시청률이 변동되었다는 근거가 있는가? 유의수준 1%에서 검정하여라.

11-7 어느 고등학교에서 교복착용 문제에 대하여 학부모들 중에서 적어도 50% 이상이 찬성하면 시행하려고 한다. 임의로 추출한 50명의 학부모를 대상으로 의견을 조사한 결과 27명이 찬성하였다. 유의수준 5%에서 검정하여라.

11-8 어두운 방에서 눈이 적응하는 데 걸리는 시간을 측정하는 실험이 있다. 이때까지의 연구결과 적응시간은 평균 7.95초, 표준편차가 0.03초인 정규분포를 이룬다고 한다. 이제 이전의 실험방법을 일부 변경한 후 16명의 사람을 무작위로 선택하여 이 실험의 결과를 알아본 결과 적응시간의 평균이 7.962초였다. 실험방법의 변경으로 인하여 적응시간의 평균이 달라졌다고 볼 수 있는가? 유의수준 5%에서 검정하여라.

11-9 전국의 비구, 비구니를 대상으로 설문조사한 결과 '노후에 대비해 저축한다'고 응답한 스님들의 연평균 저축액이 125만 원이라고 한다. 비구, 비구니 25명을 임의로 추출하여 연평균 저축액을 검사한 결과 그 평균은 120만 원, 표준편차는 15만 원이었다. 표본조사의 결과로 보아 전국의 스님(비구, 비구니)들의 연평균 저축액이 125만 원이라는 주장은 옳다고 할 수 있는가? 유의수준 5%로 검정하여라.

11-10 한 여성운동단체에서는 기업체에 취업한 여성은 같은 학력의 남학생보다 초임이 적다고 주장하였다. 이를 확인하기 위하여 여성 30명과 남성 40명을 무작위로 추출하여 초임을 조사한 결과 다음 자료를 얻었다. 여성의 초임이 남성의 초임보다 적다고 할 수 있는지를 유의수준 5%에서 검정하여라.

	표본크기	표본평균	표본표준편차
여자	$n_1 = 30$	$\bar{x} = 325,000$(원)	$s_1 = 24,000$(원)
남자	$n_2 = 40$	$\bar{y} = 351,000$(원)	$s_2 = 22,000$(원)

11-11 10개의 구역에 질소비료를 주었더니 어떤 곡식의 평균 생산량이 $\bar{x} = 82.5$kg이고 표준편차는 $S_1 = 10$kg이었다. 또 15개 구역에 인산비료를 준 결과 그 곡식의 평균 생산량이 $\bar{y} = 90.5$kg이고 표준편차는 $S_2 = 20$kg이었다. 유의수준 5%에서 볼 때 두 비료의 차이가 있다고 할 수 있는가? 단, 두 모집단은 정규분포라 가정하고 두 모분산도 같다고 가정하자.

11-12 어떤 제조업체에서 품질관리를 위하여 A, B 두 반에서 각각 제조한 제품을 조사하고 있다. 임의로 표본을 추출하여 조사한 결과 A반에서 제조한 제품은 105개 중 16개가 불량품이었으며 B반에서는 96개 중 20개가 불량품이었다. A, B 두 반의 불량비율에 차가 있다고 할 수 있는가? 유의수준 5%에서 검정하여라.

11-13 어느 TV방송국의 한 프로그램에서는 10명의 참가자를 대상으로 한 달 동안 집중력 강화훈련을 진행하였다. 이 훈련의 효과를 알아보기 위해 훈련시작 전의 기억 단어 개수와 훈련 종료 후의 기억 단어 개수를 조사한 결과는 다음과 같다. 이 훈련이 집중력을 높이는 데 효과가 있다고 할 수 있는지 유의수준 5%에서 검정하여라.

대상자 \ 실험	시작 전 기억 단어 개수	종료 후 기억 단어 개수
1	110	112
2	74	77
3	95	99
4	88	90
5	83	86
6	95	97
7	91	95
8	85	87
9	98	100
10	68	70

부록

임용고사 기출문제 1

('22 기출A) 두 확률변수 X와 Y의 결합확률질량함수(joint probability mass function)가 다음과 같다.

$X \backslash Y$	1	2	3	4
0	p	$\frac{1}{24}$	$\frac{1}{12}$	$\frac{1}{8}$
1	0	$\frac{1}{12}$	$\frac{1}{8}$	$\frac{1}{24}$
2	$\frac{1}{12}$	$\frac{1}{8}$	$\frac{1}{12}$	q

X의 기댓값이 $E(X)=\frac{11}{12}$일 때, $p\times\frac{1}{q}$의 값과 조건부확률 $P(X+Y\le 4\,|\,Y-X=2)$의 값을 순서대로 쓰시오. [2점]

('22 기출B) 확률변수 X의 적률생성함수(moment generating function) $M_X(t)$가

$$M_X(t)=\frac{1}{(1-2t)^4}\left(t<\frac{1}{2}\right)$$

이다. 확률변수 X의 분산을 풀이 과정과 함께 쓰시오.

또한, X_1, X_2, $\cdots$, X_{100}이 적률생성함수가 $M_X(t)$인 분포로부터 뽑힌 확률표본일 때, 이들의 평균 $\overline{X}=\frac{1}{100}\sum_{i=1}^{100}X_i$에 대하여 $\overline{X}$가 9 이상이 될 확률은 중심극한정리(central limit theorem)를 적용하면 근사적으로 $P(Z\ge c)$이다. 상수 c의 값을 풀이 과정과 함께 쓰시오. (단, Z는 표준정규분포를 따르는 확률변수이다.) [4점]

('21 기출A) A회사와 B회사에서 생산하는 전기자동차용 배터리 수명은 각각 정규분포 $\mathrm{N}(2500, 80^2)$, $\mathrm{N}(2200, 66^2)$을 따른다고 한다.

A회사의 제품에서 100개를 임의로 추출한 표본의 평균수명을 $\overline{X}$, B회사의 제품에서 121개를 임의로 추출한 표본의 평균수명을 $\overline{Y}$라 할 때,

$\overline{X}-\overline{Y}$의 분산 $\mathrm{VAR}(\overline{X}-\overline{Y})$는 a이고,

$$\mathrm{P}(\overline{X}-\overline{Y}\le 320)=\mathrm{P}(Z\le b)$$

이다. 상수 a와 b의 값을 각각 구하시오. (단, 배터리 수명의 단위는 100km 이고, Z는 표준정규분포를 따르는 확률변수이다.) [2점]

('21 기출B) X_1, X_2, X_3을 균등분포(uniform distribution) $Unif(0, 1)$로부터의 확률분포(random sample)이라 하고, Y를 X_1, X_2, X_3의 중앙값(median)이라 하자.

이때 Y의 누적분포함수(cumulative distribution function)와 Y의 확률밀도함수(probability density function)를 풀이 과정과 함께 쓰시오. [4점]

('20 기출A) 점화식

$$a_0=1,\ a_n+a_{n-1}=(-1)^n\ (n\ge 1)$$

을 만족하는 수열 $\{a_n\}$의 생성함수(generating function) $g(x)$를 풀이 과정과 함께 쓰시오. 또한 함수

$$f(x)=\begin{cases} g(x), & -\dfrac{1}{3}<x<1 \\ 0, & \text{그 외의 경우} \end{cases}$$

가 연속확률변수 X의 확률밀도함수일 때, 확률변수 X의 기댓값을 풀이 과정과 함께 쓰시오. [4점]

('20 기출B) 확률변수 X가 구간 $(0, 3)$에서 균등분포(uniform distribution)를 따른다. 확률변수 Y를 $Y=2\ln\left(\dfrac{3}{3-X}\right)$이라 할 때, Y의 누적분포함수(cumulative distribution function) $F_Y(y)=P(Y\le y)$를 풀이과정과 함께 쓰시오. 또한 Y의 확률밀도함수와 $P(|Y-2|>2)$의 값을 각각 구하시오. [4점]

('19 기출A) 두 개의 부품 ㉮와 ㉯로 구성된 시스템이 있다. 이 시스템의 수명은 작동을 시작한 후 두 부품 중 하나가 고장 날 때까지 걸리는 시간이다. 부품 ㉮가 고장 날 때까지 걸린 시간 X와 부품 ㉯가 고장 날 때까지 걸린 시간 Y는 서로 독립이고, 두 확률변수 X, Y의 확률밀도함수는

각각

$$f_X(x) = \frac{1}{5} e^{-\frac{x}{5}} \qquad (x > 0)$$

$$f_Y(y) = \frac{1}{10} e^{-\frac{y}{10}} \qquad (y > 0)$$

이다. 이 시스템의 수명 Z에 대하여 확률 $P(Z > 10)$을 구하시오. [2점]

('19 기출B) 어느 지역 고등학생들의 몸무게(kg)는 정규분포 $N(\mu,\ 9^2)$을 따른다고 한다. 이 지역의 고등학생 중에서 임의로 추출한 36명의 몸무게에 대한 표본평균을 $\overline{X}$라 하자.

$$P(|\overline{X} - \mu| > c) = 0.1$$

을 만족시키는 상수 c의 값을 풀이 과정과 함께 쓰시오.
또한 36명의 표본으로부터 관측된 표본평균의 값이 60일 때, 모평균 μ에 대한 90% 신뢰구간(confidence interval)을 풀이 과정과 함께 쓰시오. (단, 표준정규분포를 따르는 확률변수 Z에 대하여 $P(Z < 1.64) = 0.95$이고, 모평균에 대한 신뢰구간은 양면신뢰구간(two-sided confidence interval)을 의미한다.) [4점]

('18 기출A) 두 이산확률변수 X, Y의 결합확률분포가 다음과 같다.

X \ Y	0	1	2	3
0	$\frac{1}{15}$	$\frac{2}{15}$	0	$\frac{1}{5}$
1	0	$\frac{1}{5}$	$\frac{2}{15}$	$\frac{1}{15}$
2	$\frac{1}{15}$	$\frac{1}{15}$	$\frac{1}{15}$	0

조건 $Y = 1$이 주어졌을 때, 확률변수 X의 조건부기댓값(conditional expectation) $E[X \mid Y = 1]$을 구하시오. [2점]

('18 기출B) 어느 회사의 입사 시험 지원자들의 필기시험 점수와 면접시험 점수는 각각 정규분포 $N(82, 6^2)$, $N(80, 8^2)$을 따르고 서로 독립이라고 한다. 이 회사의 입사 시험 지원자 중에서 임의로 뽑은 한 지원자의 필기시험 점수를 확률변수 X, 면접시험 점수를 확률변수 Y라 하자. 이 지원자의 평균 점수를 $T = \dfrac{X+Y}{2}$라 할 때, 평균 점수가 90점 이상일 확률은 $P(T \geq 90) = P(Z \geq k)$이다. 이때 k의 값을 풀이 과정과 함께 쓰시오. (단, Z는 표준정규분포를 따르는 확률변수이다.) [4점]

임용고사 기출문제 1 풀이

('22 기출A) $E(X)=\sum x \cdot p(x)=\frac{6}{24}+\frac{7}{12}+2q=\frac{11}{12}$ 이므로

$q=\frac{1}{24}$ 이다. 또한 확률의 합은 1이므로 $\frac{19}{24}+p+q=1$ 으로 $p=\frac{1}{6}$ 이다.

따라서 $\frac{p}{q}=\frac{1}{6}\times 24=4$ 이다.

$$P(X+Y\le 4 \mid Y-X=2)=\frac{P(X+Y\le 4,\ Y-X=2)}{P(Y-X=2)}$$

$$=\frac{P((0,2),\ (1,3))}{P((0,2),\ (1,3),\ (2,4))}$$

$$=\frac{\frac{1}{24}+\frac{1}{8}}{\frac{1}{24}+\frac{1}{8}+\frac{1}{24}}=\frac{4}{5}$$

('22 기출B) $M_X'(t)=\frac{d}{dt}(M_X(t))$

$$=\frac{8(1-2t)^3}{(1-2t)^8}=\frac{8}{(1-2t)^5}$$

$$M_X''(t)=\frac{d^2}{dt^2}(M_X(t))$$

$$=\frac{80}{(1-2t)^6}$$

$$V(X)=E(X^2)-E^2(X)=M_X''(0)-M'(0)^2$$

$$=80-8^2=16$$

$$\overline{X}\sim N\left(\mu,\frac{\sigma^2}{n}\right)=N\left(8,\frac{16}{100}\right)$$

$$P(\overline{X}\ge 9)=P\left(\frac{\overline{X}-\mu}{\frac{\sigma}{\sqrt{n}}}\ge\frac{9-8}{\frac{2}{5}}\right)$$

$$= P\left(Z \geq \frac{5}{2}\right)$$

따라서 $c = \frac{5}{2}$ 이다.

('21 기출A) $\overline{X} \sim N(2500, 8^2)$, $\overline{Y} \sim N(2200, 6^2)$

$E(\overline{X} - \overline{Y}) = E(\overline{X}) - E(\overline{Y}) = 300$

$Var(\overline{X} - \overline{Y}) = Var(\overline{X}) + Var(\overline{Y})$ ($\because \overline{X}$와 $\overline{Y}$는 독립)

$= 8^2 + 6^2 = 100 = a$

그러므로 $(\overline{X} - \overline{Y}) \sim N(300, 10^2)$ 이고

$$P(\overline{X} - \overline{Y} \leq 320) = P\left(z \leq \frac{320 - 300}{10}\right)$$

$$= P(z \leq 2) = P(z \leq b)$$

따라서 $a = 100$, $b = 2$ 이다.

('21 기출B) $X_i \sim Unif(0, 1)$, $i = 1, 2, 3$

$Y = med(X_1, X_2, X_3)$

$$f(x_i) = \begin{cases} 1, & 0 < x < 1 \\ 0, & \text{그 이외는} \end{cases}$$

Y의 p, d, f는

$g(y) = 3!(F(y))(1 - F(y))f(y)$

$= 6y(1 - y)$, $0 < y < 1$

이고, Y의 누적분포함수는

$$G(y) = \int_0^y 6(t - t^2)dt = 3y^2 - 2y^3, 0 < y < 1$$

그러므로 Y의 p, d, f와 c, d, f는 다음과 같다.

$$g(y) = \begin{cases} 6y(1 - y), & 0 < y < 1 \\ 0, & \text{그 이외는} \end{cases}$$

$$G(y) = \begin{cases} 0, & y < 0 \\ 3y^2 - 2y^3, & 0 \leq y < 1 \\ 1, & y \geq 1 \end{cases}$$

('20 기출A) 수열 $\{a_n\}$의 생성함수 $g(x)=\sum_{n=0}^{\infty} a_n x^n$(역급수) ································· (1)

$a_0=1,\ a_n+a_{n-1}=(-1)^n$ ·· (2)

점화식의 일반해 = 보조방정식의 해 + 특수해

즉, $a_n=a_n^C+a_n^P$ ·· (3)

보조방정식의 해 : $a_n+a_{n-1}=0$을 풀면,

$r+1=0$이므로 $a_n^C=A(-1)^n$으로 하고 (2)에 대입하면

$B(-1)^n=(-1)^n$으로 $B=1$이다.

따라서, $a_n=(n+1)(-1)^n$이다.

$S_n(x)=\sum_{k=0}^{n} a_k x^k$라 하면

$$S_n(x)=\frac{1}{(1+x)^2}+\frac{(-1)^n x^{n+1}(1+(n+1)(x+1))}{(1+x)^2},\ x\neq -1$$

$$S_n(x)=\frac{(n+1)(n+2)}{2},\ x=-1$$

$g(x)=\lim_{n\to\infty} S_n(x)$이므로

$$g(x)=\begin{cases}\dfrac{1}{(1+x)^2}, & |x|<1\\ \pm\infty, & x=\pm 1\end{cases}$$

$$E(X)=\int_{-\frac{1}{3}}^{1} x\cdot f(x)dx=\int_{-\frac{1}{3}}^{1}\frac{x}{(1+x)^2}dx=\int_{-\frac{1}{3}}^{1}\left(\frac{1}{(1+x)}-\frac{1}{(1+x)^2}\right)dx$$

$$=\ln 3-1$$

('20 기출B) $X\sim unif((0,3))$

$$f(x)=\begin{cases}\dfrac{1}{3}, & 0<x<3\\ 0, & \text{그 이외는}\end{cases}$$

$$F(x)=\begin{cases}0, & x\le 0\\ \dfrac{1}{3}x, & 0<x<3\\ 1, & x\ge 3\end{cases}$$

$$F_Y(y)=P(Y\le y)=P\left(2\ln\left(\frac{3}{3-X}\right)\le y\right)$$

$$= P(X \le 3(1-e^{-\frac{y}{2}})) = F_X(3(1-e^{-\frac{y}{2}}))$$

$$= \frac{1}{3} \cdot 3(1-e^{-\frac{y}{2}}) = 1-e^{-\frac{y}{2}}, \ 0 < y < \infty$$

$$f(y) = \begin{cases} \frac{1}{2}e^{-\frac{y}{2}}, & 0 < y < \infty \ (Y\text{의 확률밀도함수}) \\ 0, & \text{그 이외는} \end{cases}$$

$$\begin{aligned} P(|Y-2| > 2) &= P(Y > 4, \ Y < 0) \\ &= P(Y > 4) \\ &= 1 - F_Y(4) = 1-(1-e^{-\frac{4}{2}}) \\ &= e^{-2} \end{aligned}$$

('19 기출A) 확률변수 Z는 이 시스템의 수명이므로

$Z = \min(X, Y)$이다. 따라서

$$\begin{aligned} P(Z > 10) &= P(\min(X, Y) > 10) \\ &= P(X > 10)P(Y > 10)(\because \text{ 독립}) \\ &= (1-P(X \le 10))(1-P(Y \le 10)) \\ &= (1-F_X(10))(1-F_Y(10)) \\ &= e^{-2} \cdot e^{-1} = e^{-3} \end{aligned}$$

$(\because \ F_X(x) = P(X \le x) = 1-e^{-\frac{x}{5}}, \ x > 0$

$F_Y(y) = P(Y \le y) = 1-e^{-\frac{y}{10}}, \ y > 0)$

('19 기출B) $X \sim N(\mu, \ 9^2)$이므로 $\overline{X} \sim N\left(\mu, \left(\frac{3}{2}\right)^2\right)$이다.

$$P(|\overline{X}-\mu| > c) = P\left(\left|\frac{\overline{X}-\mu}{\frac{3}{2}}\right| > \frac{c}{\frac{3}{2}}\right) = P\left(|Z| > \frac{2}{3}c\right)$$

$$= 0.1$$

따라서 $\frac{2}{3}c = 1.64$이므로

$c = 2.46$

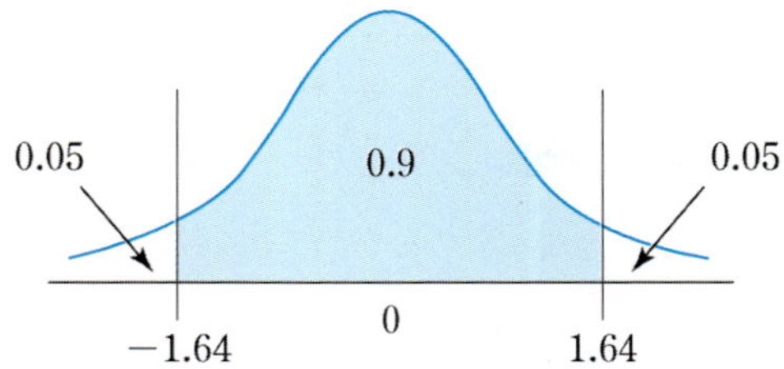

$P(-Z_{\alpha/2} < Z < Z_{\alpha/2}) = 1-\alpha = 0.9$이므로

$$\left(\overline{X} \pm Z_{\alpha/2}\frac{S}{\sqrt{n}}\right) = \left(60 \pm 1.64\frac{\frac{3}{2}}{\sqrt{36}}\right)$$

$$= 60 \pm 1.64 \times \frac{1}{4}$$

$$= (59.59,\ 60.41)$$

('18 기출A) $f(x|y) = \dfrac{f(x, y)}{f_Y(y)}$이므로 $f(x\,|\,y=1) = \dfrac{f(x, y=1)}{f_Y(y=1)}$이다.

따라서

$$E[X|\,Y=1] = \sum_{x=0}^{2} x \cdot f(x|y=1)$$

$$= 0 \cdot \frac{\frac{1}{15}}{\frac{6}{15}} + 1 \cdot \frac{\frac{1}{5}}{\frac{6}{15}} + 2 \cdot \frac{\frac{1}{15}}{\frac{6}{15}}$$

$$= \frac{1}{2} + \frac{1}{3} = \frac{5}{6}$$

$$(\because\ f_Y(y=1) = f((0,1)) + f((1,1)) + f((2,1)) = \frac{6}{15})$$

('18 기출B) $T = \dfrac{X+Y}{2}$이라 하자.

$$E(T) = \frac{1}{2}(E(X) + E(Y)) = \frac{1}{2}(82+80) = 81$$

$$V(T) = \frac{1}{4}(V(X) + V(Y)) = \frac{1}{4}(6^2 + 8^2) = 25$$

$$\sigma(T) = 5$$

$$P(T \geq 90) = P\left(Z \geq \frac{90-81}{5}\right) = P\left(Z \geq \frac{9}{5}\right)$$

따라서, $k = \frac{9}{5}$ 이다.

임용고사 기출문제 2

('90 기출) 크기와 모양이 똑같은 흰 공 8개, 검은 공 4개를 원형으로 나열할 때, 나열할 수 있는 방법의 수를 구하여라.

('90 기출) 어느 학교의 입학 성적이 정규분포 $N(65, 10^2)$을 따른다고 한다. 수험생 1,600명 중에서 위에서부터 40등 이내에 들어가려면 몇 점 이상을 받아야 하는지 계산하여라.

('90 기출) $X_1, X_2, \cdots, X_n$이 평균 m, 분산 σ^2인 동일한 확률분포를 따르고 서로 독립이다. 이때,

$$\overline{X} = \frac{1}{n}(X_1 + X_2 + \cdots + X_n)$$

이라 하면 n이 충분히 클 때, $\overline{X}$는 어떤 정규분포에 따르는가?

('90 기출) 확률변수 X의 확률밀도함수가 $f(x) = \begin{cases} c, & 2 < x < 4 \\ 0, & x \leq 2,\ x \geq 4 \end{cases}$ 일 때, 상수 c의 값을 구하여라.

('90 기출) 이항분포 $B(n, p)$에서 n이 충분히 크고, p가 충분히 작으면 어떤 분포에 가까워지는가?

('92 기출) 구간 $[0, 1]$에서 독립적으로 세 수 x_1, x_2, x_3를 취하여 이들의 최댓값을 확률변수 X로 할 때, X의 확률밀도함수 $f(x)$를 구하여라.

('92 기출) 주머니 속에 앞면이 나올 확률이 각각 $\frac{1}{4}, \frac{1}{2}, \frac{3}{4}$인 동전 c_1, c_2, c_3가 한 개씩 들어 있다. 이 주머니에서 임의로 한 개의 동전을 꺼내 4번 던졌더니 앞면이 2번 나왔다. 균형 잡힌 동전 c_2가 꺼내졌을 확률을 구하여라.

('92 기출) 두 개의 동전을 동시에 6회 던져 모두 앞면이 나오는 횟수를 X, 적어도 한 개가 뒷면이 나오는 횟수를 Y라 할 때, $(X-Y)^2$의 기댓값을 구하여라.

('93 기출) $\sum_{j=1}^{9}\left(\sum_{i=j}^{9} {}_iC_j\right)$를 계산하여라.

('93 기출) 확률변수 (X, Y)는 $X \ge 0$, $Y \ge 0$이고,
$f(x, y) = e^{-(x+y)}$, $(x \ge 0, y \ge 0)$
를 확률밀도함수라 한다. $Z = X + Y$일 때, 확률 $\Pr(Z \le 1)$을 구하여라.

('93 기출) 정규분포를 따르고, 분산이 16인 모집단에서 크기가 64인 표본을 임의추출하여 조사한 결과 표본평균이 6.085이었다. 이때 가설 "모평균이 5이다"를 기각하기 위한 최소의 유의수준을 구하여라.

('93 기출) 두 선수 A, B가 반복되는 시합을 진행하여 5번을 먼저 이기는 사람이 우승하고 우승자에게는 1,600원의 상금을 주도록 하였다. A가 3번, B가 2번 이긴 상태에서 부득이한 사정으로 시합을 중단하였다. 상금 1,600원을 어떻게 배분하여 갖는 것이 타당한가? 단, 각 시합에서 이길 확률은 서로 같고 비기는 경우는 없다.

('94 기출) 결합확률밀도함수 $f(x, y) = 2e^{-(x+2y)}$, $(x > 0, y > 0)$에서 확률 $\mathrm{P}(x < y)$을 구하여라.

('94 기출) 확률변수 X의 확률분포표가 다음과 같을 때, X의 분산이 최대가 되는 x를 구하여라.

X	1	3	5
$\Pr(x)$	y	$\frac{1}{3}$	x

('95 기출) X_1과 X_2가

$$\Pr(a < x_1 < b) = \frac{2}{3} \text{와 } \Pr(c < x_2 < d) = \frac{5}{8}$$

를 갖는 두 개의 확률적으로 독립된 확률변수일 때,

$$a < X_1 < b,\ -\infty < X_2 < \infty \text{와 } -\infty < X_1 < \infty,\ c < X_2 < d$$

의 합의 확률을 구하여라.

('95 기출) 이산확률변수 $f(x) = \begin{cases} \dfrac{1}{2^x}, & x = 1, 2, 3, \cdots \\ 0, & o.w \end{cases}$ 의 분산을 구하여라.

('95 기출) 1, 2, 3, 4, 5번의 5명의 학생을 번호대로 일렬로 세운 후, 두 명을 뽑아 순서를 바꾸는 작업을 3회 반복할 때, 1번 학생이 1번 자리에 서게 될 확률을 구하여라.

('95 기출) 정삼각형 내부의 한 점 P에서 각 변에 수선을 내렸을 때, 각각의 길이를 x_1, x_2, x_3라 할 때, x_1, x_2, x_3의 길이가 삼각형을 만들 수 있을 확률을 구하여라.

('96 기출) 5개의 숫자 1, 2, 3, 4, 5를 일렬로 나열할 때, 첫 번째에 1이, 네 번째에 4가 놓여 있지 않을 확률을 구하여라.

('96 기출) 정규분포 $N(m, \sigma^2)$에 따르는 확률변수 X에 대하여

$$\Pr(X \le 5) = \Pr(X \ge 7),\ E(x^2) = 45$$

일 때, $\dfrac{m}{\sigma}$을 구하여라.

('96 모의고사) 중심극한정리를 이용하여 독립확률변수 $X_1, X_2, \cdots, X_n$ 각각이 모수 λ를 갖는 포아송분포를 갖고

$$S_n = X_1 + X_2 + \cdots + X_n$$

이라 할 때, $\lim_{n\to\infty}\Pr\left(\frac{S_n - n\lambda}{\sqrt{n}\lambda} \le x\right)$, $-\infty < x < \infty$의 값을 구하여라.

('97 기출) 확률변수 X가 다음의 확률밀도함수를 따를 때, 상수 k와 X의 기댓값을 구하여라.

$$f(x) = \begin{cases} ke^{-3x}, & x \ge 0 \\ 0, & x < 0 \end{cases}$$

('98 기출) 평균 m, 분산이 4인 정규분포를 따르는 모집단에서 크기 n인 임의의 표본을 추출하면 그 표본에서 얻은 평균을 $\overline{X}$라고 할 때, 다음 물음에 답하여라.

(1) $n = 100$, $\overline{X} = 10$일 때, 신뢰도 95%로 신뢰구간을 구하시오.

(2) $|\overline{X} - m| \le \frac{1}{2}$인 확률이 95% 이상이 되게 하려면 n의 크기는 얼마로 하면 되는지 구하시오.

('02 기출) 크기가 100KB, 150KB, 200KB, 250KB, 300KB인 다섯 개의 파일을 용량이 각각 1440KB인 같은 색의 구별이 안 되는 세 장의 플로피 디스켓에 저장하려고 한다. 디스켓 세 장 모두를 사용하여 다섯 개의 파일을 저장하는 방법의 수를 구하시오(단, 디스켓에 저장하는 파일의 순서는 생각하지 않는다).

('02 기출) 동전 2개를 던질 때, 앞면이 나오는 개수를 확률변수 X라 하고, 확률변수 Y를

$$Y = \begin{cases} 0, & x = 0,\ 2 \\ 1, & x = 1 \end{cases}.$$

(1) 다음 표를 완성하시오.

X의 확률분포

X	$P(X)$
0	
1	
2	
합	1

Y의 확률분포

Y	$P(Y)$
0	
1	
합	1

X와 Y의 결합확률분포

X \ Y	0	1	합
0			
1			
2			
합			1

(2) X와 Y의 공분산(covariance) $\sigma_{X,\ Y}$를 구하여라.

(3) X와 Y와의 독립성 여부를 판별하시오.

('03 기출) 어떤 회사에서는 세 대의 기계 a, b, c로 같은 종류의 빵을 만들고 있다. 세 대의 기계는 각각 총 생산량의 20%, 30%, 50%를 생산하고 있으며, 생산품의 불량률은 각각 0.5%, 1%, 2%이다. 생산된 빵을 임의로 한 개 택하여 검사했을 때, 그것이 불량품이었다고 하자. 이 불량품이 기계 a 또는 b에서 생산되었을 확률을 구하시오.

('04 기출) 2003년도 전국학력평가에 응시한 수험생 중에서 자연계 수험생 64명, 인문계 수험생 9명을 임의로 선택하여 수리영역의 점수를 조사하였다. 그 결과 자연계 수험생은 평균이 48점, 표준편자 5.6점이었고, 인문계 수험생은 평균이 42점, 표준편차가 7.5점이었다. 자연계와 인문계에 응시한 수험생 전체의 수리영역 점수가 각각 정규분포를 이룬다고 가정하고 두 집단의 평균점수를 추정하려 한다. 다음 물음에 답하시오.

(1) 아래의 표준정규분포표를 이용하여 자연계 수험생 전체의 수리영역 평균점수를 신뢰도 95%의 신뢰구간으로 추정하시오.

표준정규분포표($P(0 \le Z \le z)$)

	0.05	0.06
1.6	.4505	.4515
1.7	.4599	.4608
1.8	.4678	.4686
1.9	.4788	.4750

(2) 아래의 t분포표를 이용하여 인문계 수험생 전체의 수리영역 평균점수를 신뢰도 95%의 신뢰구간으로 추정하시오.

t분포표$(P(t \geq t_0) = \alpha)$

자유도 \ α	0.05	0.025
7	1.895	2.365
8	1.860	2.306
9	1.833	2.262
10	1.812	2.228

('05 기출) 확률변수 X가 구간 $[1, 5]$에서 균등분포(uniform distribution)를 이룰 때, X의 확률밀도함수, 평균, 분산을 각각 구하시오.

('06 기출) 정육면체 모양의 주사위가 있다. 이 주사위의 두 면에는 3, 나머지 네 면에는 1, 2, 4, 5가 각각 하나씩 적혀 있다. 이 주사위를 288번 던질 때 짝수 눈이 나오는 횟수를 확률변수 X라 하면, X는 이항분포 $B(n, p)$를 따른다. 이때, X의 평균 $E(X)$와 분산 $V(X)$를 구하고, 짝수 눈이 88번 이상 112번 이하로 나올 확률 $P(88 \leq X \leq 122)$를 정규근사시켜 구하시오.

(단, $P(0 \leq Z \leq 1) = 0.3413$, $P(0 \leq Z \leq 2) = 0.4772$이다.)

('07 기출) 확률변수 X가 이항분포 $B(n, p)$를 따를 때, X의 평균(기댓값)이 np임을 보이시오.

('08 기출) 동전 n개를 동시에 던져서 모두 앞면이 나오면 n점을 얻고 그렇지 않으면 0점을 얻는다고 하자. 이 규칙에 따라 동전 n개를 동시에 던지는 시행에서 얻을 수 있는 점수의 기댓값 E_n을 구하고 E_n이 최대가 되는 n을 모두 구하시오(단 n은 자연수이다).

('09 기출) 두 확률변수 X와 Y는 독립이고 각각 다음과 같은 확률밀도함수를 동일하게 갖는다.

$$f(t) = \begin{cases} 2t, & 0 \leq t \leq 1 \\ 0, & \text{otherwise} \end{cases}$$

이때, Y가 X와 X^2의 사이의 값이 될 확률은?

① $\frac{1}{3}$ ② $\frac{1}{4}$ ③ $\frac{1}{5}$ ④ $\frac{1}{6}$ ⑤ $\frac{1}{7}$

('09 기출) 1, 2, 3, 4의 숫자가 중복되지 않게 한 개씩 각 면에 새겨져 있는 사각연필이 있다. 이 사각연필을 굴렸을 때, 각 면이 나올 확률이 같다고 하자. 이 사각연필을 80번 굴렸을 때, 윗면에 나온 수의 합이 216 이상일 확률을 x라 할 때, 표준정규분포함수 $\Phi(z)$를 이용하여 x를 가장 가깝게 나타낸 것은? (단, "표준정규분포함수"는 Z가 표준정규확률변수일 때, 확률 $\Phi(z)=P(Z \le z)$로 정의된다.)

① $1-\Phi(0.2)$ ② $\Phi(0.2)$ ③ $1-\Phi(0.9)$

④ $\Phi(0.9)$ ⑤ $1-\Phi(1.6)$

('09 기출) A고등학교에는 체조 선수가 5명이 있다. 어떤 체조 선수권 대회에 출전하기 위해서는 학교에서 실시하는 두 번의 자격 테스트를 통과해야 하는데, 1차 테스트를 통과한 사람만이 2차 테스트에 도전할 수 있다고 한다. 1차, 2차 테스트를 통과한 선수들의 집합을 각각 S, T라고 할 때, 두 집합 S, T가 구성될 수 있는 방법의 수는? (단, 각 테스트에 통과한 선수가 한 명도 없을 수 있다.)

① 2^5 ② $6 \cdot 2^5$ ③ 3^5 ④ $10 \cdot 2^5$ ⑤ 4^5

('10 기출) 이산확률변수 X의 적률생성함수가 다음과 같다.

$$M_X(t)=E(e^{tX})=\frac{2}{5}+\frac{1}{5}e^{-t}+\frac{2}{5}e^{t} \quad (\text{단 } t\text{는 실수})$$

이때, 확률변수 $Y=X^2$의 평균과 분산은?

① $\frac{1}{5}, \frac{4}{25}$ ② $\frac{1}{5}, \frac{6}{25}$ ③ $\frac{1}{5}, \frac{14}{25}$ ④ $\frac{3}{5}, \frac{6}{25}$ ⑤ $\frac{3}{5}, \frac{14}{25}$

('10 기출) 과거 조사에 의하면 어느 지역의 초등학교 5학년 학생들의 신장은 평균 141.0cm이었다. 줄넘기 운동이 또래 아이들의 신장 발육에 도움이 되는지를 알아보고자 체육 활동에서 이 운동을 적극 권장하여 실시하여 왔다. 이 운동을 꾸준하게 실시한 또래 아이들 중 임의로 추출한 81명의 신장을 조사한 결과 평균 142.2cm, 표준편차 6.0cm이었다. 줄넘기 운동

이 아이들의 신장 발육에 도움이 된다고 할 수 있는지를 유의수준 $\alpha = 0.05$로 다음 단계와 같이 검정할 때, (가), (나), (다)에 알맞은 것은? (단, 이 지역 아이들의 과거와 현재의 생활환경과 영양 섭취 등은 같고 아이들의 신장은 정규분포를 따른다고 가정한다.)

〈1단계〉 가설검정

귀무가설 H_0에 대한 대립 가설 H_1 : [(가)]

〈2단계〉 검정통계량과 분포

표본의 크기가 $n = 81$로 충분히 크므로 귀무가설 H_0가 참이라는 가정하에서 검정통계량 $Z = \dfrac{\overline{X} - \mu}{S/\sqrt{n}}$는 표준정규분포 $N(0, 1)$에 근사한다. (단, $\overline{X}$는 표본평균, μ는 모평균, S는 표본표준편차이다.

〈3단계〉 유의수준 $\alpha = 0.05$에 대한 기각역은 [(나)]

〈4단계〉 검정통계량의 관측값을 구한다.

〈5단계〉 결론

검정통계량의 관측값을 기각역과 비교한 결과 줄넘기 운동이 신장 발육에 [(다)]

※ 참고 : $Z \sim N(0, 1)$일 때, $P(|Z| \le 1.645) = 0.90$, $P(|Z| \le 1.96) = 0.95$이다.

	(가)	(나)	(다)
①	$\mu > 141.0$	$Z \ge 1.645$	도움이 된다고 할 수 있다.
②	$\mu > 141.0$	$Z \ge 1.96$	도움이 된다고 할 수 있다.
③	$\mu > 141.0$	$\lvert Z \rvert \ge 1.96$	도움이 된다는 충분한 증거가 없다.
④	$\mu > 142.2$	$Z \ge 1.96$	도움이 된다는 충분한 증거가 없다.
⑤	$\mu > 142.2$	$Z \ge 1.645$	도움이 된다는 충분한 증거가 없다.

('11 기출①) 확률밀도함수(probability density function)가 두 상수 a, b에 대하여

$f(x) = \begin{cases} 0, & x < 0 \\ a, & 0 \le x < 1 \\ be^{1-x}, & 1 \le x < \infty \end{cases}$ 인 분포를 따르는 모집단이 있다. 이 모집

단에서 크기가 2인 표본을 임의로 추출하였을 때, 표본평균 $\overline{X}$의 평균이 $\frac{3}{2}$이다. a^2+b^2의 값은?

① $\frac{1}{9}$ ② $\frac{1}{3}$ ③ $\frac{5}{9}$ ④ $\frac{7}{9}$ ⑤ 1

('11 기출②) 한 개의 주사위를 던져 나온 눈의 수를 X라 하고, 나온 눈의 수와 같은 개수의 동전을 던져 나오는 앞면의 수를 Y라 하자. $X=m$이 주어질 때 Y의 조건부 확률함수(조건부확률질량함수, conditional probability function)를 $P_{Y|X}(n|m)$, Y의 확률함수를 $P_Y(n)$이라고 하자. $P_{Y|X}(n|m)$, $P_Y(0)$를 옳게 나타낸 것은?

	$P_{Y\|X}(n\|m)$	$P_Y(0)$		$P_{Y\|X}(n\|m)$	$P_Y(0)$
①	$\frac{{}_mC_n}{6 \cdot 2^m}$	$\frac{67}{6 \cdot 64}$	②	$\frac{{}_mC_n}{6 \cdot 2^n}$	$\frac{63}{6 \cdot 64}$
③	$\frac{{}_mC_n}{2^m}$	$\frac{67}{6 \cdot 64}$	④	$\frac{{}_mC_n}{2^m}$	$\frac{63}{6 \cdot 64}$
⑤	$\frac{{}_mC_n}{2^n}$	$\frac{61}{6 \cdot 64}$			

('12 기출①) 상자 A에 빨간 공 2개와 흰 공 3개가 들어 있고, 상자 B에 빨간 공 2개와 흰 공 m개가 들어 있다. 상자 A가 선택될 확률이 $\frac{1}{3}$이고, 상자 B가 선택될 확률이 $\frac{2}{3}$이다. 두 상자 A, B 중 하나를 선택하여 그 상자에서 임의로 추출한 한 개의 공이 흰 공일 때, 이 흰 공이 상자 A에서 추출되었을 조건부 확률이 $\frac{2}{7}$이다. m의 값은?

① 5 ② 6 ③ 7 ④ 8 ⑤ 9

('12 기출②) 두 이산형 확률변수 X와 Y의 결합 확률 질량함수(joint probability mass function) $f(x,y)=\frac{3x-y}{12}$, $x=1,2$, $y=1,2$라 하자. $Y=1$일 때, X의 조건부 기댓값(조건부 평균) $E(X|Y=1)$의 값은?

① $\frac{5}{4}$ ② $\frac{4}{3}$ ③ $\frac{13}{9}$ ④ $\frac{12}{7}$ ⑤ $\frac{9}{5}$

('12 기출③) 정규분포 $N(\mu_1, 36)$과 $N(\mu_2, 64)$를 각각 따르는 두 모집단 X, Y가 서로 독립이라 하자. 모집단 X에서 추출된 크기가 n인 확률표본의 표본평균을 $\overline{X}$, 모집단 Y에서 추출된 크기가 n인 확률표본의 표본평균을 $\overline{Y}$라 하자. 모평균의 차 $\mu_1 - \mu_2$에 대한 95% 신뢰구간의 길이가 4.9일 때, n의 값은? (단, $Z \sim N(0, 1)$일 때, $P(|Z| \le 1.96) = 0.95$이다.)

① 36　② 49　③ 64　④ 81　⑤ 100

('13 기출①) 동전 3개를 동시에 던져서 모두 앞면이 나오는 경우를 성공이라고 하자. 동전 3개를 동시에 던지는 시행을 독립적으로 반복할 때, 5번 성공할 때까지의 시행 횟수를 확률변수 X라 하자. 옳은 것만을 〈보기〉에서 있는 대로 고른 것은?

〈보기〉

ㄱ. $P(X \le 4) = 0$

ㄴ. $\sum_{k=1}^{\infty} P(X = k) = 1$

ㄷ. $P(X = 13) = {}_{12}C_4 \left(\frac{1}{8}\right)^5 \left(\frac{7}{8}\right)^8$

① ㄴ　② ㄱ, ㄴ　③ ㄱ, ㄷ
④ ㄴ, ㄷ　⑤ ㄱ, ㄴ, ㄷ

('13 기출②) 연속확률변수 X의 확률밀도함수(probability density function) $f(x)$가 $f(x) = \frac{2}{3}x\ (1 < x < 2)$이다. 확률변수 $Y = \frac{2}{X}$에 대하여 Y의 기댓값 $E[Y]$의 값은?

① $\frac{1}{3}$　② $\frac{2}{3}$　③ 1　④ $\frac{4}{3}$　⑤ $\frac{5}{3}$

('13 기출③) 어느 지역의 성인 300명을 대상으로 조사한 결과, 영양제를 주 2회 이상 복용하는 사람이 180명이었다. 이 지역의 성인 중 영양제를 주 2회 이상 복용하는 사람의 비율에 대한 99%의 신뢰구간은?
(단, $\sqrt{2}$는 1.41로 계산하고, $Z \sim N(0, 1)$일 때 $P(|Z| \le 2.58) = 0.99$이다. 소수점 아래 다섯째 자리에서 반올림한다.)

① (0.5472, 0.6528)　② (0.5372, 0.6628)　③ (0.5272, 0.6728)

④ (0.5172, 0.6828)　　⑤ (0.5072, 0.6928)

('14 기출①) 어느 도시의 성인 중 20%가 A 통신사를 이용한다고 한다. 이 도시의 성인 400명을 임의로 조사할 때, A 통신사를 이용하는 성인이 80명 이상 92명 이하가 될 확률을 이항분포의 정규근사를 이용하여 구하면 $P(0 \le Z \le k)$이다. k의 값을 구하시오(단, Z는 표준정규분포를 따르는 확률변수이고 연속성 보정은 하지 않는다).

('14 기출②) 두 연속확률변수 X와 Y의 결합 확률밀도함수(joint probability function) $f(x,y)$를 $f(x,y) = \begin{cases} \frac{1}{5}xy(1-x+y), & 0 < x < 1, 1 < y < 3 \\ 0 & , \text{그 외의 경우} \end{cases}$ 라 하자.

Y의 주변 확률밀도함수(marginal probability density function) $f_Y(y)$를 구하고, 이를 이용하여 $Y=2$가 주어졌다는 가정하에 X의 조건부확률밀도함수(conditional probability density function) $f_{X|Y}(x|2)$와 X의 조건부기댓값(conditional expectation) $E[X|Y=2]$를 구하시오.

('15 기출①) 모집단 A는 어떤 지역의 20세 남자들로 이루어져 있다. 모집단 A에 속하는 남자의 키는 평균 175㎝, 표준편차 5㎝인 정규분포를 따른다고 생각한다.

모집단 A에서 임의로 뽑은 남자의 키(㎝)와 몸무게(kg)를 각각 확률변수 X, Y라 할 때, $Y = \frac{2}{5}X + \alpha$가 성립한다고 하자. 여기서 α는 평균 0, 표준편차 $2\sqrt{3}$인 정규분포를 따르는 확률변수이고, X와 α는 독립이다. 확률 $P(Y > 72) = P(Z > k)$일 때, k의 값을 구하시오(단, Z는 표준정규분포를 따르는 확률변수이다).

('15 기출②) 두 연속확률변수 X와 Y는 독립이고, X와 Y의 확률밀도함수(probability density function)를 각각 $f_X(x) = 2x\,(0 < x < 1)$, $f_Y(y) = 1\,(0 < y < 1)$이라고 하자. $M = \left[\frac{X}{Y}\right]$라 할 때, 확률 $P(M=2)$를 구하시오(단, $[a]$는 a보다 크지 않은 최대정수이다).

('16 기출①) 앞면이 나올 확률이 $p(0<p<1)$인 동전을 학생 A가 n번 던지고, 학생 B가 $2n$번 던진다. 학생 A가 던져서 앞면이 나온 횟수와 학생 B가 던져서 앞면이 나온 횟수의 합이 2일 때, 학생 A가 던져서 앞면이 나온 횟수가 1일 확률이 $\frac{6}{13}$이다. n의 값을 구하시오

('16 기출②) 두 연속확률변수 X, Y가 서로 독립이고, 확률밀도함수(probability density function)가 각각

$$f_X(x)=\frac{1}{2}e^{-\frac{x}{2}} \quad (x>0),$$

$$f_Y(y)=e^{-y} \quad (y>0)$$

이다. 확률변수 $Z=X+2Y$의 확률밀도함수 $g(z)$를 구하시오.

('17 기출①) 연속확률변수 X의 확률밀도함수(probability density function) $f_x(x)$는 $f_X(x)=\frac{2}{9}x-\frac{2}{9}$ $(1<x<4)$이다. X와 같은 분포를 따르고 서로 독립인 2개의 연속확률변수 X_1, X_2에 대하여 $Y=\min\{X_1, X_2\}$일 때, 확률 $P\left(Y<\frac{5}{2}\right)$를 구하시오(단, $\min\{a, b\}$는 a와 b 중 크지 않은 수이다).

('17 기출②) 두 연속확률변수 X, Y는 서로 독립이고 각각 구간 $(0, 2)$에서 균등분포(uniform distribution)를 따른다. 확률변수 $Z=X+Y$의 확률밀도함수(probability density function) $f_z(z)$와 평균 $E(Z)$를 풀이 과정과 함께 쓰시오.

임용고사 기출문제 2 풀이

(❧11년도 이후 기출문제에 대한 풀이)

('11 기출①) $\int_{-\infty}^{\infty} f(x)dx = 1$

$$\int_{-\infty}^{0} 0dx + \int_{0}^{1} adx + \int_{1}^{\infty} be^{1-x}dx = 1 \quad \cdots\cdots \quad \therefore a+b=1 \cdots\cdots\cdots\cdots\cdots\cdots ①$$

$$E(\overline{X}) = \mu = \frac{3}{2} = \int_{-\infty}^{\infty} x f(x)dx$$

$$= \int_{-\infty}^{0} x\,0\,dx + \int_{0}^{1} x\,a\,dx + \int_{1}^{\infty} x\,b\,e^{1-x}\,dx$$

$$\therefore \frac{1}{2}a + 2b = \frac{3}{2} \cdots\cdots\cdots\cdots\cdots\cdots\cdots\cdots\cdots\cdots\cdots\cdots ②$$

①과 ②를 연립하면 $a = \frac{1}{3},\ b = \frac{2}{3} \quad \therefore a^2 + b^2 = \frac{5}{9}$

정답 ③

('11 기출②) $P_{Y|X}(n|m)=${한 개의 주사위를 던져 나온 눈의 수가 m일 때, m개의 동전을 던져 나오는 앞면의 수가 n일 확률}

$$= \frac{P_{Y,X}(Y=n \cap X=m)}{P_X(X=m)} = \frac{\frac{1}{6}\,{}_mC_n\left(\frac{1}{2}\right)^m}{\frac{1}{6}} = \frac{{}_mC_n}{2^m}$$

$$P_Y(0) = \frac{1}{6}\left(\frac{1}{2^1} + \frac{1}{2^2} + \cdots + \frac{1}{2^6}\right) = \frac{63}{6 \cdot 64}$$

정답 ④

('12 기출①) $A=${상자 A가 선택될 사건}, $B=${상자 B가 선택될 사건}, $C=${흰 공이 나올 사건}

$$P(A) = \frac{1}{3},\ P(B) = \frac{2}{3}$$

$$P(A|C)=\frac{P(A\cap C)}{P(C)}=\frac{\frac{1}{3}\cdot\frac{3}{5}}{\frac{1}{3}\cdot\frac{3}{5}+\frac{2}{3}\cdot\frac{m}{m+2}}=\frac{2}{7}$$

$\therefore\ m=6$

정답 ②

('12 기출②) $E(X\mid Y=1)=\sum_{x=1}^{2}x\cdot f(X\mid Y=1)$

$$=\sum_{x=1}^{2}x\cdot f(X\mid Y=1)$$

$$=\sum_{x=1}^{2}\frac{x\,f(X,Y=1)}{f_Y(Y=1)}$$

$$\left(\begin{array}{l}\because f_Y(Y)=\sum_{x=1}^{2}\left(\frac{3}{12}x-\frac{y}{12}\right)=\frac{3}{4}-\frac{1}{6}y\\ \quad\therefore f_Y(Y=1)=\frac{7}{12}\end{array}\right)$$

$$=\sum_{x=1}^{2}\frac{x\left(\frac{3}{12}x-\frac{1}{12}\right)}{\frac{7}{12}}=\frac{12}{7}$$

정답 ④

('12 기출③) $X\sim N(\mu_1,36),\ \ Y\sim N(\mu_2,64)$

$$\overline{X}\sim N(\mu_1,\frac{36}{n}),\ \ \overline{Y}\sim N(\mu_2,\frac{64}{n})$$

$$\overline{X}-\overline{Y}\sim N(\mu_1-\mu_2,\frac{36}{n}-\frac{64}{n}),\ \ S_{\overline{X}-\overline{Y}}=\sqrt{\frac{36}{n}+\frac{64}{n}}=\sqrt{\frac{100}{n}}$$

신뢰구간 $\left[\overline{X}-\overline{Y}\pm 1.96\sqrt{\frac{100}{n}}\right]=4.9$

$2\left(1.96\sqrt{\frac{100}{n}}\right)=4.9\qquad\therefore n=64$

정답 ③

('13 기출①) ㄱ. 확률변수 X는 최소 5이므로 $P(X \le 4) = 0$

ㄴ. 확률의 성질에 의하여 모든 확률변수 X 각각의 확률을 다 더하면 1

즉, $\sum_{k=1}^{\infty} P(X=k) = 1$

ㄷ. $P(X=13)$는 12번 던졌을 때, 5번 중 4번 동전3개 모두 앞면이 나오고 13번째에 동전 3개 모두 앞면이 나올 확률이다. 따라서

$$P(X=13) = {}_{12}C_4\left(\frac{1}{8}\right)^4\left(\frac{7}{8}\right)^8\left(\frac{1}{8}\right) = {}_{12}C_4\left(\frac{1}{8}\right)^5\left(\frac{7}{8}\right)^8$$

정답 ⑤

('13 기출②) $E[Y] = E\left[\frac{2}{X}\right] = \int_1^2 \frac{2}{x} f(x)dx = \int_1^2 \frac{2}{x} \cdot \frac{2}{3} x dx = \frac{4}{3}$

정답 ④

('13 기출③) $\hat{p} = \frac{180}{300} = \frac{3}{5}$, $s = \sqrt{\frac{\hat{p}(1-\hat{p})}{300}} = \sqrt{\frac{\frac{3}{5} \cdot \frac{2}{5}}{300}} = \frac{1}{25\sqrt{2}}$

신뢰구간

$$\left(\hat{p} - z_{0.01/2} \cdot s, \hat{p} + z_{0.01/2} \cdot s\right) = \left(\frac{3}{5} - 2.58\frac{1}{25\sqrt{2}}, \frac{3}{5} + 2.58\frac{1}{25\sqrt{2}}\right)$$

$$= (0.5272, 0.6728)$$

정답 ③

('14 기출①) $B\left(400, \frac{20}{100}\right)$

$np = 400 \cdot \frac{20}{100} = 80(>5)$, $npq = 400 \cdot \frac{20}{100} \cdot \frac{80}{100} = 64(>5)$

$B\left(400, \frac{20}{100}\right) \sim N(80, 64)$

$P(80 \le X \le 92) = P\left(\frac{80-80}{8} \le Z \le \frac{92-80}{8}\right) = P(0 \le Z \le 1.5)$

$\therefore\ k = 1.5$

정답 $k = 1.5$

('14 기출②) $f_Y(y)=\int_0^1 \frac{1}{5}xy(1-x+y)dx=\frac{1}{30}y+\frac{1}{10}y^2$

$$f_{X|Y}(x \mid y=2)=\frac{f(x,2)}{f_Y(y=2)}=\frac{\frac{1}{5}2x(1-x+2)}{\frac{2}{30}+\frac{4}{10}}=\frac{6}{7}x(3-x)$$

$$E(X|Y=2)=\int_0^1 xf(x|y=2)dx=\int_0^1 x\frac{6}{7}x(3-x)dx=\frac{9}{14}$$

정답 $\frac{9}{14}$

('15 기출①) $X\sim N(175,5^2)$, $Y\left(=\frac{2}{5}X+\alpha\right)$: 몸무게 , $\alpha\sim N(0,(2\sqrt{3})^2)$

$$E(Y)=E\left(\frac{2}{5}X+\alpha\right)=\frac{2}{5}E(X)+E(\alpha)=\frac{2}{5}\cdot 175+0=70$$

$$V(Y)=V\left(\frac{2}{5}X+\alpha\right)=V\left(\frac{2}{5}X\right)+V(\alpha)=\left(\frac{2}{5}\right)^2V(X)+V(\alpha)$$

$$=\frac{4}{25}\cdot 25+12=16$$

($\because$ X와 α는 독립)

$\therefore\ Y\sim N(70,4^2)$

$$P(Y>72)=P(Z>\frac{72-70}{4})=P(Z>0.5)$$

정답 $k=0.5$

('15 기출②) $M=\left[\frac{X}{Y}\right]=2,\quad 2\le\frac{X}{Y}<3,\ 2Y\le X<3Y$

$$P(M=2)=P(2Y\le X<3Y)=\int_0^1\int_{\frac{1}{3}x}^{\frac{1}{2}x}f_X(x)dydx$$

$$=\int_0^1\int_{\frac{1}{3}x}^{\frac{1}{2}x}2x\,dy\,dx=\frac{1}{9}$$

정답 $\frac{1}{9}$

('16 기출①) $A=\{$ 학생 A가 던져 앞면이 나오는 사상$\}$, $B=\{$ 학생 B가 던져 앞면이 나오는 사상$\}$

$P(A)=p, \quad P(B)=p$

학생 A가 n번 던져서 앞면이 나온 횟수 $=|A|$,

학생 B가 $2n$번 던져서 앞면이 나온 횟수 $=|B|$

$P(|A|=1 \mid |A|+|B|=2)$

$$=\frac{{}_nC_1 p(1-p)^{n-1}\ {}_{2n}C_1 p^{2-1}(1-p)^{2n-1}}{{}_nC_0p^0(1-p)^n\ {}_{2n}C_2p^2(1-p)^{2n-2}+{}_nC_1p^1(1-p)^{n-1}\ {}_{2n}C_1p^1(1-p)^{2n-1}+{}_nC_2p^2(1-p)^{n-2}\ {}_{2n}C_0p^0(1-p)^{2n}}$$

$$=\frac{{}_nC_1\ {}_{2n}C_1}{\frac{9n^2-3n}{2}}=\frac{6}{13}$$

$\therefore\ n=9$

정답 $n=9$

('16 기출②) 결합확률밀도함수 $f(x,y)=f_X(x)f_Y(y)=\frac{1}{2}e^{-\frac{x}{2}}e^{-y}$ ($\because$ X, Y가 서로 독립 누적분포함수)

$$G(Z\le z)=P(X+2Y\le z)=\int_0^z\int_0^{-\frac{1}{2}x+\frac{1}{2}z}f(x,y)dxdy$$

$$=-\frac{1}{2}ze^{-\frac{1}{2}z}-e^{-\frac{z}{2}}+1$$

확률밀도함수 $g(z)=G'(z)=\frac{1}{4}ze^{-\frac{z}{2}}$

또는 $G(Z\le z)=P(X+2Y\le z)=\int_0^{\frac{z}{2}}\int_0^{z-2y}f(x,y)dxdy$

$$=-\frac{1}{2}ze^{-\frac{1}{2}z}-e^{-\frac{z}{2}}+1$$

확률밀도함수 $g(z)=G'(z)=\frac{1}{4}ze^{-\frac{z}{2}}$ $\qquad \therefore g(z)=\frac{1}{4}ze^{-\frac{z}{2}}$

정답 $g(z)=\frac{1}{4}ze^{-\frac{z}{2}}$

('17 기출①) $F(y) = P(Y \le y) = P(\min\{X_1, X_2\} \le y)$

$$= 1 - P(\min\{X_1, X_2\} > y) \ (\because X_1, X_2\text{는 서로 독립})$$

$$= 1 - P(X_1 > y)P(X_2 > y)$$

$$= 1 - (1 - F_{X_1}(y))(1 - F_{X_2}(y))$$

(방법1)

$F_{X_1}(x) = F_{X_2}(x) = \int_1^x \left(\frac{2}{9}t - \frac{2}{9}\right)dt = \frac{2}{9}\left(\frac{1}{2}x^2 - x + \frac{1}{2}\right)$이므로

$F_{X_1}\left(\frac{5}{2}\right) = F_{X_2}\left(\frac{5}{2}\right) = \frac{1}{4}$이다. 따라서

$P\left(Y < \frac{5}{2}\right) = F\left(\frac{5}{2}\right) = 1 - \left(1 - F_{X_1}\left(\frac{5}{2}\right)\right)\left(1 - F_{X_2}\left(\frac{5}{2}\right)\right) = \frac{7}{16}$이다.

(방법2)

$P\left(X \ge \frac{5}{2}\right) = \int_{\frac{5}{2}}^4 f_X(x)dx = \int_{\frac{5}{2}}^4 \left(\frac{2}{9}x - \frac{2}{9}\right)dx = \frac{3}{4}$

$P\left(\min\{X_1, X_2\} \ge \frac{5}{2}\right)$은 X_1와 X_2 중 크지 않은 변수가 $\frac{5}{2}$ 이상일 때 확률이므로 $P\left(X_1 \ge \frac{5}{2}\right)$이고 $P\left(X_2 \ge \frac{5}{2}\right)$이어야 한다.

그러므로 $P\left(\min\{X_1, X_2\} \ge \frac{5}{2}\right) = P\left(X_1 \ge \frac{5}{2}\right) \cdot P\left(X_2 \ge \frac{5}{2}\right)$

($\because X_1, X_2$는 서로 독립)

$$P\left(Y < \frac{5}{2}\right) = 1 - P\left(Y \ge \frac{5}{2}\right) = 1 - P\left(\min\{X_1, X_2\} \ge \frac{5}{2}\right)$$

$$= 1 - P\left(X_1 \ge \frac{5}{2}\right)P\left(X_2 \ge \frac{5}{2}\right)$$

$$= 1 - \left(\frac{3}{4}\right)^2 = \frac{7}{16}$$

정답 $\frac{7}{16}$

('17 기출②) $f(x,y)=f_X(x)f_Y(y)=\frac{1}{2}\cdot\frac{1}{2}=\frac{1}{4}$ ($\because X,\ Y$ 독립)

$Z=X+Y$이므로 $0<z<4$이다.

Z의 누적분포함수 $F(Z\le z)=F(X+Y\le z)$은 다음과 같다.

ⅰ) $0<z\le 2$인 경우

$$F(Z\le z)=F(X+Y\le z)$$
$$=\int_0^z\int_0^{-x+z}f(x,y)dydx=\int_0^z\int_0^{-x+z}\frac{1}{4}dydx=\frac{1}{8}z^2$$

ⅱ) $2<z<4$인 경우

$$F(Z\le z)=F(X+Y\le z)$$
$$=1-\int_{z-2}^2\int_{-x+z}^2 f(x,y)dydx$$
$$=\int_{z-2}^2\int_{-x+z}^2\frac{1}{4}dydx=-\frac{1}{8}z^2+z-1$$

따라서 $f_z(z)=F'(Z\le z)=\begin{cases}\frac{1}{4}z, & 0<z\le 2\\ -\frac{1}{4}z+1, & 2<z<4\end{cases}$ 이고

$E(Z)=\int_0^2 z\cdot\frac{1}{4}z\,dz+\int_2^4 z\cdot\left(-\frac{1}{4}z+1\right)dz=2$이다.

정답 $f_z(z)=\begin{cases}\frac{1}{4}z, & 0<z\le 2\\ -\frac{1}{4}z+1, & 2<z<4\end{cases}$, $E(Z)=2$

연습문제 풀이

제1장 셈의 방법

[1-1] (i) 7명의 사람은 $7\times6\times5\times4\times3\times2\times1=7!$가지 방법의 열로 정렬하여 앉을 수 있다.

(ii) 한 사람이 원형 테이블의 한 좌석에 앉고, 다른 여섯 사람은 테이블 주위에 $6\times5\times4\times3\times2\times1=6!$가지의 방법으로 정렬하여 앉을 수 있다.

NOTE n개의 대상물은 $(n-1)(n-2)\cdots3\cdot2\cdot1=(n-1)!$가지의 방법으로 원을 정렬할 수 있다.

[1-2] 6개의 깃발은 4개의 붉은색 깃발과 2개의 청색 깃발로 이루어져 있으므로, $\dfrac{6!}{4!2!}=15$가지의 신호가 있다.

[1-3] (i) 순서표본에서 각각의 공은 8가지 방법으로 택할 수 있으므로, 복원을 갖는 $8\cdot8\cdot8=8^3=512$가지의 방법이 있다.

(ii) 순서표본에서 첫 번째 공은 8가지 방법으로 택해질 수 있고, 다음은 7가지, 그리고 마지막 6가지가 있다. 그러므로 복원을 갖지 않는 $8\cdot7\cdot6=336$가지의 표본이 있다.

[1-4] $\dbinom{n}{r-1}+\dbinom{n}{r}=\dfrac{n!}{(r-1)!(n-r+1)!}+\dfrac{n!}{r!(n-r)!}$이므로, 양변에 같은 분모를 얻기 위하여 $\dfrac{r}{r}$을 첫 번째 분수에 곱하고 $\dfrac{n-r-1}{n-r-1}$을 두 번째 분수에 곱한다. 그러면

$$\begin{aligned}\binom{n}{r-1}+\binom{n}{r}&=\frac{r\cdot n!}{r\cdot(r-1)!(n-r+1)!}+\frac{(n-r+1)\cdot n!}{(n-r+1)\cdot r!(n-r)!}\\&=\frac{r\cdot n!}{r!(n-r+1)!}+\frac{(n-r+1)\cdot n!}{r!(n-r+1)!}\end{aligned}$$

$$= \frac{r \cdot n! + (n-r+1) \cdot n!}{r!(n-r+1)!} = \frac{[r + (n-r+1)] \cdot n!}{r!(n-r+1)!}$$

$$= \frac{(n+1)n!}{r!(n-r+1)!} = \frac{(n+1)!}{r!(n-r+1)!} = \binom{n+1}{r}$$

[1-5] 7명의 남성 중에서 3명을 고르는 것은 $\binom{7}{3}$가지이고, 5명의 여성 중에서 2명을 고르는 것은 $\binom{5}{2}$가지이다. 그러므로

$$\binom{7}{3}\binom{5}{2} = 7 \cdot 6 \cdot 5 \cdot \frac{1}{6} \cdot 5 \cdot 4 \cdot \frac{1}{2} = 350$$

가지의 방법으로 구성할 수 있다.

[1-6] 각각의 4명의 학생을 포함하는 12명의 학생에 대한 순서분할을 생각하면, 정리에 의하여 $\frac{12!}{4!4!4!} = 34,650$개 있다.

[1-7] $\binom{12}{3}\binom{9}{3}\binom{6}{3}\binom{3}{3} = \frac{12!}{3!3!3!3!} = 369,600$

[1-8] 1, 2, 3, 4, 5 또는 6명의 학생이 선택할 수 있다. 그러므로 선택의 숫자는 $\binom{6}{1} + \binom{6}{2} + \binom{6}{3} + \binom{6}{4} + \binom{6}{5} + \binom{6}{6} = 6 + 15 + 20 + 15 + 6 + 1 = 63$

[1-9] 배팅이 일어날 수 있는 방법을 수형도로 그리면 다음과 같다.

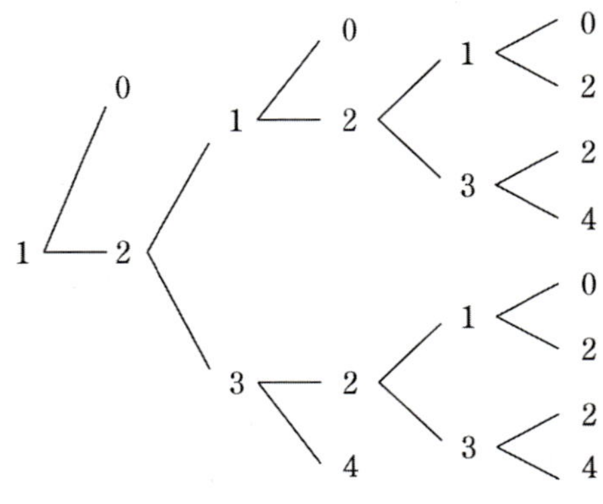

그림에서 각각의 숫자는 그 사람이 그 점에서 가지는 파운드를 가르킨다. 배팅은 11가지의 다른 방법으로 일어날 수 있다. 여기에서 5번의 배팅이 행하

기 전에 멈출 경우는 3가지 경우임을 알 수 있다.

선수권대회에서 발생할 수 있는 방법을 수형도로 그리면 다음과 같다.

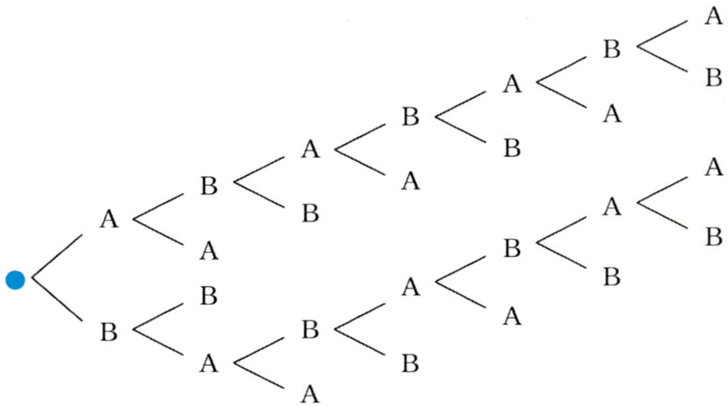

따라서 선수권대회에서 발생할 수 있는 방법은 14가지이다.

[1-11]

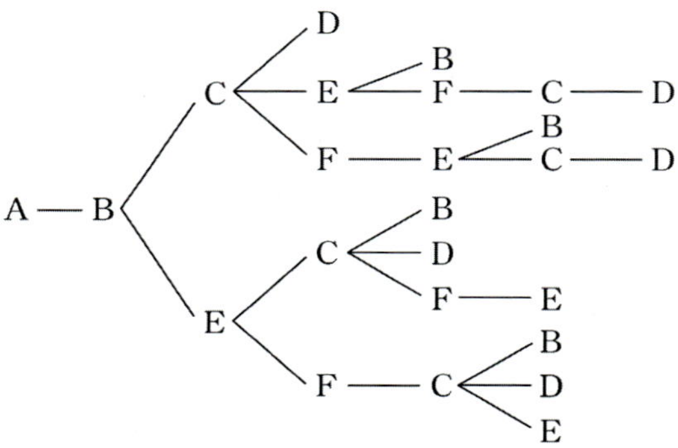

따라서 11가지의 수가 있다.

[1-12] (1) 5×9×8

(2) 8×8×5(일 단위가 1, 3, 5, 7, 9)

(3) 9×8×1+8×8×1(일 단위가 0인 경우+일 단위가 5인 경우)

[1-13] (1) 4(무늬 종류)×10(A−5, 2−6, ⋯, 10 J K Q A)= 40

(2) 4×4×4×4×4(같은 숫자 4장)×10−40((1)의 경우)= 10,200

(3) 13(포 카드 종류)×48(포 카드 아닌 카드 갯수)= 624

(4) ${}_4C_2$(4장 A에서 2장 A 선택)×${}_{12}C_3$(A 제외한 12종류에서 3종류 선택)×4^3 (선택된 3종류의 4장 중 1장 선택)

제2장 확률의 기본 개념

[2-1] 상자 안에는 총 6개의 볼트, 너트가 있다. 이 중에서 2개를 뽑는 가지 수는 $\binom{6}{2}$이다. 그리고 3개의 볼트 중 1개를 뽑고, 3개의 너트 중 1개를 뽑는 가지 수는

$$\binom{3}{1}\times\binom{3}{1}$$

이다. 따라서 구하는 확률은 다음과 같다.

$$\frac{\binom{3}{1}\times\binom{3}{1}}{\binom{6}{2}}=\frac{3}{5}$$

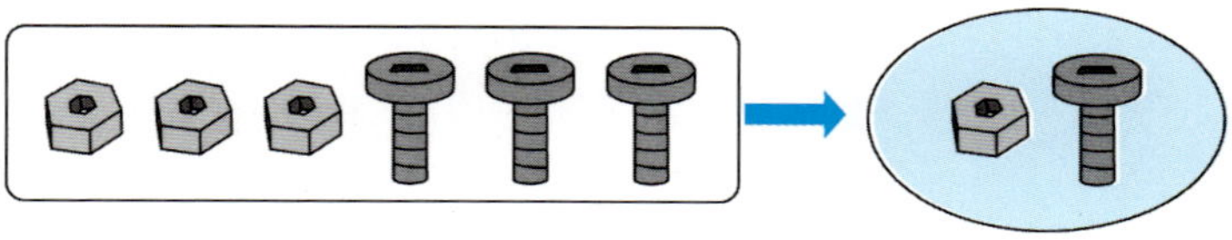

[2-2] 두 주사위의 눈을 a, b라 하자. 그러면 $\max(a, b) > 4$를 만족하는 순서쌍을 구하면 된다.

(5, 1), (5, 2), (5, 3), (5, 4), (5, 5), (5, 6) (1, 5), (2, 5), (3, 5), (4, 5), (6, 5) (6, 1), (6, 2), (6, 3), (6, 4), (6, 6) (1, 6), (2, 6), (3, 6), (4, 6)

$\therefore \frac{20}{36}$

[2-3] 조건에 맞게 수직선상에 도시하면 다음과 같다.

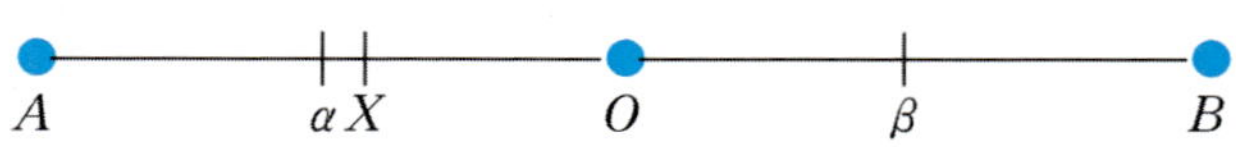

점 X가 선분 $\overline{AO}$ 사이에 있을 경우와 $\overline{OB}$ 사이에 있을 경우로 나누어 생각하자. 그리고 α는 선분 $\overline{AO}$의 중점이고 β는 선분 $\overline{OB}$의 중점이다. 그러면 우리는 다음 두 가지 경우로 나누어 생각할 수 있다.

case I) 점 X가 선분 $\overline{AO}$ 사이에 있을 경우 $\overline{XB}$가 가장 긴 선분이므로 삼각

형의 조건에 의해 $\overline{AO}+\overline{AX}>\overline{XB}$이어야 한다. X가 선분 $\overline{A\alpha}$ 사이의 구간 위에 있다면 $\overline{AO}+\overline{AX}<\overline{XB}$이므로 조건에 해당하지 않고 X가 선분 $\overline{\alpha O}$ 사이의 구간 위에 있다면 $\overline{AO}+\overline{AX}>\overline{XB}$가 성립한다.

case II) 점 X가 선분 $\overline{OB}$ 사이에 있을 경우 $\overline{AX}$가 가장 긴 선분이므로 삼각형의 조건에 의해 $\overline{AO}+\overline{XB}>\overline{AX}$이어야 한다. X가 선분 $\overline{\beta B}$ 사이의 구간 위에 있다면 $\overline{OB}+\overline{XB}<\overline{AX}$이므로 조건에 해당하지 않고 X가 선분 $\overline{O\beta}$ 사이의 구간 위에 있다면 $\overline{O\beta}+\overline{XB}>\overline{AX}$가 성립한다.

I), II)에 의하여 X가 $\overline{\alpha\beta}$ 사이에 있을 경우에 삼각형이 되므로 확률은 $\frac{1}{2}$이다.

[2-4] 구하려는 식을 변형하면 다음과 같다.

$$P(A\cap B^c)=P(A)-P(A\cap B)=\left(1-\frac{5}{8}\right)-\frac{1}{4}=\frac{1}{8}$$

[2-5] 구하려는 식을 변형하면 다음과 같다.

$$\begin{aligned}P(A\cap B)&=P(A)+P(B)-P(A\cup B)\\&=P(A)+(1-P(B^c))-P(A\cup B)\\&=\frac{1}{2}+\left(1-\frac{5}{8}\right)-\frac{3}{4}=\frac{1}{8},\end{aligned}$$

$$P(A^c\cap B^c)=P((A\cup B)^c)=1-P(A\cup B)=1-\frac{3}{4}=\frac{1}{4},$$

$$P(A^c\cup B^c)=P((A\cap B)^c)=1-P(A\cap B)=1-\frac{1}{8}=\frac{7}{8}$$

[2-6] 구하고자 하는 사건을 E라 하자. 그러면 $E=\{(TTTTT)\}$이다. 따라서

$$P(E)=\left(\frac{1}{2}\right)^5=\frac{1}{32}$$

[2-7] 15개의 전구에서 3개를 선택할 수 있는 방법은 $\binom{15}{3}=455$가지이다.

(i) 정상인 전구가 10개 있으므로 3개의 정상인 전구를 선택할 수 있는

방법은 $\binom{10}{3}=120$가지가 있다. 따라서 $P=\frac{120}{455}=\frac{24}{91}$이다.

(ii) 5개의 결점이 있는 전구가 있고 정상인 전구가 $\binom{10}{2}=45$가지의 다른 쌍이 있으므로 3개를 선택하는 것 중에서 1개가 결점이 있을 경우는 $5 \cdot 45=225$가지이다. 그러므로 $P=\frac{225}{455}=\frac{45}{91}$이다.

(iii) 적어도 하나의 결점이 있는 사건은 결점이 하나도 없는 사건의 여사건이고 그 확률이 (i)에 의하여 $\frac{24}{91}$이므로 $P=1-\frac{24}{91}=\frac{67}{91}$이다.

[2-8] C가 승리할 확률을 P라 하면 A가 승리확률은 $2P$이고 B가 승리확률도 $2P$이다. 그리고 A, B, C의 모든 확률을 더하면 1이다. 즉 $P+2P+2P=1$이다. 따라서 $P=\frac{1}{5}$. 그러면 $B=\frac{2}{5}$이고 $C=\frac{1}{5}$이다. 따라서 B나 C가 승리할 확률은 다음과 같다.

$$P(B \cup C)=P(B)+P(C)=\frac{3}{5}$$

[2-9] (1) 선발된 선수가 완전한 팀을 이루기 위해서는 수비수, 공격수, 중견수로 이루어져야 한다. 따라서 구하는 확률은 다음과 같다.

$$\frac{3 \times 2 \times 1}{3^3}=\frac{2}{9}$$

(2) 모두 같은 포지션의 선수가 선발될 확률은 다음과 같다.

$$3 \times \left(\frac{1}{3}\right)^3=\frac{1}{9}$$

[2-10] E_i를 같은 무늬의 에이스와 킹이 있을 사상이라 하자. 그러면 52장의 카드에는 4가지 무늬가 있기 때문에 구하는 확률은 다음과 같다.

$$P(E_1 \cup E_2 \cup E_3 \cup E_4)=\sum_{i=1}^{4} P(E_i)-\sum_{i<j}^{4} P(E_i \cap E_j)$$
$$+\sum_{i<j<k}^{4} P(E_i \cap E_j \cap E_k)-P(E_1 \cap E_2 \cap E_3 \cap E_4)$$

$$= \frac{\left[\binom{4}{1}\times\binom{50}{11}-\binom{4}{2}\times\binom{48}{9}+\binom{4}{3}\times\binom{46}{7}-\binom{4}{4}\times\binom{44}{5}\right]}{\binom{52}{13}}$$

$$= \frac{\left[4\times\binom{50}{11}-6\times\binom{48}{9}+4\times\binom{46}{7}-\binom{44}{5}\right]}{\binom{52}{13}} = 0.21978$$

[2-11] S를 다음과 같은 귀퉁이의 사각형 안의 점들이라고 하자.

$$(m,\ n),\ (m,\ n+1),\ (m+1,\ n),\ (m+1,\ n+1) \in X$$

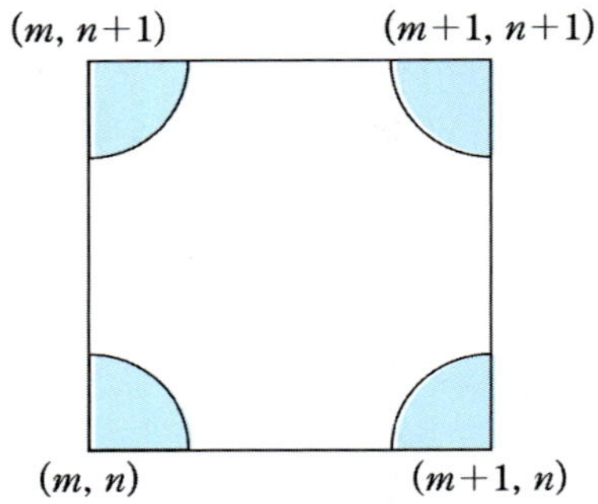

A를 각 귀퉁이의 점에서 $\frac{1}{4}$보다 짧은 거리에 있는 S 안의 점들의 집합이라고 하자(A의 영역은 반지름 $\frac{1}{4}$ 안의 원 안의 영역과 같다).
그러므로 S의 중심에 떨어질 동전이 X의 점을 덮을 필요충분조건은 그것의 중심이 A의 점에 떨어지는 것이다. 따라서

$$P(A) = \frac{A\text{의 영역}}{S\text{의 영역}} = \frac{\pi\left(\frac{1}{4}\right)^2}{1} = \frac{\pi}{16} \approx 0.2$$

[2-12] (1) 3개의 수의 합이 짝수인 경우는 {짝, 짝, 짝}, {짝, 홀, 홀}이다. 따라서

$$P(\text{합이 짝수}) = \frac{\binom{5}{3}+\binom{5}{1}\binom{5}{2}}{\binom{10}{3}} = \frac{1}{2}$$

(2) 3개의 수의 곱이 짝수인 경우는 {짝, 짝, 짝}, {홀, 짝, 짝}, {홀, 홀, 짝}이므로 전체에서 모두 홀수인 경우를 빼면 된다. 따라서

$$P(\text{곱이 짝수}) = 1 - P(\text{곱이 홀수}) = 1 - \frac{\binom{5}{3}}{\binom{10}{3}} = \frac{11}{12}$$

[2-13] 10명이 한 줄로 앉은 방법은 10!가지

1, 3, 5, 7, 9 자리에 남자가 앉고 2, 4, 6, 8, 10 자리에 여자가 앉으며, 그의 반대로 앉는 경우를 생각한다.

$$\frac{5!\times 5!\times 2}{10!}\cong 0.008$$

[2-14] 그림과 같이 A가 이길 경우는 A, BA, BBA이므로

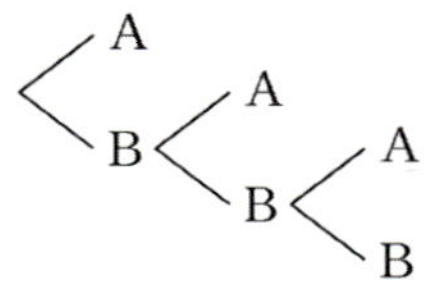

$P(A)=\frac{1}{2}+\frac{1}{4}+\frac{1}{8}=\frac{7}{8}$ 이고

$P(B)=\frac{1}{2}\cdot\frac{1}{2}\cdot\frac{1}{2}=\frac{1}{8}$ 이다.

따라서 금화 $24\times\frac{7}{8}=21$ 개를 A가 가지고 나머지는 B가 가진다.

[2-15] 정삼각형 넓이$=\frac{1}{2}\cdot 3\cdot 3\cdot\sin 60°=\frac{9\sqrt{3}}{4}$

3개의 호 넓이$=\frac{1}{2}\cdot 1\cdot 1\cdot\frac{\pi}{3}\times 3=\frac{\pi}{2}$

$$P(A)=\frac{9\sqrt{3}/4-\frac{\pi}{2}}{9\sqrt{3}/4}=1-\frac{2\pi}{9\sqrt{3}}$$

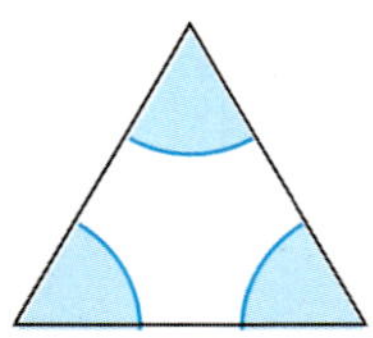

[2-16] $P(\sin X>\cos X)=P(\tan X>1)=P\left(X>\frac{\pi}{4}\right)=\frac{\frac{\pi}{2}-\frac{\pi}{4}}{\frac{\pi}{2}}=\frac{1}{2}$

[2-17] (1) $\dfrac{13 \cdot \binom{4}{3} \cdot 12 \cdot \binom{4}{2}}{\binom{52}{5}}$

(2) $\dfrac{4}{\binom{52}{5}}$

(3) $\dfrac{\binom{13}{2}\binom{4}{2}\binom{4}{2}\binom{44}{1}}{\binom{52}{5}}$

(4) $\dfrac{\binom{13}{1}\binom{4}{3}\binom{12}{2}\binom{4}{1}\binom{4}{1}}{\binom{52}{5}}$

[2-18] (1) $\dfrac{{}_{10}P_3}{10^3}$

(2) $1-\dfrac{{}_{10}P_3}{10^3}$

제3장 조건부 확률과 독립성

[3-1] 표본공간은 8개의 원소를 가지고 있다.

$$S = \{HHH, HHT, HTH, HTT, THH, THT, TTH, TTT\}$$

(1) 첫 번째 동전이 앞면이면 축소된 부분공간은

$$A = \{HHH, HHT, HTH, HTT\}$$

이다. 동전이 4가지 중에서 1가지만이 모두 앞면이므로 $P = \frac{1}{4}$ 이다.

(2) 동전 중의 하나가 앞면이면 축소된 부분공간은

$$B = \{HHH, HHT, HTH, HTT, THH, THT, TTH\}$$

이다. 동전이 7가지 중에서 1가지만이 모두 앞면이므로 $P = \frac{1}{7}$ 이다.

[3-2] (1) 수학에서 낙제할 확률을 $P(A) = 0.25$ 라 하고, 화학에서 낙제할 확률을 $P(B) = 0.15$ 라 하자. 그러면 수학과 화학에서 동시에 낙제할 확률은 $P(A \cap B) = 0.1$ 로 나타낼 수 있다. 따라서

$$P(A \mid B) = \frac{P(A \cap B)}{P(B)} = \frac{0.1}{0.15} = \frac{2}{3}$$

(2) 문제의 조건에 따라 식을 세우면 다음과 같다.

$$P(B \mid A) = \frac{P(A \cap B)}{P(A)} = \frac{0.1}{0.25} = \frac{2}{5}$$

(3) 역시 문제의 조건에 따라 식을 세우면 다음과 같다.

$$P(A \cup B) = P(A) + P(B) - P(A \cap B) = 0.25 + 0.15 - 0.1 = 0.3$$

[3-3] (1) $P(A \mid B) = \dfrac{P(A \cap B)}{P(B)} = \dfrac{\frac{1}{4}}{\frac{1}{3}} = \dfrac{3}{4}$

(2) $P(B|A)=\dfrac{P(A\cap B)}{P(A)}=\dfrac{\frac{1}{4}}{\frac{1}{2}}=0.5$

(3) $P(A\cup B)=P(A)+P(B)-P(A\cap B)=\dfrac{1}{2}+\dfrac{1}{3}-\dfrac{1}{4}=\dfrac{7}{12}$

(4) $P(A^c|B^c)=\dfrac{P(A^c\cap B^c)}{P(B^c)}=\dfrac{1-P(A\cup B)}{1-P(B)}=\dfrac{1-\frac{7}{12}}{1-\frac{1}{3}}=\dfrac{5}{8}$

(5) $P(B^c|A^c)=\dfrac{P(A^c\cap B^c)}{P(A^c)}=\dfrac{1-P(A\cup B)}{1-P(A)}=\dfrac{5}{6}$

[3-4] 우선 주어진 문제를 풀기 위해서 다음과 같은 경우의 수를 생각하자. 3명이 5개 호텔에 투숙할 수 있는 경우의 수는 ${}_5\Pi_3=5^3$, 각기 다른 호텔에 3명이 투숙할 수 있는 경우의 수는 ${}_5P_3$이다. 따라서 구하는 확률은 다음과 같다.

$$\frac{5\times4\times3}{5^3}=\frac{12}{25}$$

[3-5] 각 기계에서 품목 생산의 사상을 A, B, C, 그리고 불량품의 사상을 F라 하자. 그러면 구하는 확률은 다음과 같다.

$$\begin{aligned}P(C|F)&=\frac{P(C\cap F)}{P(F)}\\&=\frac{P(C\cap F)}{P(A\cap F)+P(B\cap F)+P(C\cap F)}\\&=\frac{P(C)P(F|C)}{P(A)P(F|A)+P(B)P(F|B)+P(C)P(F|C)}\\&=\frac{0.1\times0.04}{0.6\times0.02+0.3\times0.03+0.1\times0.04}=0.16\end{aligned}$$

[3-6] 대학에서 여성일 사상을 F, 남성일 사상을 M이라 하자. 그리고 180cm보다 클 사상을 H라 하자. 그러면 구하는 확률은 다음과 같다.

$$P(F|H)=\frac{P(F\cap H)}{P(H)}$$

$$= \frac{P(F \cap H)}{P(F \cap H) + P(M \cap H)}$$

$$= \frac{P(F)P(H|F)}{P(F)P(H|F) + P(M)P(H|M))}$$

$$= \frac{0.6 \times 0.01}{0.6 \times 0.01 + 0.4 \times 0.04} = 0.27273$$

[3-7] (1) 남자와 부인이 10년 이상 생존하는 사건을 각각 H, W라 하자. 그리고 각각의 사건은 독립이다. 따라서 둘 다 10년 동안 생존할 확률은 다음과 같다.

$$P(H \cap W) = P(H) \times P(W) = \frac{1}{4} \times \frac{1}{3} = \frac{1}{12}$$

(2) 적어도 한 사람이 10년을 생존할 확률은 전체 확률에서 두 사람이 10년 이상 생존하지 못할 확률을 제외시켜도 같은 결과가 된다. 따라서 구하는 확률은 다음과 같다.

$$P(H \cup W) = P(H) + P(W) - P(H \cap W)$$
$$= \frac{1}{4} + \frac{1}{3} - \frac{1}{12} = \frac{1}{2}$$

$$P(H \cup W) = 1 - P(H^c \cap W^c)$$
$$= 1 - P(H^c)P(W^c)$$
$$= 1 - (1 - P(H))(1 - P(W))$$
$$= 1 - \left(1 - \frac{1}{4}\right)\left(1 - \frac{1}{3}\right) = 1 - \frac{1}{2} = 0.5$$

(3) 문제의 조건에서 둘 다 10년 이상 생존하지 못할 확률은 다음과 같다.

$$P(H^c \cap W^c) = P(H^c) \times P(W^c)$$
$$= (1 - P(H))(1 - P(W))$$
$$= \left(1 - \frac{1}{4}\right) \times \left(1 - \frac{1}{3}\right) = 0.5$$

(4) 오직 부인만 10년을 생존할 확률을 구하면 다음과 같다.

$$P(W - H) = P(W \cap H^c) = P(W)P(H^c)$$
$$= P(W)(1 - P(H))$$

$$= \frac{1}{3} \times \left(1 - \frac{1}{4}\right) = 0.25$$

[3-8] (1) 각각 두 상자에서 우량품의 사상을 A, B라 하자. 그리고 두 사상은 독립이다. 따라서 구하는 확률은 다음과 같다.

$$P(A \cap B) = P(A)P(B) = \frac{3}{8} \times \frac{2}{5} = \frac{3}{20}$$

(2) 하나는 우량품, 하나는 불량품일 사상을 T라 하자.

$$\begin{aligned} P(T) &= P(A \cap B^c) + P(A^c \cap B) \\ &= P(A)P(B^c) + P(A^c)P(B) \\ &= \frac{3}{8} \times \left(1 - \frac{2}{5}\right) + \left(1 - \frac{3}{8}\right) \times \frac{2}{5} = \frac{19}{40} \end{aligned}$$

(3) 구하는 확률은 다음과 같다.

$$P(A \mid T) = \frac{P(A \cap T)}{P(T)} = \frac{\frac{3}{8} \times \left(1 - \frac{2}{5}\right)}{\frac{19}{40}} = \frac{9}{19}$$

[3-9] 목표물을 빗나가는 미사일의 확률은 0.7이므로 n개의 미사일이 목표물을 빗나갈 확률은 $(0.7)^n$이다. 그러므로 다음 식이 성립하는 최소의 n을 구한다. $1 - (0.7)^n > 0.8$, $(0.7)^5 = 0.16807$이므로 5개의 미사일을 쏘아야 한다.

[3-10] 홀수의 눈이 나올 사상을 O, 소수의 눈이 나올 사상을 I라 하자. 그러면 구하는 확률은 다음과 같다.

$$P(I \mid O) = \frac{P(I \cap O)}{P(O)} = \frac{\frac{2}{6}}{\frac{1}{2}} = \frac{2}{3}$$

[3-11] 대학에서 남학생의 사상을 B, 여학생의 사상을 G라 하자. 그리고 수학을 공부하는 사건을 M이라 하자. 그러면 구하는 확률은 다음과 같다.

$$P(G|M)=\frac{P(G\cap M)}{P(M)}$$
$$=\frac{P(G\cap M)}{P(B\cap M)+P(G\cap M)}$$
$$=\frac{P(G)P(M|G)}{P(B)P(M|B)+P(G)P(M|G)}$$
$$=\frac{0.6\times 0.1}{0.4\times 0.25+0.6\times 0.1}=\frac{3}{8}$$

[3-12] A와 B가 서로 배반이므로

(1) $P(A\cup B)=P(A)+P(B)=\frac{1}{3}=\frac{1}{4}+P(B)$

$$\therefore\ P(B)=p=\frac{1}{12}$$

(2) $P(A\cup B)=P(A)+P(B)-P(A\cap B)$

$$=P(A)+P(B)-P(A)\cdot P(B)=\frac{1}{3}=\frac{1}{4}+p-\frac{1}{4}p$$

$$\therefore\ p=\frac{1}{9}$$

[3-13]

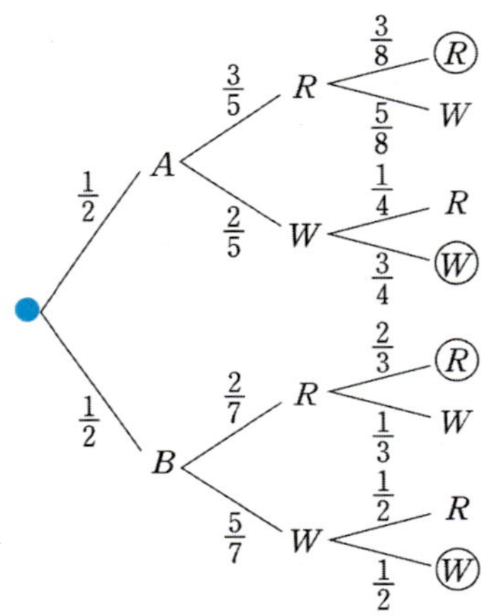

같은 색깔의 2개의 구슬을 꺼내는 방법은 4가지 경우이므로

$$p=\frac{1}{2}\cdot\frac{3}{5}\cdot\frac{3}{8}+\frac{1}{2}\cdot\frac{2}{5}\cdot\frac{3}{4}+\frac{1}{2}\cdot\frac{2}{7}\cdot\frac{2}{3}+\frac{1}{2}\cdot\frac{5}{7}\cdot\frac{1}{2}=\frac{901}{1680}$$

[3-14] $A_1 = \{$처음 직렬 회로도가 고장 날 사상$\}$

$A_2 = \{$마지막 직렬 회로도가 고장 날 사상$\}$

$B_1 = \{$위의 병렬 회로도가 고장 날 사상$\}$

$B_2 = \{$아래의 병렬 회로도가 고장 날 사상$\}$

독립사상을 이용하면

$P\left(A_1^C \cap (B_1^C \cup B_2^C) \cap A_2^C\right) = P(A_1^C) \cdot P(B_1^C \cup B_2^C) \cdot P(A_2^C)$

$= 0.9^2(1-(0.1)^2) = 0.9^2 \times 0.99$

[3-15] (1) A가 검은 공을 추출하면 표본공간이 흰공 4개와 검은공 4개로 변하므로

$P(B\text{흰} \mid A\text{검}) = \frac{4}{8}$

(2) $P(B\text{흰}) = P(A\text{흰} \cap B\text{흰}) + P(A\text{검} \cap B\text{흰})$

$= P(A\text{흰})P(B\text{흰} \mid A\text{흰}) + P(A\text{검})P(B\text{흰} \mid A\text{검})$

$= \frac{4}{9} \times \frac{3}{8} + \frac{5}{9} \times \frac{4}{8} = \frac{4}{9}$

(3) $P(B\text{검}) = P(A\text{흰} \cap B\text{검}) + P(A\text{검} \cap B\text{검})$

$= P(A\text{흰})P(B\text{검} \mid A\text{흰}) + P(A\text{검})P(B\text{검} \mid A\text{검})$

$= \frac{4}{9} \times \frac{5}{8} + \frac{5}{9} \times \frac{4}{8} = \frac{5}{9}$

$$P(A\text{흰} \mid B\text{검}) = \frac{P(A\text{흰})P(B\text{검} \mid A\text{흰})}{P(B\text{검})} = \frac{\frac{4}{9} \times \frac{5}{8}}{\frac{5}{9}} = \frac{1}{2}$$

제4장 확률변수

[4-1] $\frac{1}{8}+a+\frac{1}{8}+\frac{2}{8}=1$에서 $a=\frac{1}{2}$

[4-2] $P(0\le X\le 1)=\int_0^1 \frac{x^2}{3}dx=\frac{1}{9}$

[4-3] $P(X=3)={}_5C_3\left(\frac{1}{6}\right)^3\left(\frac{5}{6}\right)^2$

[4-4]
$$\begin{aligned}P(X\ge 4)&=P(X=4)+P(X=5)\\&={}_5C_4\left(\frac{1}{4}\right)^4\left(\frac{3}{4}\right)+{}_5C_5\left(\frac{1}{4}\right)^5\\&=5\left(\frac{1}{4}\right)^4\left(\frac{3}{4}\right)+\left(\frac{1}{4}\right)^5=\frac{1}{64}\end{aligned}$$

[4-5] $P(0\le X\le 1)=\int_0^1 e^{-x}dx=1-e^{-1}$

[4-6] $\int_{-\infty}^{\infty} f(x)dx=\int_{-1}^{1} k(1-x^2)dx=1$에서 $k=\frac{3}{4}$

[4-7] 누적분포함수의 정의역에 따라 그래프로 도시하면 다음과 같다.

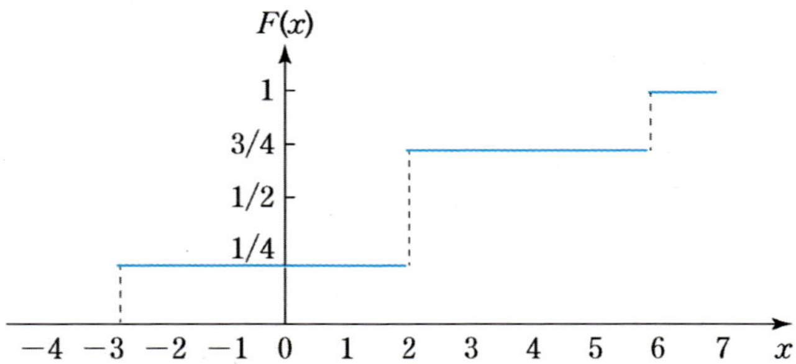

[4-8] (1) 정의에 의해서 구간의 총합은 1이 되어야 한다. 연속확률분포이므로

$$\int_{-\infty}^{\infty} f(x)\,dx = \int_{-\infty}^{0} f(x)\,dx + \int_{0}^{5} f(x)\,dx + \int_{5}^{\infty} f(x)\,dx$$

$$= 0 + \int_{0}^{5} kx\,dx + 0$$

$$= k\left[\frac{1}{2}x^2\right]_0^5 = \frac{25}{2}k = 1$$

$$\therefore\ k = \frac{2}{25}$$

(2) $P(1 \le X \le 3) = \int_1^3 \frac{2}{25}x\,dx = \frac{2}{25}\left[\frac{1}{2}x^2\right]_1^3 = \frac{9}{25} - \frac{1}{25} = \frac{8}{25}$

$P(2 \le X \le 4) = \int_2^4 \frac{2}{25}x\,dx = \frac{2}{25}\left[\frac{1}{2}x^2\right]_2^4 = \frac{16}{25} - \frac{4}{25} = \frac{12}{25}$

$P(X \le 3) = 0 + \int_0^3 \frac{2}{25}x\,dx = 0 + \frac{2}{25}\left[\frac{1}{2}x^2\right]_0^3 = \frac{9}{25}$

[4-9] X가 이산확률변수이므로 다음의 확률들을 구할 수 있다.

$$P(X=0) = F(0) - F(0-0) = \frac{1}{2} - 0 = \frac{1}{2}$$

$$P(X=1) = F(1) - F(1-0) = \frac{3}{5} - \frac{1}{2} = \frac{1}{10}$$

$$P(X=2) = F(2) - F(2-0) = \frac{4}{5} - \frac{3}{5} = \frac{1}{5}$$

$$P(X=3) = F(3) - F(3-0) = \frac{9}{10} - \frac{4}{5} = \frac{1}{10}$$

$$P(X=3.5) = F(3.5) - F(3.5-0) = 1 - \frac{9}{10} = \frac{1}{10}$$

[4-10] $P(X > 2) = 1 - P(0 \le X \le 2) = 1 - \int_0^2 2e^{-2x}dx = 1 - (1 - e^{-4}) = e^{-4}$

[4-11] $F(x) = \begin{cases} 0, & x < 0 \\ \int_0^x t\,dt = \frac{x^2}{2}, & 0 \le x \le 1 \\ \int_0^1 t\,dt + \int_1^x (2-t)dt = 2x - \frac{1}{2}x^2 - 1, & 1 < x \le 2 \\ 1, & x > 2 \end{cases}$

[4-12] $P(X=1)=P(1)=P((1,1))=\frac{1}{36}$

$P(X=2)=P(2)=P((1,2),(2,2),(2,1))=\frac{3}{36}$

$P(X=3)=\frac{5}{36}$, $P(X=4)=\frac{7}{36}$, $P(5)=\frac{9}{36}$, $P(6)=\frac{11}{36}$

$$F(x)=\begin{cases} 0, & x<1 \\ \frac{1}{36}, & 1\le x<2 \\ \frac{4}{36}, & 2\le x<3 \\ \vdots & \vdots \\ 1, & x\ge 6 \end{cases}$$

[4-13] $P(X=0)={}_5C_0\left(\frac{1}{2}\right)^5$, $P(X=1)={}_5C_1\left(\frac{1}{2}\right)^5$, $P(X=2)={}_5C_2\left(\frac{1}{2}\right)^5$, $\cdots$,

$P(X=5)={}_5C_5\left(\frac{1}{2}\right)^5$

따라서 X의 확률질량함수 $P(x)$와 확률분포함수$F(x)$는 다음과 같다.

$$P(X=x)=P(x)={}_5C_x\left(\frac{1}{2}\right)^5$$

$$F(x)=P(X\le x)=\sum_{i=0}^{x}{}_5C_i\left(\frac{1}{2}\right)^5=\left(\frac{1}{2}\right)^5\sum_{i=0}^{x}\binom{5}{i}$$

$$F(x)=\begin{cases} 0, & x<0 \\ \left(\frac{1}{2}\right)^5, & 0\le x<1 \\ 5\left(\frac{1}{2}\right)^5, & 1\le x<2 \\ \vdots & \vdots \\ 1, & x\ge 5 \end{cases}$$

제5장 확률분포

[5-1] (1) 연속확률변수의 c.d.f와 p.d.f의 관계에서 다음을 알 수 있다.

$$f(x) = F'(x),\ f(x) = 0.1e^{-0.1x}$$

(2) 연속확률변수이므로 주어진 구간에서 적분하면 된다.

$$P(4 \le X \le 5) = \int_4^5 f(x)dx = \int_4^5 0.1e^{-0.1x}dx = e^{-0.4} - e^{-0.5}$$

[5-2] (1) $P((1,\ 2)) + P((1,\ 3)) + P((2,\ 2)) + P((2,\ 3)) = 2c + 3c + 4c + 6c = 1$

이므로 $c = \dfrac{1}{15}$

(2) $P(X = x) = \displaystyle\sum_{y=2}^{3} \frac{1}{15}xy = \frac{x}{3}$

(3) $P(X + Y > 3) = 1 - P(X + Y \le 3)$

$$= 1 - P((1,\ 2)) = 1 - \frac{2}{15} = \frac{13}{15}$$

[5-3] 문제의 조건에 맞는 확률을 분포함수를 통해서 구하면 다음과 같다.

$$P\left(-3 < X < \frac{1}{2}\right) = F\left(\frac{1}{2}\right) - F(-3) = \frac{3}{4} - 0 = \frac{3}{4}$$

[5-4] (1) $f_1(x) = \displaystyle\int_{-\infty}^{\infty} f(x,\ y)dy = \int_0^x 8xydy = 4x^3$ 에서

$f_1(x) = \begin{cases} 4x^3, & 0 \le x \le 1 \\ 0, & \text{그 밖에} \end{cases}$ 이다.

(2) $P\left(X < \dfrac{1}{2}\right) = \displaystyle\int_0^{\frac{1}{2}} 4x^3dx = \frac{1}{16}$

(3) $P\left(0 < Y < \frac{1}{3} \,\middle|\, x = \frac{1}{2}\right) = \int_0^{\frac{1}{3}} f\left(y \,\middle|\, \frac{1}{2}\right) dy$

$$= \int_0^{\frac{1}{3}} 8y\,dy = \frac{4}{9}$$

$(\because\ f(y|y) = \frac{f(x, y)}{f_X(x)} = \frac{8xy}{4x^3} = \frac{2y}{x^2},\ f_X(x) = \int_0^x 8xy\,dy = 4x^3,$

$0 < x < 1)$

(4) $P(X + Y \le 1) = \int_0^{\frac{1}{2}} \int_y^{1-y} 8xy\,dx\,dy = \int_0^{\frac{1}{2}} (4y - 8y^2)dy = \frac{1}{6}$

$P(X + Y > 1) = \int_{\frac{1}{2}}^1 \int_{1-x}^x 8xy\,dx\,dy = \int_{\frac{1}{2}}^1 (8x^2 - 4x)dx = \frac{5}{6}$

[5-5] (1) $P(1 \le Z \le 2) = P(0 \le Z \le 2) - P(0 \le Z \le 1)$

$$= 0.4772 - 0.3413 = 0.1359$$

(2) $P(-1.37 < Z \le 2) = P(-1.37 < Z \le 0) + P(0 \le Z \le 2)$

$$= 0.4147 + 0.4772 = 0.8919$$

(3) $P(|Z| \le 3) = P(-3 \le Z \le 3) = 2P(0 \le Z \le 3)$

$$= 2 \times 0.4987 = 0.9974$$

[5-6] (1) 도표를 참고하면 $t = 2.5$

(2) $P(Z \le t) = \frac{1}{2} + P(0 \le Z \le t) = 0.8212$에서

$P(0 \le Z \le t) = 0.3212$이므로 $t = 0.92$

(3) $P(0 \le Z \le 2) = P(0 \le Z \le t) + P(t \le Z \le 2) = 0.4772$에서

$P(0 \le Z \le t) = 0.3772$이므로 $t \fallingdotseq 1.16$

[5-7] $n = 100$이고 $p = 0.02$ 이므로 $\lambda = np = 2 < 5$이다. 따라서 이항분포의 포아송 근사를 이용한다.

$$P(X \ge 2) = 1 - P(X < 2) = 1 - P(X \le 1) = 1 - P(X = 0) - P(X = 1)$$

$$= 1 - \frac{2^0 e^{-2}}{0!} - \frac{2^1 e^{-2}}{1!} = 1 - e^{-2} - 2e^{-2} = 1 - 3e^{-2} = 0.595$$

[5-8] 확률의 합은 1이므로 다음 식이 성립한다.

$$1 = \int_0^{\infty} c\,x\,e^{-\frac{x}{2}}dx,\quad \therefore\ c = \frac{1}{4}$$

따라서 시스템이 적어도 5개월 이상 작동할 확률은 다음과 같다.

$$P(X \geq 5) = \int_5^{\infty} f(x)dx = \int_5^{\infty} \frac{1}{4}xe^{-\frac{x}{2}}dx = \frac{7}{2}e^{-\frac{5}{2}}$$

[5-9] $t = \dfrac{x-u}{\sigma}$라 하면 다음을 얻는다.

$$I = \frac{1}{\sqrt{2\pi}}\int_{-\infty}^{\infty} e^{\frac{-t^2}{2}}dt$$

여기서 $I^2 = 1$임을 보이자.

$$I^2 = \frac{1}{2\pi}\int_{-\infty}^{\infty} e^{-\frac{t^2}{2}}dt\int_{-\infty}^{\infty} e^{\frac{-s^2}{2}}ds = \frac{1}{2\pi}\int_{-\infty}^{\infty}\int_{-\infty}^{\infty} e^{-\frac{(s^2+t^2)}{2}}dsdt$$

또 $s = r\cos\theta,\ t = r\sin\theta$라 하면

$$dsdt = r \cdot drd\theta,\ 0 \leq \theta \leq 2\pi,\ 0 \leq r \leq \infty$$

이므로

$$I^2 = \frac{1}{2\pi}\int_0^{2\pi}\int_0^{\infty} re^{\frac{-r^2}{2}}drd\theta$$

$$= \frac{1}{2\pi}\int_0^{2\pi}\left[-e^{-\frac{r^2}{2}}\right]_0^{\infty} d\theta = \frac{1}{2\pi}\int_0^{2\pi} d\theta = 1$$

[5-10] 표준측도 $Z=\dfrac{X-50}{15}$ 에서

$$P(35 \le X \le 65) = P\left(\frac{35-50}{15} \le Z \le \frac{65-50}{15}\right)$$
$$= P(-1 \le Z \le 1) = 2P(0 \le Z \le 1)$$
$$= 2 \cdot 0.3413 = 0.6826$$
$$\therefore \ 1000 \times 0.6826 \fallingdotseq 683\text{명}$$

[5-11] $P(X \ge 80) = P\left(Z \ge \dfrac{80-65}{10}\right)$

$$= P(Z \ge 1.5) = 1 - P(Z < 1.5)$$
$$= 1 - 0.9332 = 0.0668$$

따라서 $1000 \times 0.0668 \fallingdotseq 67$등 정도이다.

$P(X \le b) = 0.1$ 에서 $P\left(Z \le \dfrac{b-65}{10}\right) = 0.1$ 이므로 $\dfrac{b-65}{10} = -1.28$ 이다.

따라서 $b = 52.2$ 이므로 53점이 pass 점수이다.

[5-12] $X \sim B\left(720, \dfrac{1}{6}\right)$ 에서 $np = 120 > 5$, $nq = 600 > 5$ 이므로 정규근사한다.

따라서 $\mu = np = 120$, $\sigma^2 = npq = 100$ 이므로 $X \sim N(120, 10^2)$ 를 따른다.

(1) $P(100 \le X \le 125) \cong P(99.5 \le X \le 125.5)$

$$= P(-2.05 \le Z \le 0.55)$$
$$= 0.6886$$

(2) $P(X \ge 150) \cong P(X \ge 149.5)$

$$= P(Z \ge 2.95)$$
$$= 1 - 0.9984 = 0.0016$$

[5-13] (1) $f_X(x) = \displaystyle\int_0^1 (x+y)dy = x + \frac{1}{2}$, $f_Y(y) = \displaystyle\int_0^1 (x+y)dx = y + \frac{1}{2}$

(2) $f(x, y) = x + y \ne \left(x + \dfrac{1}{2}\right)\left(y + \dfrac{1}{2}\right) = f_X(x) \cdot f_Y(y)$

이므로 X와 Y는 독립이 아니다.

(3) $F_X\left(\frac{1}{2}\right)=\int_0^{\frac{1}{2}}\left(x+\frac{1}{2}\right)dx=\frac{3}{8}$,

$$F\left(\frac{1}{2},\ \frac{1}{4}\right)=\int_0^{\frac{1}{2}}\int_0^{\frac{1}{4}}(x+y)\,dydx=\int_0^{\frac{1}{2}}\left(\frac{1}{4}x+\frac{1}{32}\right)dx=\frac{3}{64}$$

(4) $f(y|x)=\dfrac{f(x,y)}{f_X(x)}=\dfrac{x+y}{x+\frac{1}{2}}$

$$P\left(0< Y< \frac{1}{2}\ \middle|\ x=\frac{1}{2}\right)=\int_0^{\frac{1}{2}}f\left(y|x=\frac{1}{2}\right)dy=\int_0^{\frac{1}{2}}\left(\frac{1}{2}+y\right)dy=\frac{3}{8}$$

[5-14] (1) $\int_0^1\int_0^1 c\,dxdy=c\int_0^1 dy=c=1$

(2) $f_X(x)=\int_0^1 1dy=1,\ f_Y(y)=\int_0^1 1\,dx=1$이므로

$f(x,y)=1=f_X(x)\cdot f_Y(y)$

따라서 X와 Y는 독립니다.

(3) $P(X+Y>1)=1-P(X+Y\le 1)$

$$=1-\int_0^1\int_0^{1-y}dxdy=1-\int_0^1(1-y)dy=\frac{1}{2}$$

(4) $Z=X+Y$라 하자. (그림 참조)

For $z<0,\ F_Z(z)=0$

For $0\le z\le 1,\ F_Z(z)=P(X+Y\le z)=\int_0^z\int_0^{z-x}dydx=\frac{z^2}{2}$

For $1\le z<2,\ F_Z(z)=1-\int_{z-1}^1\int_{z-x}^1 dydx=1-\int_{z-1}^1(1-z+x)dx$

$$=1-\frac{1}{2}(2-x)^2$$

For $z\ge 2,\ F_Z(z)=1$

$$F_Z'(z)=f_Z(z)=\begin{cases} z, & 0\le z<1 \\ 2-z, & 1\le z<2 \\ 0 & elsewhere \end{cases}$$

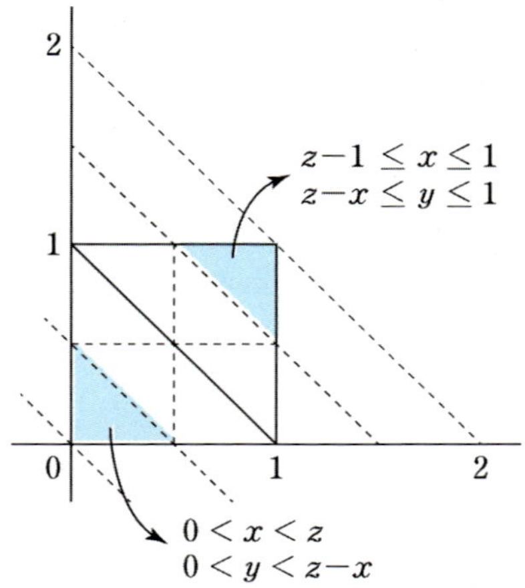

[5-15] (1) $e^x = \sum_{k=0}^{\infty} \frac{x^k}{k!}$ 이고 포아송분포의 합은 1이므로 $\sum_{x=0}^{\infty} e^{-\lambda} \frac{\lambda^x}{x!} = 1$

$$\sum_{x=0}^{\infty}\sum_{y=0}^{\infty} c\frac{2^x}{x!}\cdot\frac{2^y}{y!} = c\left(\sum_{x=0}^{\infty}\frac{2^x}{x!}\right)\cdot\left(\sum_{y=0}^{\infty}\frac{2^y}{y!}\right) = c\cdot e^2\cdot e^2 = 1$$

따라서 $c = e^{-4}$

(2) $f_X(x) = \sum_{y=0}^{\infty} e^{-4}\frac{2^x}{x!}\cdot\frac{2^y}{y!} = e^{-4}\frac{2^x}{x!}\cdot\sum_{y=0}^{\infty}\frac{2^y}{y!} = e^{-2}\frac{2^x}{x!}$

$f_Y(y) = \sum_{x=0}^{\infty} e^{-4}\frac{2^x}{x!}\cdot\frac{2^y}{y!} = e^{-4}\frac{2^y}{y!}\cdot\sum_{x=0}^{\infty}\frac{2^x}{x!} = e^{-2}\frac{2^y}{y!}$

(3)
$$\begin{aligned} P(X+Y>1) &= 1-P(X+Y\le 1)\\ &= 1-P(0,0)-P(0,1)-P(1,0)\\ &= 1-e^{-4}-e^{-4}\cdot 2-e^{-4}\cdot 2 = 1-5e^{-4}\end{aligned}$$

(단, $f(x,y) = P(x,y)$)

(4) $f(x,y) = e^{-4}\frac{2^x}{x!}\cdot\frac{2^y}{y!} = f_X(x)\cdot f_Y(y)$이므로 X와 Y는 독립이다.

[5-16] $X\sim \mathrm{EXP}(\lambda=1)$, $Y\sim \mathrm{EXP}(\lambda=1)$이므로 $f_X(x) = e^{-x}$, $f_Y(y) = e^{-y}$이고 X와 Y는 독립이므로 $f(x,y) = e^{-x}\cdot e^{-y}$, $x\ge 0$, $y\ge 0$이다.

$Z = X+Y$라 하자. (그림 참조)

$$\begin{aligned} F_Z(z) &= P(Z\le z) = P(X+Y\le z) = P(Y\le z-X)\\ &= \int_0^z\int_0^{z-x} e^{-x}e^{-y}dydx\end{aligned}$$

$$= \int_0^z (e^{-x} - e^{-z})dx$$

$$= 1 - e^{-z}(z+1)$$

$f_Z(z) = F_Z'(z) = ze^{-z},\ 0 < z < \infty$

따라서 $X+Y$는 감마분포 $G(\alpha = 2, \lambda = 1)$이다.

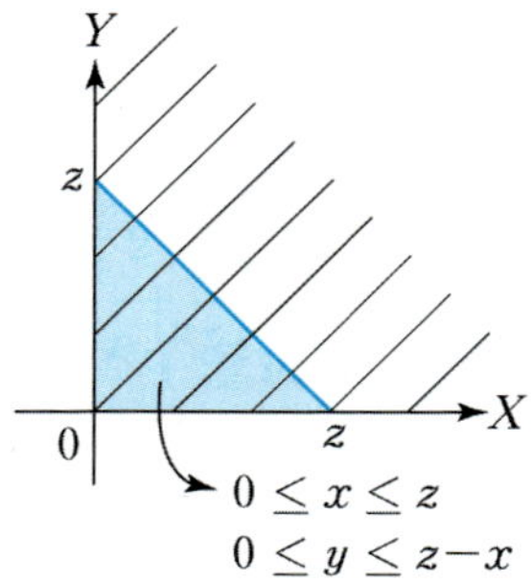

제6장 기댓값과 분산

[6-1] $E(X) = 0\times\frac{1}{3}+1\times\frac{1}{3}+2\times\frac{1}{3}=1,$

$V(X) = 0^2\times\frac{1}{3}+1^2\times\frac{1}{3}+2^2\times\frac{1}{3}-1^2=\frac{2}{3}$

[6-2] $E(X) = \int_0^1 x\cdot 1dx = \left[\frac{1}{2}x^2\right]_0^1 = \frac{1}{2},$

$V(X) = E(X^2)-\mu^2 = \int_0^1 x^2\cdot 1dx - \left(\frac{1}{2}\right)^2 = \left[\frac{1}{3}x^2\right]_0^1 - \frac{1}{4} = \frac{1}{12}$

[6-3] $X\sim N\left(\frac{1}{2},\ 2^2\right),\ P(X<2.5) = P\left(Z<\frac{2.5-\frac{1}{2}}{2}\right) = P(Z<1) = 0.8413$

[6-4] $E(Y) = E(2X_1-X_2) = E(2X_1)-E(X_2) = 2\mu_1-\mu_2,$

$V(Y) = V(2X_1-X_2) = 4V(X_1)+V(X_2) = 4\sigma_1^2+\sigma_2^2$

따라서 Y는 $N(2\mu_1-\mu_2,\ 4\sigma_1^2+\sigma_2^2)$의 분포를 따른다.

[6-5] $E(X) = \int_0^1 x\cdot xdx + \int_1^2 x(2-x)dx = 1,$

$V(X) = E(X^2)-E^2(X) = \int_0^1 x^2\cdot xdx + \int_1^2 x^2(2-x)dx - 1^2 = \frac{1}{6}$

[6-6] $P(X=1) = \frac{2}{6},\ P(X=k) = \frac{1}{6}\ (k=2,3,4,5),$

$E(X) = 1\times\frac{2}{6}+(2+3+4+5)\times\frac{1}{6} = \frac{8}{3},$

$V(X) = 1^2\times\frac{2}{6}+(2^2+3^2+4^2+5^2)\times\frac{1}{6}-\left(\frac{8}{3}\right)^2 = \frac{20}{9},$

$Y=2X+3$이므로 $E(Y) = 2E(X)+3 = \frac{16}{3}+3 = \frac{25}{3},$

$V(Y) = 2^2V(X) = \frac{80}{9}$

[6-7] (1) $Y=X^2$ 이므로 값 4와 1을 갖는다. 더욱이

$$g(4)=P(Y=4)=P(X=2)+P(X=-2)=\frac{1}{4}+\frac{1}{4}=\frac{1}{2}$$

이고 $g(1)=\frac{1}{2}$ 이므로 Y의 분포 g는 다음과 같다.

y_i	1	4
$g(y_i)$	$\frac{1}{2}$	$\frac{1}{2}$

(2) X와 Y의 결합분포 h는 다음과 같다.

$X \backslash Y$	1	4	합
-2	0	$\frac{1}{4}$	$\frac{1}{4}$
-1	$\frac{1}{4}$	0	$\frac{1}{4}$
1	$\frac{1}{4}$	0	$\frac{1}{4}$
2	0	$\frac{1}{4}$	$\frac{1}{4}$
합	$\frac{1}{2}$	$\frac{1}{2}$	1

예를 들면 $X=-2$이면 $Y=4$이다. 따라서 $h(-2,1)=0$, $h(-2,4)=f(-2)=\frac{1}{4}$이다. 다른 성분들도 유사한 방법으로 구한다.

(3) $\mu_X=E(X)=\sum x_i f(x_i)$

$$=(-2)\cdot\frac{1}{4}+(-1)\cdot\frac{1}{4}+1\cdot\frac{1}{4}+2\cdot\frac{1}{4}=0,$$

$$\mu_Y=E(Y)=\sum y_i f(y_i)=1\cdot\frac{1}{2}+4\cdot\frac{1}{2}=\frac{5}{2},$$

$$E(XY)=\sum x_i y_i h(x_i, y_i)$$

$$=(-8)\cdot\frac{1}{4}+(-1)\cdot\frac{1}{4}+1\cdot\frac{1}{4}+8\cdot\frac{1}{4}=0,$$

$$Cov(X, Y)=E(XY)-\mu_X\mu_Y=0-0\cdot\frac{5}{2}=0.$$

그러므로 $\rho(X, Y)=0$이다.

[6-8] (1) $E(X)$와 $E(Y)$

$$E(X) = 1\times\frac{1}{2}+5\times\frac{1}{2}=3,$$

$$E(Y) = -4\times\frac{3}{8}+2\times\frac{3}{8}+7\times\frac{1}{4}=1$$

(2) $Cov(X,\ Y)$

$$E(XY) = (-4)\times\frac{1}{8}+2\times\frac{1}{4}+7\times\frac{1}{8}+(-20)\times\frac{1}{4}+10\times\frac{1}{8}+35\times\frac{1}{8}$$

$$=\frac{3}{2},$$

$$Cov(X,\ Y) = E(XY)-\mu_X\mu_Y=\frac{3}{2}-3\cdot 1=-\frac{3}{2}$$

(3) σ_X, σ_Y 그리고 $\rho(X,\ Y)$

$$V(X)=\sigma_X^2=1^2\times\frac{1}{2}+5^2\times\frac{1}{2}-3^2=4,$$

$$V(Y)=\sigma_Y^2=(-4)^2\times\frac{3}{8}+2^2\times\frac{3}{8}+7^2\times\frac{1}{4}-1^2=\frac{75}{4},$$

$$\rho(X, Y)=\frac{\mathrm{Cov}(X,\ Y)}{\sigma_X\sigma_Y}=-\frac{\frac{3}{2}}{\sqrt{75}}=-\frac{\sqrt{3}}{10}$$

[6-9] (1) X와 Y의 결합분포

X \ Y	0	1	2	3	4	합
0	$\frac{1}{16}$	0	0	0	0	$\frac{1}{16}$
1	0	$\frac{4}{16}$	0	0	0	$\frac{4}{16}$
2	0	$\frac{3}{16}$	$\frac{3}{16}$	0	0	$\frac{6}{16}$
3	0	0	$\frac{2}{16}$	$\frac{2}{16}$	0	$\frac{4}{16}$
4	0	0	0	0	$\frac{1}{16}$	$\frac{1}{16}$
합	$\frac{1}{16}$	$\frac{7}{16}$	$\frac{5}{16}$	$\frac{2}{16}$	$\frac{1}{16}$	1

(2) $Cov(X,\ Y)$와 $\rho(X,\ Y)$

$$E(X) = 1\times\frac{4}{16}+2\times\frac{6}{16}+3\times\frac{4}{16}+4\times\frac{1}{16}=2,$$

$$E(Y) = 0\times\frac{1}{16}+1\times\frac{7}{16}+2\times\frac{5}{16}+3\times\frac{2}{16}+4\times\frac{1}{16}=\frac{27}{16},$$

$$E(XY) = 1\times1\times\frac{4}{16}+2\times1\times\frac{3}{16}+2\times2\times\frac{3}{16}$$

$$+3\times2\times\frac{2}{16}+3\times3\times\frac{2}{16}+4\times4\times\frac{1}{16}=\frac{17}{4},$$

$$\sigma_X^2 = 1^2\times\frac{4}{16}+2^2\times\frac{6}{16}+3^2\times\frac{4}{16}+4^2\times\frac{1}{16}-2^2=1,$$

$$\sigma_Y^2 = 0^2\times\frac{1}{16}+1^2\times\frac{7}{16}+2^2\times\frac{5}{16}+3^2\times\frac{2}{16}+4^2\times\frac{1}{16}-\left(\frac{27}{16}\right)^2$$

$$=\frac{247}{256},$$

$$Cov(X,\ Y) = E(XY)-\mu_X\mu_Y = \frac{17}{4}-\frac{27}{8}=\frac{7}{8},$$

$$\rho(X,\ Y) = \frac{Cov(X,\ Y)}{\sigma_X\sigma_Y}=\frac{\frac{7}{8}}{1\cdot\frac{\sqrt{247}}{16}}=\frac{14}{\sqrt{247}}$$

[6-10] 첨도 $\alpha_4 = \frac{E[(X-\mu)^4]}{\sigma^4}=\frac{64}{4^2}=4$이므로 정규분포곡선의 첨도 3보다 크다. 따라서 더 뾰족하다.

[6-11] (1) $f_X(x) = \sum_{y=2}^{3}\frac{4}{5xy}=\frac{4}{10x}+\frac{4}{15x},\ x=1,2$

$$f_Y(y) = \sum_{x=1}^{2}\frac{4}{5xy}=\frac{4}{5y}+\frac{4}{10y},\ y=2,3$$

$$E(X) = \sum_{x=1}^{2}x\cdot f_X(x) = \left(\frac{4}{10}+\frac{4}{15}\right)+2\left(\frac{4}{20}+\frac{4}{30}\right)=\frac{4}{3}$$

(2) $E(Y) = \sum_{y=2}^{3}y\cdot f_Y(y) = 2\left(\frac{4}{10}+\frac{4}{20}\right)+3\left(\frac{4}{15}+\frac{4}{30}\right)=\frac{12}{5}$

(3) $E(X^2) = \sum_{x=1}^{2}x^2\cdot f_X(x) = \left(\frac{4}{10}+\frac{4}{15}\right)+4\left(\frac{4}{20}+\frac{4}{30}\right)=2$

$$V(X)=E(X^2)-E^2(X)=2-\left(\frac{4}{3}\right)^2=\frac{2}{9}$$

(4) $E(XY)=\sum_{x=1}^{2}\sum_{y=2}^{3}xy\cdot\frac{4}{5xy}=\frac{8}{10}+\frac{12}{15}+\frac{16}{20}+\frac{24}{30}=\frac{16}{5}$

$$Cov(X,\ Y)=E(XY)-E(X)E(Y)=0$$

$$Corr(X,\ Y)=0$$

[6-12] $E(X)=\int_0^1\int_0^1 x(x+y)dxdy=\frac{7}{12}$, $E(Y)=\frac{7}{12}$,

$$E(XY)=\int_0^1\int_0^1 xy(x+y)dxdy=\frac{1}{3},$$

$$Cov(X,\ Y)=E(XY)-E(X)E(Y)=\frac{1}{3}-\left(\frac{7}{12}\right)^2=-\frac{1}{144},$$

$$E(X^2)=\int_0^1\int_0^1 x^2(x+y)dxdy=\frac{5}{12},$$

$$\sigma_X=\sqrt{E(X^2)-E^2(X)}=\sqrt{\frac{5}{12}-\left(\frac{7}{12}\right)^2}=\frac{\sqrt{11}}{12},\ \sigma_Y=\frac{\sqrt{11}}{12},$$

$$Corr(X,\ Y)=\frac{Cov(X,\ Y)}{\sigma_X\sigma_Y}=\frac{-\frac{1}{144}}{\frac{\sqrt{11}}{12}\cdot\frac{\sqrt{11}}{12}}=-\frac{1}{11}$$

[6-13] $M(t)=\sum e^{tx}p(x)$이므로

$$p(x)=\begin{cases}\frac{x}{6}, & x=1,\ 2,\ 3\\ 0, & \text{그 밖에}\end{cases}$$

[6-14] $M_X(t)=E(e^{tx})$

$$=\int_{-\infty}^{\infty}e^{tx}\frac{1}{\sqrt{2\pi}\cdot\sigma}e^{-\frac{(x-\mu)^2}{2\sigma^2}}dx$$

$$=\int_{-\infty}^{\infty}\frac{1}{\sqrt{2\pi}\cdot\sigma}e^{-\frac{(x-\mu-\sigma^2t)^2-2\mu\sigma^2t-\sigma^4t^2}{2\sigma^2}}dx$$

$$= e^{\mu t + \frac{\sigma^2 t^2}{2}} \int_{-\infty}^{\infty} \frac{1}{\sqrt{2\pi} \cdot \sigma} e^{-\frac{(x-\mu-\sigma^2 t)^2}{2\sigma^2}} dx$$

$$= e^{\mu t + \frac{\sigma^2 t^2}{2}} \cdot 1 = e^{\mu t + \frac{\sigma^2 t^2}{2}}$$

[6-15] $M_X(t) = \sum_{x=0}^{\infty} e^{tx} \cdot \frac{e^{-1}}{x!} = e^{-1} \sum_{x=0}^{\infty} \frac{e^{tx}}{x!} = e^{-1} e^{e^t} = e^{e^t - 1}$

$M_X'(t) = e^{e^t + t - 1}$, $M_X'(0) = 1$

$M_X''(t) = e^{-1}[e^{e^t} \cdot e^t (e^t + 1)]$, $M_X''(0) = 2$

$E(X) = M_X'(0) = 1$, $V(X) = M_X''(0) - [M_X'(0)]^2 = 1$

[6-16] (1) $f_X(x) = \int_0^{\infty} xe^{-x} e^{-y} dy = xe^{-x}$, $x > 0$

$f_Y(y) = \int_0^{\infty} xe^{-x} e^{-y} dx = e^{-y}$, $y > 0$

$$M_X(t_1) = E(e^{t_1 X}) = \int_0^{\infty} e^{t_1 x} \cdot xe^{-x} dx = \int_0^{\infty} xe^{-(1-t_1)x} dx$$

$$= \frac{1}{(1-t_1)^2}, \ (t_1 < 1)$$

$$M_Y(t_2) = E(e^{t_2 Y}) = \int_0^{\infty} e^{t_2 x} \cdot e^{-y} dy = \int_0^{\infty} e^{-(1-t_2)y} dy$$

$$= \frac{1}{1-t_2}, \ (t_2 < 1)$$

(2) $M_{X,Y}(t_1, t_2) = E(e^{t_1 X} \cdot e^{t_2 Y}) = \int_0^{\infty} \int_0^{\infty} e^{t_1 x} \cdot e^{t_2 y} \cdot xe^{-x} \cdot e^{-y} dx dy$

$$= \frac{1}{(1-t_1)^2 (1-t_2)}, \ t_1 < 1, \ t_2 < 1$$

따라서 $M_{X,Y}(t_1, t_2) = M_X(t_1) \cdot M_Y(t_2)$이므로 X와 Y는 독립이다.

제7장 극한정리

[7-1] 체비세프 부등식을 이용하여 k값을 구한다.

$$P(-3 < x < 7) = P(|X-2| \le k\sigma) = P\left(|X-2| \le \frac{5}{2} \cdot 2\right)$$

따라서 $k = \frac{5}{2}$이므로 $P(|X-2| \le 5) \ge 1 - \frac{1}{k^2} = 1 - \frac{4}{25} = \frac{21}{25}$

[7-2] 마르코프 부등식을 이용하여 구한다.

$$P(X \ge 10) \le \frac{5}{10} = \frac{1}{2}$$

[7-3] $P(\mu - k\sigma < X < \mu + k\sigma) = P(|X-\mu| < k\sigma) \ge 1 - \frac{1}{k^2} = 0.9$

따라서 $k = \sqrt{10}$ 이다.

[7-4] $X \sim B\left(15, \frac{1}{2}\right)$이므로

$$\begin{aligned} P(8 \le X \le 9) &= P(X=8) + P(X=9) \\ &= \binom{15}{8}\left(\frac{1}{2}\right)^{15} + \binom{15}{9}\left(\frac{1}{2}\right)^{15} \cong 0.3491 \end{aligned}$$

[7-5] $E(S_{50}) = 50 \times 0.2 = 10$, $V(S_{50}) = 50 \times 0.2 \times 0.8 = 8$이므로

$$P(S_{50} \le 15) \cong P\left(Z \le \frac{15.5 - 10}{\sqrt{8}}\right) = 0.9692$$

중심극한정리에 의해 $X \sim N\left(\frac{15}{2}, \frac{15}{4}\right)$이므로 근삿값을 구하면 다음과 같다.

$$\begin{aligned} P(8 \le X \le 9) &\cong P(7.5 \le X \le 9.5) = P\left(0 \le Z \le \frac{9.5 - 7.5}{\sqrt{15}/2}\right) \\ &= P\left(0 \le Z \le \frac{4}{\sqrt{15}}\right) \cong 0.3485 \end{aligned}$$

제8장 통계학과 자료정리

[8-1] 모집단 : 우리나라 대학생 전체 집단

표본 : 모집단의 일부분인 1000명

[8-2] (1)

계급	도수
30 이상 ~ 40 미만	1
40 이상 ~ 50 미만	2
50 이상 ~ 60 미만	9
60 이상 ~ 70 미만	10
70 이상 ~ 80 미만	10
80 이상 ~ 90 미만	5
90 이상 ~ 100 미만	3
총계	40

(2)

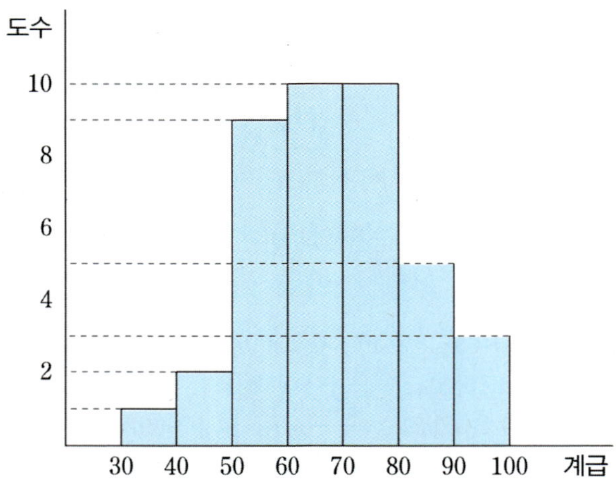

(3)

3	8
4	8 2
5	0 4 9 7 9 2 6 8 6
6	2 3 9 3 8 8 9 8 8 2
7	5 6 2 6 2 2 4 4 2 4
8	5 2 5 2 8
9	2 2 6

[8-3] (1) $\overline{X} = \dfrac{6+7+8+9+11+12+17}{7} = 10$

(2) 9년

(3)

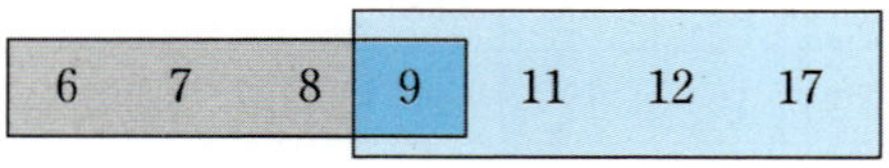

$$Q_1 = \frac{7+8}{2} = 7.5,\ Q_3 = \frac{11+12}{2} = 11.5$$

따라서 사분위수 범위$= Q_3 - Q_1 = 11.5 - 7.5 = 4$년이다.

[8-4] 남자의 변동계수$= \dfrac{8}{172} = 0.4651$, 여자의 변동계수$= \dfrac{3}{161} = 0.1863$

따라서 남자의 키가 평균을 중심으로 더 흩어져 있다.

[8-5] 영어의 표준측도 $Z = \dfrac{76-69}{8.2} = 0.85$,

수학의 표준측도 $Z = \dfrac{70-56}{12.4} = 1.13$

따라서 수학이 영어보다 더 잘하는 편에 속한다.

[8-6] 측정값을 크기순으로 나열하면 다음과 같다.

$$1,\ 2,\ 3,\ 4,\ 5,\ 5,\ 6,\ 7,\ 8,\ 9$$

따라서 중앙값 5, 최빈값 5이다.

[8-7] 조화평균 $\le$ 기하평균 $\le$ 산술평균 $\left(\dfrac{2ab}{a+b} \le \sqrt{ab} \le \dfrac{a+b}{2}\right)$

[8-8] $X = 80$에서 $Z = \dfrac{80-70}{10} = 1$이다.

$$\frac{1}{2k^2} = \frac{1}{2 \cdot 1^2} = \frac{1}{2}$$

따라서 B학점을 받을 수 있는 최대 명수는 $\dfrac{1}{2} \times 100 = 50$명이다.

[8-9] (1) 총 40명이므로 20번째는 60점대에 존재한다. 60점대를 크기순서대로 정리하면 다음과 같다.

점수	62	62	63	63	68	68	68	68	69	69
순위	13	14	15	16	17	18	19	20	21	22

따라서 중앙값은 $\frac{68+69}{2}=68.5$이다.

(2) 80백분위수는 $40\times\frac{80}{100}=32$이므로 32번째이다. 따라서 크기순으로 32번째는 76이다.

[8-10]

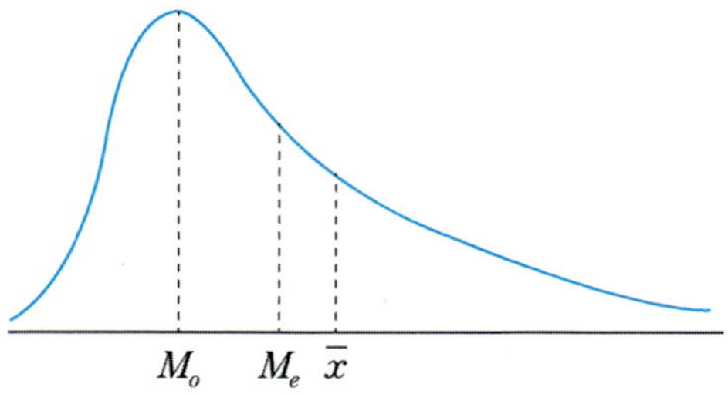

최빈값 < 중앙값 < 산술평균 ($M_o < M_e < \bar{x}$)

제9장 표본분포

[9-1] 표준화시켜서 구하면 다음과 같다.

$$P(19<\overline{X}<21)=P\left(\frac{19-20}{\frac{4}{8}}<Z<\frac{21-20}{\frac{4}{8}}\right)$$
$$=P(Z<2)-P(Z<-2)=0.95$$

[9-2] 평균의 표준오차는 $\frac{1}{\sqrt{64}}$ 에서 $\frac{1}{\sqrt{6400}}$ 으로 변화하므로 $\frac{1}{10}$ 로 감소한다.

[9-3] 표본평균은 모평균의 불편추정량이므로 모평균을 구하면 된다. 따라서

$$\mu=2=E(\overline{X})$$

[9-4] 표본평균의 성질에 의하여 다음과 같다.

$$E(\overline{X})=32,\ s=\frac{8}{\sqrt{20}}=\frac{4}{\sqrt{5}}$$

[9-5] 중심극한정리에 의하여 표본크기가 크면 근사적으로 정규분포로 수렴한다. 즉

$$N\left(\mu,\ \frac{\sigma^2}{n}\right)=N\left(20,\ \frac{16}{64}\right)=N\left(20,\ \left(\frac{1}{2}\right)^2\right)$$

[9-6] 표준정규분포의 누적확률로 구하면 다음과 같다.

$$P(\overline{X}<775)=P\left(Z<\frac{775-800}{\frac{40}{\sqrt{16}}}\right)=P(Z<2.5)=0.0062$$

[9-7] 표준정규분포의 누적확률로 구하면 다음과 같다.

$$P(6.5 \le \overline{X} \le 7.0) = P\left(\frac{6.5-6.8}{\frac{1.2}{\sqrt{100}}} \le Z \le \frac{7.0-6.8}{\frac{1.2}{\sqrt{100}}}\right)$$

$$= P(-2.5 \le Z \le 1.66)$$

$$= P(Z \le 1.66) - (1 - P(Z \le 2.5))$$

$$= 0.9515 + 0.9938 - 1 = 0.9453$$

[9-8] $X \sim N(9.5, (3.6)^2)$이므로 $\overline{X} \sim N\left(9.5, \left(\frac{3.6}{\sqrt{36}}\right)^2\right)$이다. 따라서

$$P(\overline{X} \le 8.5) = P\left(\frac{\overline{X}-9.5}{0.6} \le \frac{8.5-9.5}{0.6}\right) = P(Z \le -1.67)$$

$$= P(Z \ge 1.67) = 0.0475$$

[9-9] 중심극한정리에 의하면 $\overline{X}$의 분포는 정규분포를 따른다.

즉 $\overline{X} \sim N\left(15, \left(\frac{5}{8}\right)^2\right)$이다. 따라서 주어진 확률을 구하면 다음과 같다.

$$P(\overline{X} \ge 17) = P\left(Z \ge \frac{17-15}{\frac{5}{8}}\right) = P(Z \ge 3.2) = 0.0007$$

[9-10] 중심극한정리에 의하면 $\overline{X}$의 분포는 정규분포를 따른다. 따라서 주어진 구간의 확률을 구하면 다음과 같다.

$$P(5.75 \le \overline{X} \le 6.25) = P\left(\frac{5.75-6}{\frac{2.5}{5\sqrt{2}}} \le Z \le \frac{6.25-6}{\frac{2.5}{5\sqrt{2}}}\right)$$

$$= P(-0.71 \le Z \le 0.71) = 0.5222$$

제10장 추정

[10-1] 95% 신뢰구간을 구하면 다음과 같다.

$$\overline{X} \pm z_{\alpha/2}\frac{\sigma}{\sqrt{n}}$$

$$\therefore\ 501.2 \pm z_{\frac{0.05}{2}}\frac{4}{\sqrt{100}}$$

$$\therefore\ 501.2 \pm 1.96\frac{4}{10}$$

$$\therefore\ (500.416,\ 501.984)$$

[10-2] 모집단이 정규분포를 따르므로 $\overline{X}$ 도 역시 정규분포를 따른다.

$$P(\overline{X} > 25000) = P\left(Z > \frac{25000-30000}{\frac{2000}{\sqrt{4}}}\right)$$

$$= P(Z > -5) = 1 - P(Z < -5) \fallingdotseq 1$$

[10-3] $\overline{X} \sim N\left(50,\ \frac{9}{4}\right)$이므로 $P(47 < \overline{X} < 53) = P\left(-\frac{3}{1.5} < Z < \frac{3}{1.5}\right) = 0.95$이다.

[10-4] 표본평균 $\overline{X}$는 모평균의 불편추정량이므로 다음과 같이 구할 수 있다.

$$E(\overline{X}) = \mu = 38000,\ \hat{\sigma} = SE(\overline{X}) = \frac{\sigma}{\sqrt{n}} = \frac{5000}{10} = 500$$

[10-5] 주어진 자료에서 $\overline{x}$와 s^2을 구하면 다음과 같다.

$$\overline{x} = 227.6,\ s^2 = 5.1556$$

$$\therefore\ \hat{\sigma} = s = \sqrt{5.1556} = 2.27$$

[10-6] $n=15<30$이므로 소표본으로 신뢰구간을 구한다.

$$\left(\overline{X}-t_{\alpha/2}(n-1)\frac{s}{\sqrt{n}},\ \overline{X}+t_{\alpha/2}(n-1)\frac{s}{\sqrt{n}}\right)$$

$$\therefore \left(27.38-t_{0.05}(14)\cdot\frac{2.26}{\sqrt{15}},\ 27.38+t_{0.05}(14)\cdot\frac{2.26}{\sqrt{15}}\right)$$

$$=(26.352, 28.408)$$

[10-7] 모비율 p의 $100(1-\alpha)\%$ 신뢰구간을 구한다.

$$\left(\hat{p}-z_{\alpha/2}\sqrt{\frac{\hat{p}(1-\hat{p})}{n}},\ \hat{p}+z_{\alpha/2}\sqrt{\frac{\hat{p}(1-\hat{p})}{n}}\right)$$

$$\hat{p}=\frac{59}{112}=0.527,\quad \sqrt{\frac{\hat{p}(1-\hat{p})}{n}}=\sqrt{\frac{\frac{59}{112}\cdot\frac{53}{112}}{112}}\fallingdotseq 0.0472$$

$$\therefore \left(\hat{p}-z_{\alpha/2}\sqrt{\frac{\hat{p}(1-\hat{p})}{n}},\ \hat{p}+z_{\alpha/2}\sqrt{\frac{\hat{p}(1-\hat{p})}{n}}\right)$$

$$=(0.527-1.96\cdot 0.0472,\ 0.527+1.96\cdot 0.0472)$$

$$=(0.434,\ 0.620)$$

[10-8] 모평균 μ의 추정에서 $100(1-\alpha)\%$ 오차한계 d가 되기 위한 표본의 크기 $n\ge\left[\left(\frac{z_{\alpha/2}\sigma}{d}\right)^2\right]$을 만족하는 최소의 정수이다.

$$\therefore\ n\ge\left(\frac{z_{\alpha/2}\sigma}{d}\right)^2=\left(\frac{z_{0.025}\cdot 8}{1.5}\right)^2=109.26$$

따라서 최소 110명까지 몸무게를 재어야 한다.

[10-9] 모평균 μ의 추정에서 $100(1-\alpha)\%$ 오차한계 d가 되기 위한 표본의 크기 $n\ge\left[\left(\frac{z_{\alpha/2}\sigma}{d}\right)^2\right]$을 만족하는 최소의 정수이다.

$$\therefore\ n\ge\left(\frac{z_{\alpha/2}\sigma}{d}\right)^2=\left(\frac{z_{0.005}\cdot 100}{25}\right)^2=106.17$$

따라서 최소 106개 이상 되어야 한다.

[10-10] 모비율 p의 추정에서 $100(1-\alpha)\%$ 오차한계 d가 되기 위한 표본의 크기는

$n \geq \hat{p}(1-\hat{p})\left(\frac{z_{\alpha/2}}{d}\right)^2$ 이다.

$\alpha = 0.05,\ d = 0.03,\ \hat{p} = 0.38$

$$\therefore\ n \geq \hat{p}(1-\hat{p})\left(\frac{z_{\alpha/2}}{d}\right)^2 = (0.38)(0.62)\left(\frac{z_{0.025}}{0.03}\right)^2 = 1005.6$$

따라서 표본의 크기는 $n = 1006$이다.

[10-11] 대표본에서 $\mu_1 - \mu_2$의 $100(1-\alpha)\%$ 신뢰구간은 다음과 같다.

$$(\overline{X} - \overline{Y}) \pm Z_{\alpha/2}\sqrt{\frac{S_1^2}{n_1} + \frac{S_2^2}{n_2}}$$

따라서 $\mu_1 - \mu_2$의 95% 신뢰구간은 다음과 같다.

$$\left((35-25) - 1.96\sqrt{\frac{2^2}{300} + \frac{1.5^2}{200}},\ (35-25) + 1.96\sqrt{\frac{2^2}{300} + \frac{1.5^2}{200}}\right)$$

$\fallingdotseq (9.693,\ 10.307)$

[10-12] 소표본에서 $\mu_1 - \mu_2$의 $100(1-\alpha)\%$ 신뢰구간은

$$(\overline{X} - \overline{Y}) \pm t_{\alpha/2}(n_1 + n_2 - 2)S_p\sqrt{\frac{1}{n_1} + \frac{1}{n_2}}$$

이다. (단, $S_p = \sqrt{\frac{(n_1 - 1)S_1^2 + (n_2 - 1)S_2^2}{n_1 + n_2 - 2}}$)

	집단 Ⅰ	집단 Ⅱ
표본크기	15	8
평균	$\bar{x} = 70.1$	$\bar{y} = 75.3$
표준편차	$\sigma_X = 60$	$\sigma_Y = 40$

$$S_p = \sqrt{\frac{(n_1 - 1)S_1^2 + (n_2 - 1)S_2^2}{n_1 + n_2 - 2}}$$

$$= \sqrt{\frac{14 \cdot 3600 + 7 \cdot 1600}{15+8-2}} \fallingdotseq 54.16$$

$$\therefore\ (\overline{X} - \overline{Y}) \pm t_{\alpha/2}(n_1+n_2-2)S_p\sqrt{\frac{1}{n_1}+\frac{1}{n_2}}$$

$$= (70.1-75.3) \pm t_{0.05}(15+8-2) \cdot (54.16)\sqrt{\frac{1}{15}+\frac{1}{8}}$$

$$= (-46.939,\ 36.539)$$

[10-13] 소표본에서 $\mu_1 - \mu_2$의 $100(1-\alpha)\%$ 신뢰구간은

$$(\overline{X} - \overline{Y}) \pm t_{\alpha/2}(n_1+n_2-2)S_p\sqrt{\frac{1}{n_1}+\frac{1}{n_2}}$$

이다. (단, $S_p = \sqrt{\frac{(n_1-1)S_1^2+(n_2-1)S_2^2}{n_1+n_2-2}}$)

	학급 Ⅰ	학급 Ⅱ
표본크기	4	3
평균	73.25	60
표준편차	10.20	9.64

$$S_p = \sqrt{\frac{(n_1-1)S_1^2+(n_2-1)S_2^2}{n_1+n_2-2}} = \sqrt{\frac{3 \cdot 104.04 + 2 \cdot 92.93}{4+3-2}} \fallingdotseq 9.98$$

$$\therefore\ (\overline{X} - \overline{Y}) \pm t_{\alpha/2}(n_1+n_2-2)S_p\sqrt{\frac{1}{n_1}+\frac{1}{n_2}}$$

$$= (73.25-60) \pm t_{0.05}(4+3-2) \cdot (9.98)\sqrt{\frac{1}{4}+\frac{1}{3}}$$

$$= (-2.11,\ 28.61)$$

[10-14] 두 모비율의 차 $p_1 - p_2$의 $100(1-\alpha)\%$의 신뢰구간은 다음과 같다.

$$\hat{p_1} - \hat{p_2} \pm z_{\alpha/2}\sqrt{\frac{\hat{p_1}(1-\hat{p_1})}{n_1}+\frac{\hat{p_2}(1-\hat{p_2})}{n_2}}$$

$\hat{p_1} = \frac{300}{500} = \frac{3}{5}$, $\hat{p_2} = \frac{200}{500} = \frac{2}{5}$ 이므로

$$\therefore\ \widehat{p_1}-\widehat{p_2}\pm z_{\alpha/2}\sqrt{\frac{\widehat{p_1}(1-\widehat{p_1})}{n_1}+\frac{\widehat{p_2}(1-\widehat{p_2})}{n_2}}$$

$$=\left(\frac{3}{5}-\frac{2}{5}\right)\pm z_{0.025}\sqrt{\frac{\frac{3}{5}\cdot\frac{2}{5}}{500}+\frac{\frac{2}{5}\cdot\frac{3}{5}}{500}}$$

$$=(0.1412,\ 0.2588)$$

제11장 검정

[11-1] 1. 귀무가설 H_0 : $\mu = 1.20$, 대립가설 H_1 : $\mu \neq 1.20$

2. 유의수준 $\alpha = 0.01$

3. 검정통계량 $Z = \dfrac{\overline{X} - \mu_0}{\dfrac{S}{\sqrt{n}}}$

4. 기각역 $|Z| \geq z_{0.005} = 2.576$

5. $Z = \dfrac{1.25 - 1.20}{\dfrac{0.16}{\sqrt{36}}} = 1.87$

$|Z| = 1.87 < 2.576$이므로 유의수준 1%에서 H_0를 기각시키지 못한다. 즉 이 부품의 크기가 정당하지 않다는 근거는 없다.

[11-2] 1. 귀무가설 H_0 : $\mu = 15{,}000$, 대립가설 H_1 : $\mu > 15{,}000$

2. 유의수준 $\alpha = 0.05$

3. 검정통계량 $Z = \dfrac{\overline{X} - \mu_0}{\dfrac{S}{\sqrt{n}}}$

4. 기각역 $|Z| \geq z_{0.05} = 1.645$

5. $Z = \dfrac{15{,}200 - 15{,}000}{\dfrac{1220}{\sqrt{100}}} = 1.64$

$|Z| = 1.64 < 1.645$이므로 유의수준 5%에서 H_0를 기각시키지 못한다. 즉 전구의 평균수명은 15,000시간 이상이라고 보증할 수는 없다.

[11-3] 1. 귀무가설 H_0 : $\mu = 650$, 대립가설 H_1 : $\mu \neq 650$

2. 유의수준 $\alpha = 0.05$

3. 검정통계량 $t = \dfrac{\overline{X} - \mu_0}{\dfrac{S}{\sqrt{n}}}$

4. 기각역 $|t| \geq t_{0.025}(15) = 2.131$

5. $|t| = \left| \dfrac{600-650}{\dfrac{80}{\sqrt{16}}} \right| = 2.5$

$|t| = 2.5 > 2.131$이므로 H_0를 기각한다. 즉 이 마을의 평균소득은 전국 농가의 평균소득과 다르다고 할 수 있다.

[11-4] $n = 9$명이므로 t검정을 시행한다.

1. 귀무가설 H_0 : $\mu = 50$, 대립가설 H_1 : $\mu < 50$
2. 유의수준 $\alpha = 0.05$
3. 검정통계량 $t = \dfrac{\overline{X} - \mu_0}{\dfrac{S}{\sqrt{n}}}$
4. 기각역 $t \leq -t_{0.05}(8) = -1.86$
5. $t = \dfrac{44-50}{\dfrac{9}{\sqrt{9}}} = -2 < -1.86$이므로 H_0를 기각한다. 즉 새로운 시스템하에서 평균 등록시간이 단축된다고 할 수 있다.

[11-5] $p_0 = 0.7$이므로 $np_0 = 21$과 $n(1-p_0) = 9$는 모두 5보다 크다. 따라서 정규근사에 의한 검정을 다음과 같이 시행할 수 있다.

1. 귀무가설 H_0 : $p = 0.7$, 대립가설 H_1 : $p > 0.7$
2. 유의수준 $\alpha = 0.1$
3. 검정통계량 $Z = \dfrac{\hat{p} - p_0}{\sqrt{\dfrac{p_0(1-p_0)}{n}}}$
4. 기각역 $Z \leq z_{0.1} = 1.282$
5. $Z = \dfrac{0.9-0.7}{\sqrt{\dfrac{0.7(1-0.7)}{30}}} = 2.39$

   $Z = 2.39 > 1.282$이므로 H_0를 기각한다. 즉 이 신약으로 일주일간 치료할 때 치유율이 70% 이상이라고 할 수 있다.

[11-6] $p_0 = 0.38$이므로 $np_0 = 76$과 $n(1-p_0) = 124$는 모두 5보다 크다. 따라서 정규근사에 의한 검정을 다음과 같이 시행할 수 있다.

1. 귀무가설 $H_0 : p = 0.38$, 대립가설 $H_1 : p \neq 0.38$
2. 유의수준 $\alpha = 0.01$
3. 검정통계량 $Z = \dfrac{\hat{p} - p_0}{\sqrt{\dfrac{p_0(1-p_0)}{n}}}$
4. 기각역 $|Z| \geq z_{0.005} = 2.576$
5. $\hat{p} = \dfrac{64}{200} = 0.32$이다. 따라서

$$|Z| = \left| \frac{0.32 - 0.38}{\sqrt{\dfrac{0.38(1-0.38)}{200}}} \right| = 1.75 < 2.576$$

이므로 H_0를 기각하지 못한다. 즉 이달의 시청률이 지난달과 달라졌다는 근거는 없다.

[11-7] $p_0 = 0.5$이므로 $np_0 = 25$와 $n(1-p_0) = 25$는 모두 5보다 크다. 따라서 정규근사에 의한 검정을 다음과 같이 시행할 수 있다.

1. 귀무가설 $H_0 : p = 0.5$, 대립가설 $H_1 : p > 0.5$
2. 유의수준 $\alpha = 0.05$
3. 검정통계량 $Z = \dfrac{\hat{p} - p_0}{\sqrt{\dfrac{p_0(1-p_0)}{n}}}$
4. 기각역 $Z \geq z_{0.05} = 1.645$
5. $\hat{p} = \dfrac{27}{50} = 0.54$이다. 따라서

$$Z = \frac{0.54 - 0.5}{\sqrt{\dfrac{0.5(1-0.5)}{50}}} = 0.57 < 1.645$$

이므로 H_0를 기각하지 못한다. 즉 임의로 50명 중 27명이 찬성하였다고 해서 교복착용 문제에 찬성한다고 볼 수 없다.

[11-8] 1. 귀무가설 H_0 : $\mu = 7.95$, 대립가설 H_1 : $\mu \neq 7.95$

2. 유의수준 $\alpha = 0.05$

3. 검정통계량 $t = \dfrac{\overline{X} - \mu_0}{\dfrac{S}{\sqrt{n}}}$

4. 기각역 $|t| \geq t_{0.025}(15) = 2.131$

5. $|t| = \left| \dfrac{7.962 - 7.95}{\dfrac{0.03}{\sqrt{16}}} \right| = 1.6 < 2.131$ 이므로 H_0를 기각하지 못한다.

즉 실험방법 변경으로 인하여 적응시간의 평균이 달라졌다고 볼 수 없다.

[11-9] 모집단의 표본편차 σ를 모르고 표본크기가 30 이하이므로 t분포를 이용해서 가설검정을 시행한다.

1. 귀무가설 H_0 : $\mu = 125$, 대립가설 H_1 : $\mu \neq 125$

2. 유의수준 $\alpha = 0.05$

3. 검정통계량 $t = \dfrac{\overline{X} - \mu_0}{\dfrac{S}{\sqrt{n}}}$

4. 기각역 $|t| \geq t_{0.025}(24) = 2.064$

5. $|t| = \left| \dfrac{120 - 125}{\dfrac{15}{\sqrt{25}}} \right| = 1.67 < 2.064$ 이므로 H_0를 기각시키지 못한다.

즉 전국의 스님(비구, 비구니)들의 연평균 저축액이 125만 원이 아니라고 말할 수 없다.

[11-10] 1. 귀무가설 H_0 : $\mu_1 = \mu_2$, 대립가설 H_1 : $\mu_1 < \mu_2$

2. 유의수준 $\alpha = 0.05$

3. 검정통계량 $Z = \dfrac{\overline{X_1} - \overline{X_2}}{\sqrt{\dfrac{S_1^2}{n_1} + \dfrac{S_2^2}{n_2}}}$

4. 기각역 $Z \leq -z_{0.05} = -1.645$

5. $Z=\dfrac{32500-35100}{\sqrt{\dfrac{24000^2}{30}+\dfrac{22000^2}{40}}}=-4.65<-1.645$이므로 H_0를 기각한다.

즉 여성의 초임은 남성의 초임보다 낮다고 할 수 있다.

[11-11] 1. 귀무가설 H_0 : $\mu_1=\mu_2$, 대립가설 H_1 : $\mu_1\neq\mu_2$

2. 유의수준 $\alpha=0.05$

3. 검정통계량 $t=\dfrac{\overline{X_1}-\overline{X_2}}{S_p\sqrt{\dfrac{1}{n_1}+\dfrac{1}{n_2}}}\left(S_p=\sqrt{\dfrac{(n_1-1)S_1^2+(n_2-1)S_2^2}{n_1+n_2-2}}\right)$

4. 기각역 $|t|\geq t_{0.025}(23)=2.069$

5. $S_p=\sqrt{\dfrac{9\cdot 10^2+14\cdot 20^2}{10+15-2}}=16.8$,

$$|t|=\left|\frac{82.5-90.5}{(16.8)\sqrt{\dfrac{1}{10}+\dfrac{1}{15}}}\right|=1.167<2.069$$

이므로 H_0를 기각하지 못한다. 즉 두 비료가 차이가 있다는 근거는 없다.

[11-12] $\hat{p_1}=\dfrac{16}{105}=0.152$, $\hat{p_2}=\dfrac{20}{96}=0.208$, $\hat{p}=\dfrac{16+20}{105+96}=\dfrac{36}{301}=0.179$이고,

Z검정을 시행한다.

1. 귀무가설 H_0 : $p_1=p_2$, 대립가설 H_1 : $p_1\neq p_2$

2. 유의수준 $\alpha=0.05$

3. 검정통계량 $Z=\dfrac{\hat{p_1}-\hat{p_2}}{\sqrt{\hat{p}(1-\hat{p})}\sqrt{\dfrac{1}{n_1}+\dfrac{1}{n_2}}}$

4. 기각역 $|Z|\geq z_{0.025}=1.96$

5. $|Z|=\left|\dfrac{0.152-0.208}{\sqrt{0.179(1-0.821)}\sqrt{\dfrac{1}{105}+\dfrac{1}{96}}}\right|=7.311>1.96$

이므로 H_0를 기각한다. 즉 A와 B 두 반의 불량비율의 차이가 있다.

[11-13] 서로 짝진(대응)표본이고 $n=10(<30)$이므로 t-분포 검정을 실시한다.

1. 귀무가설 $H_0: \mu_1=\mu_2$, 대립가설 $H_1: \mu_1<\mu_2$
2. 유의수준 : $\alpha=0.05$
3. 검정통계량 : $t=\dfrac{\overline{D}}{\dfrac{S_D}{\sqrt{n}}}=\dfrac{-2.6}{\dfrac{0.8433}{\sqrt{10}}}=-9.75$
4. 기각역 : $t<-t_{0.05}(9)=-1.833$
5. $t<-1.833$이므로 H_0가 기각되고 H_1이 채택된다. 따라서 집중력 강화 훈련이 집중력을 높이는 데 효과가 있다고 할 수 있다.

분포표

[표 1] 이항누적분포함수

$$B(x\,;n,p)=\sum_{k=0}^{x}\binom{n}{k}p^k(1-p)^{n-k}$$

n	x	p = 0.05	0.10	0.15	0.20	0.25	0.30	0.35	0.40	0.45
1	0	0.9500	0.9000	0.8500	0.8000	0.7500	0.7000	0.6500	0.6000	0.5500
2	0	0.9025	0.8100	0.7225	0.6400	0.5625	0.4900	0.4225	0.3600	0.3025
	1	0.9975	0.9900	0.9775	0.9600	0.9375	0.9100	0.8775	0.8400	0.7975
3	0	0.8574	0.7290	0.6141	0.5120	0.4219	0.3430	0.2746	0.2160	0.1664
	1	0.9928	0.9720	0.9393	0.8960	0.8438	0.7840	0.7182	0.6480	0.5748
	2	0.9999	0.9990	0.9967	0.9920	0.9844	0.9730	0.9571	0.9360	0.9089

n	x	p = 0.50	0.55	0.60	0.65	0.70	0.75	0.80	0.85	0.90	0.95
1	0	0.5000	0.4500	0.4000	0.3500	0.3000	0.2500	0.2000	0.1500	0.1000	0.0500
2	0	0.2500	0.2025	0.1600	0.1225	0.0900	0.0625	0.0400	0.0225	0.0100	0.0025
	1	0.7500	0.6975	0.6400	0.5775	0.5100	0.4375	0.3600	0.2775	0.1900	0.0975
3	0	0.1250	0.0911	0.0640	0.0429	0.0270	0.0156	0.0080	0.0034	0.0010	0.0001
	1	0.5000	0.4252	0.3520	0.2818	0.2160	0.1406	0.1040	0.0608	0.0280	0.0072
	2	0.8750	0.8336	0.7840	0.7254	0.6570	0.5625	0.4880	0.3859	0.2710	0.1426

[표 1] 이항누적분포함수(계속)

		p								
n	x	0.05	0.10	0.15	0.20	0.25	0.30	0.35	0.40	0.45
4	0	0.8145	0.6561	0.5220	0.4096	0.3164	0.2401	0.1785	0.1296	0.0915
	1	0.9860	0.9477	0.8905	0.8192	0.7383	0.6517	0.5630	0.4752	0.3910
	2	0.9995	0.9963	0.9880	0.9728	0.9492	0.9163	0.8735	0.8208	0.7585
	3	1.0000	0.9999	0.9995	0.9984	0.9961	0.9919	0.9850	0.9744	0.9590
5	0	0.7738	0.5905	0.4437	0.3277	0.2373	0.1681	0.1160	0.0778	0.0503
	1	0.9774	0.9185	0.8352	0.7373	0.6328	0.5282	0.4284	0.3370	0.2562
	2	0.9988	0.9914	0.9734	0.9421	0.8965	0.8369	0.7648	0.6826	0.5931
	3	1.0000	0.9995	0.9978	0.9933	0.9844	0.9692	0.9460	0.9130	0.8688
	4	1.0000	1.0000	0.9999	0.9997	0.9990	0.9976	0.9947	0.9898	0.9815
6	0	0.7351	0.5314	0.3771	0.2621	0.1780	0.1176	0.0754	0.0467	0.0277
	1	0.9672	0.8857	0.7765	0.6554	0.5339	0.4202	0.3191	0.2333	0.1636
	2	0.9978	0.9842	0.9527	0.9011	0.8306	0.7443	0.6471	0.5443	0.4415
	3	0.9999	0.9987	0.9941	0.9830	0.9624	0.9295	0.8826	0.8208	0.7447
	4	1.0000	0.9999	0.9996	0.9984	0.9954	0.9891	0.9777	0.9590	0.9308
	5	1.0000	1.0000	1.0000	0.9999	0.9998	0.9993	0.9982	0.9959	0.9917
7	0	0.6983	0.4783	0.3206	0.2097	0.1335	0.0824	0.0490	0.0280	0.0152
	1	0.9556	0.8503	0.7166	0.5767	0.4449	0.3294	0.2338	0.1586	0.1024
	2	0.9962	0.9743	0.9262	0.8520	0.7564	0.6471	0.5323	0.4199	0.3164
	3	0.9998	0.9973	0.9879	0.9667	0.9294	0.8740	0.8002	0.7102	0.6083
	4	1.0000	0.9998	0.9988	0.9953	0.9871	0.9712	0.9444	0.9037	0.8471
	5	1.0000	1.0000	0.9999	0.9996	0.9987	0.9962	0.9910	0.9812	0.9643
	6	1.0000	1.0000	1.0000	1.0000	0.9999	0.9998	0.9994	0.9984	0.9963

[표 1] 이항누적분포함수(계속)

		p									
n	x	0.50	0.55	0.60	0.65	0.70	0.75	0.80	0.85	0.90	0.95
4	0	0.0625	0.0410	0.0256	0.0150	0.0081	0.0039	0.0016	0.0005	0.0001	0.0000
	1	0.3125	0.2415	0.1792	0.1265	0.0837	0.0508	0.0272	0.0120	0.0037	0.0005
	2	0.6875	0.6090	0.5248	0.4370	0.3483	0.2617	0.1808	0.1095	0.0523	0.0140
	3	0.9375	0.9085	0.8704	0.8215	0.7599	0.6836	0.5904	0.4780	0.3439	0.1855
5	0	0.0312	0.0185	0.0102	0.0053	0.0024	0.0010	0.0003	0.0001	0.0000	0.0000
	1	0.1875	0.1312	0.0870	0.0540	0.0308	0.0156	0.0067	0.0022	0.0005	0.0000
	2	0.5000	0.4069	0.3174	0.2352	0.1631	0.1035	0.0579	0.0266	0.0086	0.0012
	3	0.8125	0.7438	0.6630	0.5716	0.4718	0.3672	0.2627	0.1648	0.0815	0.0226
	4	0.9688	0.9497	0.9222	0.8840	0.8319	0.7627	0.6723	0.5563	0.4095	0.2262
6	0	0.0156	0.0083	0.0041	0.0018	0.0007	0.0002	0.0001	0.0000	0.0000	0.0000
	1	0.1094	0.0692	0.0410	0.0223	0.0109	0.0046	0.0016	0.0004	0.0001	0.0000
	2	0.3438	0.2553	0.1792	0.1174	0.0705	0.0376	0.0170	0.0059	0.0013	0.0001
	3	0.6562	0.5585	0.4557	0.3529	0.2557	0.1694	0.0989	0.0473	0.0158	0.0022
	4	0.8906	0.8364	0.7667	0.6809	0.5798	0.4661	0.3446	0.2235	0.1143	0.0328
	5	0.9844	0.9723	0.9533	0.9246	0.8824	0.8220	0.7379	0.6229	0.4686	0.2649
7	0	0.0078	0.0037	0.0016	0.0006	0.0002	0.0001	0.0000	0.0000	0.0000	0.0000
	1	0.0625	0.0357	0.0188	0.0090	0.0038	0.0013	0.0004	0.0001	0.0000	0.0000
	2	0.2266	0.1529	0.0963	0.0556	0.0288	0.0129	0.0047	0.0012	0.0002	0.0000
	3	0.5000	0.3917	0.2898	0.1998	0.1260	0.0706	0.0333	0.0121	0.0027	0.0002
	4	0.7734	0.6836	0.5801	0.4677	0.3529	0.2436	0.1480	0.0738	0.0257	0.0038
	5	0.9375	0.8976	0.8414	0.7662	0.6706	0.5551	0.4233	0.2834	0.1497	0.0444
	6	0.9922	0.9848	0.9720	0.9510	0.9176	0.8665	0.7903	0.6794	0.5217	0.3017

[표 1] 이항누적분포함수(계속)

		p								
n	x	0.05	0.10	0.15	0.20	0.25	0.30	0.35	0.40	0.45
8	0	0.6634	0.4305	0.2725	0.1678	0.1001	0.0576	0.0319	0.0168	0.0084
	1	0.9428	0.8131	0.6572	0.5033	0.3671	0.2553	0.1691	0.1064	0.0632
	2	0.9942	0.9619	0.8948	0.7969	0.6785	0.5518	0.4278	0.3154	0.2201
	3	0.9996	0.9950	0.9786	0.9437	0.8862	0.8059	0.7064	0.5941	0.4770
	4	1.0000	0.9996	0.9971	0.9896	0.9727	0.9420	0.8939	0.8263	0.7396
	5	1.0000	1.0000	0.9998	0.9988	0.9958	0.9887	0.9747	0.9502	0.9115
	6	1.0000	1.0000	1.0000	0.9999	0.9996	0.9987	0.9964	0.9915	0.9819
	7	1.0000	1.0000	1.0000	1.0000	1.0000	0.9999	0.9998	0.9993	0.9983
9	0	0.6302	0.3874	0.2316	0.1342	0.0751	0.0404	0.0207	0.0101	0.0046
	1	0.9288	0.7748	0.5995	0.4362	0.3003	0.1960	0.1211	0.0705	0.0385
	2	0.9916	0.9470	0.8591	0.7382	0.6007	0.4628	0.3373	0.2318	0.1495
	3	0.9994	0.9917	0.9661	0.9144	0.8343	0.7297	0.6089	0.4826	0.3614
	4	1.0000	0.9991	0.9944	0.9804	0.9511	0.9012	0.8283	0.7334	0.6214
	5	1.0000	0.9999	0.9994	0.9969	0.9900	0.9747	0.9464	0.9006	0.8342
	6	1.0000	1.0000	1.0000	0.9997	0.9987	0.9957	0.9888	0.9750	0.9502
	7	1.0000	1.0000	1.0000	1.0000	0.9999	0.9996	0.9986	0.9962	0.9909
	8	1.0000	1.0000	1.0000	1.0000	1.0000	1.0000	0.9999	0.9997	0.9992
	0	0.5987	0.3487	0.1969	0.1074	0.0563	0.0282	0.0135	0.0060	0.0025
	1	0.9139	0.7361	0.5443	0.3758	0.2440	0.1493	0.0860	0.0464	0.0233
10	2	0.9885	0.9298	0.8202	0.6778	0.5256	0.3828	0.2616	0.1673	0.0996
	3	0.9990	0.9872	0.9500	0.8791	0.7759	0.6496	0.5138	0.3823	0.2660
	4	0.9999	0.9984	0.9901	0.9672	0.9219	0.8497	0.7515	0.6331	0.5044
	5	1.0000	0.9999	0.9986	0.9936	0.9803	0.9527	0.9051	0.8338	0.7384
	6	1.0000	1.0000	0.9999	0.9991	0.9965	0.9894	0.9740	0.9452	0.8980
	7	1.0000	1.0000	1.0000	0.9999	0.9996	0.9984	0.9952	0.9877	0.9726
	8	1.0000	1.0000	1.0000	1.0000	1.0000	0.9999	0.9995	0.9983	0.9955
	9	1.0000	1.0000	1.0000	1.0000	1.0000	1.0000	1.0000	0.9999	0.9997

[표 1] 이항누적분포함수(계속)

		p									
n	x	0.50	0.55	0.60	0.65	0.70	0.75	0.80	0.85	0.90	0.95
8	0	0.0039	0.0017	0.0007	0.0002	0.0001	0.0000	0.0000	0.0000	0.0000	0.0000
	1	0.0352	0.0181	0.0085	0.0036	0.0013	0.0004	0.0001	0.0000	0.0000	0.0000
	2	0.1445	0.0885	0.0498	0.0253	0.0113	0.0042	0.0012	0.0002	0.0000	0.0000
	3	0.3633	0.2604	0.1737	0.1061	0.0580	0.0273	0.0104	0.0029	0.0004	0.0000
	4	0.6367	0.5230	0.4059	0.2936	0.1941	0.1138	0.0563	0.0214	0.0050	0.0004
	5	0.8555	0.7799	0.6846	0.5722	0.4482	0.3215	0.2031	0.1052	0.0381	0.0058
	6	0.9648	0.9368	0.8936	0.8309	0.7447	0.6329	0.4967	0.3428	0.1869	0.0572
	7	0.9961	0.9916	0.9832	0.9681	0.9424	0.8999	0.8322	0.7275	0.5695	0.3366
9	0	0.0020	0.0008	0.0003	0.0001	0.0000	0.0000	0.0000	0.0000	0.0000	0.0000
	1	0.0195	0.0091	0.0038	0.0014	0.0004	0.0001	0.0000	0.0000	0.0000	0.0000
	2	0.0898	0.0498	0.0250	0.0112	0.0043	0.0013	0.0003	0.0000	0.0000	0.0000
	3	0.2539	0.1658	0.0994	0.0536	0.0253	0.0100	0.0031	0.0006	0.0001	0.0000
	4	0.5000	0.3786	0.2666	0.1717	0.0988	0.0489	0.0196	0.0056	0.0009	0.0000
	5	0.7461	0.6386	0.5174	0.3911	0.2703	0.1657	0.0856	0.0339	0.0083	0.0006
	6	0.9102	0.8505	0.7682	0.6627	0.5372	0.3993	0.2618	0.1409	0.0530	0.0084
	7	0.9805	0.9615	0.9295	0.8789	0.8040	0.6997	0.5638	0.4005	0.2252	0.0712
	8	0.9980	0.9954	0.9899	0.9793	0.9596	0.9249	0.8658	0.7684	0.6126	0.3698
10	0	0.0010	0.0003	0.0001	0.0000	0.0000	0.0000	0.0000	0.0000	0.0000	0.0000
	1	0.0107	0.0045	0.0017	0.0005	0.0001	0.0000	0.0000	0.0000	0.0000	0.0000
	2	0.0547	0.0274	0.0123	0.0048	0.0016	0.0004	0.0001	0.0000	0.0000	0.0000
	3	0.1719	0.1020	0.0548	0.0260	0.0106	0.0035	0.0009	0.0001	0.0000	0.0000
	4	0.3770	0.2616	0.1662	0.0949	0.0473	0.0197	0.0064	0.0014	0.0001	0.0000
	5	0.6230	0.4956	0.3669	0.2485	0.1503	0.0781	0.0328	0.0099	0.0016	0.0001
	6	0.8281	0.7340	0.6177	0.4862	0.3504	0.2241	0.1209	0.0500	0.0128	0.0010
	7	0.9453	0.9004	0.8327	0.7384	0.6172	0.4474	0.3222	0.1798	0.0702	0.0115
	8	0.9893	0.9767	0.9536	0.9140	0.8507	0.7560	0.6242	0.4557	0.2639	0.0861
	9	0.9990	0.9975	0.9940	0.9865	0.9718	0.9437	0.8926	0.8031	0.6513	0.4013

[표 1] 이항누적분포함수(계속)

		p								
n	x	0.05	0.10	0.15	0.20	0.25	0.30	0.35	0.40	0.45
15	0	0.4633	0.2059	0.0874	0.0352	0.0134	0.0047	0.0016	0.0005	0.0001
	1	0.8290	0.5490	0.3186	0.1671	0.0802	0.0353	0.0142	0.0052	0.0017
	2	0.9638	0.8159	0.6042	0.3980	0.2361	0.1268	0.0617	0.0271	0.0107
	3	0.9945	0.9444	0.8227	0.6482	0.4613	0.2969	0.1727	0.0905	0.0424
	4	0.9994	0.9873	0.9383	0.8358	0.6865	0.5155	0.3519	0.2173	0.1204
	5	0.9999	0.9978	0.9832	0.9389	0.8516	0.7216	0.5643	0.4032	0.2608
	6	1.0000	0.9997	0.9964	0.9819	0.9434	0.8689	0.7548	0.6098	0.4522
	7	1.0000	1.0000	0.9994	0.9958	0.9827	0.9500	0.8868	0.7869	0.6535
	8	1.0000	1.0000	0.9999	0.9992	0.9958	0.9848	0.9578	0.9050	0.8182
	9	1.0000	1.0000	1.0000	0.9999	0.9992	0.9963	0.9876	0.9662	0.9231
	10	1.0000	1.0000	1.0000	1.0000	0.9999	0.9993	0.9972	0.9907	0.9745
	11	1.0000	1.0000	1.0000	1.0000	1.0000	0.9999	0.9995	0.9981	0.9937
	12	1.0000	1.0000	1.0000	1.0000	1.0000	1.0000	0.9999	0.9997	0.9989
	13	1.0000	1.0000	1.0000	1.0000	1.0000	1.0000	1.0000	1.0000	0.9999
	14	1.0000	1.0000	1.0000	1.0000	1.0000	1.0000	1.0000	1.0000	1.0000
20	0	0.3585	0.1216	0.0388	0.0115	0.0032	0.0008	0.0002	0.0000	0.0000
	1	0.7358	0.3917	0.1756	0.0692	0.0243	0.0076	0.0021	0.0005	0.0001
	2	0.9245	0.6769	0.4049	0.2061	0.0913	0.0355	0.0121	0.0036	0.0009
	3	0.9841	0.8670	0.6477	0.4114	0.2252	0.1071	0.0444	0.0160	0.0049
	4	0.9974	0.9568	0.8298	0.6296	0.4148	0.2375	0.1182	0.0510	0.0189
	5	0.9997	0.9887	0.9327	0.8042	0.6172	0.4164	0.2454	0.1256	0.0553
	6	1.0000	0.9976	0.9781	0.9133	0.7858	0.6080	0.4166	0.2500	0.1299
	7	1.0000	0.9996	0.9941	0.9679	0.8982	0.7723	0.6010	0.4159	0.2520
	8	1.0000	0.9999	0.9987	0.9900	0.9591	0.8867	0.7624	0.5956	0.4143
	9	1.0000	1.0000	0.9998	0.9974	0.9861	0.9520	0.8782	0.7553	0.5914
	10	1.0000	1.0000	1.0000	0.9994	0.9961	0.9829	0.9468	0.8725	0.7507
	11	1.0000	1.0000	1.0000	0.9999	0.9991	0.9949	0.9804	0.9435	0.8692
	12	1.0000	1.0000	1.0000	1.0000	0.9998	0.9987	0.9940	0.9790	0.9420
	13	1.0000	1.0000	1.0000	1.0000	1.0000	0.9997	0.9985	0.9935	0.9786
	14	1.0000	1.0000	1.0000	1.0000	1.0000	1.0000	0.9997	0.9984	0.9936
	15	1.0000	1.0000	1.0000	1.0000	1.0000	1.0000	1.0000	0.9997	0.9985
	16	1.0000	1.0000	1.0000	1.0000	1.0000	1.0000	1.0000	1.0000	0.9997
	17	1.0000	1.0000	1.0000	1.0000	1.0000	1.0000	1.0000	1.0000	1.0000
	18	1.0000	1.0000	1.0000	1.0000	1.0000	1.0000	1.0000	1.0000	1.0000
	19	1.0000	1.0000	1.0000	1.0000	1.0000	1.0000	1.0000	1.0000	1.0000
	20	1.0000	1.0000	1.0000	1.0000	1.0000	1.0000	1.0000	1.0000	1.0000

[표 1] 이항누적분포함수(계속)

		p									
n	x	0.50	0.55	0.60	0.65	0.70	0.75	0.80	0.85	0.90	0.95
15	0	0.0000	0.0000	0.0000	0.0000	0.0000	0.0000	0.0000	0.0000	0.0000	0.0000
	1	0.0005	0.0001	0.0000	0.0000	0.0000	0.0000	0.0000	0.0000	0.0000	0.0000
	2	0.0037	0.0011	0.0003	0.0001	0.0000	0.0000	0.0000	0.0000	0.0000	0.0000
	3	0.0176	0.0063	0.0019	0.0005	0.0001	0.0000	0.0000	0.0000	0.0000	0.0000
	4	0.0592	0.0255	0.0093	0.0028	0.0007	0.0001	0.0000	0.0000	0.0000	0.0000
	5	0.1509	0.0769	0.0338	0.0124	0.0037	0.0008	0.0001	0.0000	0.0000	0.0000
	6	0.3036	0.1818	0.0950	0.0422	0.0152	0.0042	0.0008	0.0001	0.0000	0.0000
	7	0.5000	0.3465	0.2131	0.1132	0.0500	0.0173	0.0042	0.0006	0.0000	0.0000
	8	0.6964	0.5478	0.3902	0.2452	0.1311	0.0566	0.0181	0.0036	0.0003	0.0000
	9	0.8491	0.7392	0.5968	0.4357	0.2784	0.1484	0.0611	0.0168	0.0022	0.0001
	10	0.9408	0.8796	0.7827	0.6481	0.4845	0.3135	0.1642	0.0617	0.0127	0.0006
	11	0.9824	0.9576	0.9095	0.8273	0.7031	0.5387	0.3518	0.1773	0.0556	0.0055
	12	0.9963	0.9893	0.9729	0.9383	0.8732	0.7639	0.6020	0.3958	0.1841	0.0362
	13	0.9995	0.9983	0.9948	0.9858	0.9647	0.9198	0.8329	0.6814	0.4510	0.1710
	14	1.0000	0.9999	0.9995	0.9984	0.9953	0.9866	0.9648	0.9126	0.7941	0.5367
20	0	0.0000	0.0000	0.0000	0.0000	0.0000	0.0000	0.0000	0.0000	0.0000	0.0000
	1	0.0000	0.0000	0.0000	0.0000	0.0000	0.0000	0.0000	0.0000	0.0000	0.0000
	2	0.0002	0.0000	0.0000	0.0000	0.0000	0.0000	0.0000	0.0000	0.0000	0.0000
	3	0.0013	0.0003	0.0000	0.0000	0.0000	0.0000	0.0000	0.0000	0.0000	0.0000
	4	0.0059	0.0015	0.0003	0.0000	0.0000	0.0000	0.0000	0.0000	0.0000	0.0000
	5	0.0207	0.0064	0.0016	0.0003	0.0000	0.0000	0.0000	0.0000	0.0000	0.0000
	6	0.0577	0.0214	0.0065	0.0015	0.0003	0.0000	0.0000	0.0000	0.0000	0.0000
	7	0.1316	0.0580	0.0210	0.0060	0.0013	0.0002	0.0000	0.0000	0.0000	0.0000
	8	0.2517	0.1308	0.0565	0.0196	0.0051	0.0009	0.0001	0.0000	0.0000	0.0000
	9	0.4119	0.2493	0.1275	0.0532	0.0171	0.0039	0.0006	0.0000	0.0000	0.0000
	10	0.5881	0.4086	0.2447	0.1218	0.0480	0.0139	0.0026	0.0002	0.0000	0.0000
	11	0.7483	0.5857	0.4044	0.2376	0.1133	0.0409	0.0100	0.0013	0.0001	0.0000
	12	0.8684	0.7480	0.5841	0.3990	0.2277	0.1018	0.0321	0.0059	0.0004	0.0000
	13	0.9423	0.8701	0.7500	0.5834	0.3920	0.2142	0.0867	0.0219	0.0024	0.0000
	14	0.9793	0.9447	0.8744	0.7546	0.5836	0.3828	0.1958	0.0673	0.0113	0.0003
	15	0.9941	0.9811	0.9490	0.8818	0.7625	0.5852	0.3704	0.1702	0.0432	0.0026
	16	0.9987	0.9951	0.9840	0.9556	0.8929	0.7748	0.5886	0.3523	0.1330	0.0159
	17	0.9998	0.9991	0.9964	0.9879	0.9645	0.9087	0.7939	0.5951	0.3231	0.0755
	18	1.0000	0.9999	0.9995	0.9979	0.9924	0.9757	0.9308	0.8244	0.6083	0.2642
	19	1.0000	1.0000	1.0000	0.9998	0.9992	0.9968	0.9885	0.9612	0.8784	0.6415
	20	1.0000	1.0000	1.0000	1.0000	1.0000	1.0000	1.0000	1.0000	1.0000	1.0000

[표 2] 포아송 누적분포함수 $F(x\,;\mu)=\sum_{k=0}^{x}\frac{e^{-\mu}\mu^{k}}{k!}$

x	μ									
	0.1	0.2	0.3	0.4	0.5	0.6	0.7	0.8	0.9	1.0
0	0.9048	0.8187	0.7408	0.6730	0.6065	0.5488	0.4966	0.4493	0.4066	0.3679
1	0.9953	0.9825	0.9631	0.9384	0.9098	0.8781	0.8442	0.8088	0.7725	0.7358
2	0.9998	0.9989	0.9964	0.9921	0.9856	0.9769	0.9659	0.9526	0.9371	0.9197
3	1.0000	0.9999	0.9997	0.9992	0.9982	0.9966	0.9942	0.9909	0.9865	0.9810
4		1.0000	1.0000	0.9999	0.9998	0.9996	0.9992	0.9986	0.9977	0.9963
5				1.0000	1.0000	1.0000	0.9999	0.9998	0.0997	0.9994
6							1.0000	1.0000	1.0000	0.9999

x	μ									
	2.0	3.0	4.0	5.0	6.0	7.0	8.0	9.0	10.0	15.0
0	0.1353	0.0498	0.0183	0.0067	0.0025	0.0009	0.0003	0.0001	0.0000	
1	0.4060	0.1991	0.0916	0.0404	0.0174	0.0073	0.0030	0.0012	0.0005	
2	0.6767	0.4232	0.2381	0.1247	0.0620	0.0296	0.0138	0.0062	0.0028	0.0000
3	0.8571	0.6472	0.4335	0.2650	0.1512	0.0818	0.0424	0.0212	0.0103	0.0002
4	0.9473	0.8153	0.6288	0.4405	0.2851	0.1730	0.0996	0.0550	0.0293	0.0009
5	0.9834	0.9161	0.7851	0.6160	0.4457	0.3007	0.1912	0.1157	0.0671	0.0028
6	0.9955	0.9665	0.8893	0.7622	0.6063	0.4497	0.3134	0.2068	0.1301	0.0076
7	0.9989	0.9881	0.9489	0.8666	0.7440	0.5987	0.4530	0.3239	0.2202	0.0180
8	0.9998	0.9962	0.9786	0.9319	0.8472	0.7291	0.5925	0.4557	0.3328	0.0374
9	1.0000	0.9989	0.9919	0.9682	0.9161	0.8305	0.7166	0.5874	0.4579	0.0699
10		0.9997	0.9972	0.9863	0.9574	0.9015	0.8159	0.7060	0.5830	0.1185
11		0.9999	0.9991	0.9945	0.9799	0.9466	0.8881	0.8030	0.6968	0.1848
12		1.0000	0.9997	0.9980	0.9912	0.9730	0.9362	0.8758	0.7916	0.2676
13			0.9999	0.9993	0.9964	0.9872	0.9658	0.9261	0.8645	0.3632
14			1.0000	0.9998	0.9986	0.9943	0.9827	0.9585	0.9165	0.4657
15				0.9999	0.9995	0.9976	0.9918	0.9780	0.9513	0.5681
16				1.0000	0.9998	0.9990	0.9963	0.9889	0.9730	0.6641
17					0.9999	0.9996	0.9984	0.9947	0.9857	0.7489
18					1.0000	0.9999	0.9994	0.9976	0.9928	0.8195
19						1.0000	0.9997	0.9989	0.9965	0.8752
20							0.9999	0.9996	0.9984	0.9170
21							1.0000	0.9998	0.9993	0.9469
22								0.9999	0.9997	0.9673
23								1.0000	0.9999	0.9805
24									1.0000	0.9888
25										0.9938
26										0.9967
27										0.9983
28										0.9991
29										0.9996
30										0.9998
31										0.9999
32										1.0000

[표 3] 표준정규분포

$$P\{Z \le z\} = \int_{-\infty}^{z} \frac{1}{\sqrt{2\pi}} e^{-t^2/2} dt$$

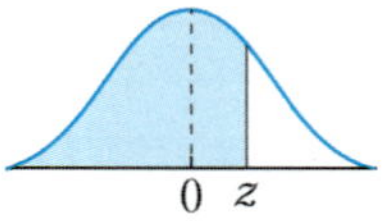

표의 숫자는 z보다 같거나 작을 확률을 나타낸다.

z	.00	.01	.02	.03	.04	.05	.06	.07	.08	.09
.0	.5000	.5040	.5080	.5120	.5160	.5199	.5239	.5279	.5319	.5359
.1	.5398	.5438	.5478	.5517	.5557	.5596	.5636	.5675	.5714	.5753
.2	.5793	.5832	.5871	.5910	.5948	.5987	.6026	.6064	.6103	.6141
.3	.6179	.6217	.6255	.6293	.6331	.6368	.6406	.6443	.6480	.6517
.4	.6554	.6591	.6628	.6664	.6700	.6536	.6772	.6808	.6844	.6879
.5	.6915	.6950	.6985	.7019	.7054	.7088	.7123	.7157	.7190	.7224
.6	.7257	.7291	.7324	.7357	.7389	.7422	.7454	.7486	.7517	.7549
.7	.7580	.7611	.7642	.7673	.7703	.7734	.7764	.7794	.7823	.7852
.8	.7881	.7910	.7939	.7967	.7995	.8023	.8051	.8078	.8106	.8133
.9	.8159	.8186	.8212	.8238	.8264	.8289	.8315	.8340	.8365	.8389
1.0	.8413	.8438	.8461	.8485	.8508	.8531	.8554	.8577	.8599	.8621
1.1	.8643	.8665	.8686	.8708	.8729	.8749	.8770	.8790	.8810	.8830
1.2	.8849	.8869	.8888	.8907	.8925	.8944	.8962	.8980	.8997	.9015
1.3	.9032	.9049	.9066	.9082	.9099	.9115	.9131	.9147	.9162	.9177
1.4	.9192	.9207	.9222	.9236	.9251	.9265	.9279	.9292	.9306	.9319
1.5	.9332	.9345	.9357	.9370	.9382	.9394	.9406	.9418	.9429	.9441
1.6	.9452	.9463	.9474	.9484	.9495	.9505	.9515	.9525	.9535	.9545
1.7	.9554	.9564	.9573	.9582	.9591	.9599	.9608	.9616	.9625	.9633
1.8	.9641	.9649	.9656	.9664	.9671	.9678	.9686	.9693	.9699	.9706
1.9	.9713	.9719	.9726	.9732	.9738	.9744	.9750	.9756	.9761	.9767
2.0	.9772	.9778	.9783	.9788	.9793	.9798	.9803	.9808	.9812	.9817
2.1	.9821	.9826	.9830	.9834	.9838	.9842	.9846	.9850	.9854	.9857
2.2	.9861	.9864	.9868	.9871	.9875	.9878	.9881	.9884	.9887	.9890
2.3	.9893	.9896	.9898	.9901	.9904	.9906	.9909	.9911	.9913	.9916
2.4	.9918	.9920	.9922	.9925	.9927	.9929	.9931	.9932	.9934	.9936
2.5	.9938	.9940	.9941	.9943	.9945	.9946	.9948	.9949	.9951	.9952
2.6	.9953	.9955	.9956	.9957	.9959	.9960	.9961	.9962	.9963	.9964
2.7	.9965	.9966	.9967	.9968	.9969	.9970	.9971	.9972	.9973	.9974
2.8	.9974	.9975	.9976	.9977	.9977	.9978	.9979	.9979	.9980	.9981
2.9	.9981	.9982	.9982	.9983	.9984	.9984	.9985	.9985	.9986	.9986
3.0	.9987	.9987	.9987	.9988	.9988	.9989	.9989	.9989	.9990	.9990
3.1	.9990	.9991	.9991	.9991	.9992	.9992	.9992	.9992	.9993	.9993
3.2	.9993	.9993	.9994	.9994	.9994	.9994	.9994	.9995	.9995	.9995
3.3	.9995	.9995	.9995	.9996	.9996	.9996	.9996	.9996	.9996	.9997
3.4	.9997	.9997	.9997	.9997	.9997	.9997	.9997	.9997	.9997	.9998
3.5	.9998	.9998	.9998	.9998	.9998	.9998	.9998	.9998	.9998	.9998

[표 4] 스튜던트 t 분포—오른쪽 꼬리 확률

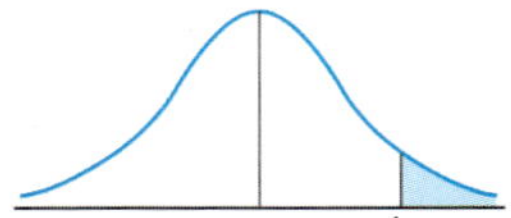

df \ α	0.25	0.20	0.15	0.10	0.05	0.025	0.02	0.01	0.005	0.0025	0.001	0.0005
1	1.000	1.376	1.963	3.078	6.314	12.71	15.89	31.82	63.66	127.3	318.3	636.6
2	0.816	1.061	1.386	1.886	2.920	4.303	4.849	6.965	9.925	14.09	22.33	31.60
3	0.765	0.978	1.250	1.638	2.353	3.182	3.482	4.541	5.841	7.453	10.21	12.92
4	0.741	0.941	1.190	1.533	2.132	2.776	2.999	3.747	4.604	5.598	7.173	8.610
5	0.727	0.920	1.156	1.476	2.015	2.571	2.757	3.365	4.032	4.773	5.893	6.869
6	0.718	0.906	1.134	1.440	1.943	2.447	2.612	3.143	3.707	4.317	5.208	5.959
7	0.711	0.896	1.119	1.415	1.895	2.365	2.517	2.998	3.499	4.029	4.785	5.408
8	0.706	0.889	1.108	1.397	1.860	2.306	2.449	2.896	3.355	3.833	4.501	5.041
9	0.703	0.883	1.100	1.383	1.833	2.262	2.398	2.821	3.250	3.690	4.297	4.781
10	0.700	0.879	1.093	1.372	1.812	2.228	2.359	2.764	3.169	3.581	4.144	4.587
11	0.697	0.876	1.088	1.363	1.796	2.201	2.328	2.718	3.106	3.497	4.025	4.437
12	0.695	0.873	1.083	1.356	1.782	2.179	2.303	2.681	3.055	3.428	3.930	4.318
13	0.694	0.870	1.079	1.350	1.771	2.160	2.282	2.650	3.012	3.372	3.852	4.221
14	0.692	0.868	1.076	1.345	1.761	2.145	2.264	2.624	2.977	3.326	3.787	4.140
15	0.691	0.866	1.074	1.341	1.753	2.131	2.249	2.602	2.947	3.286	3.733	4.073
16	0.690	0.865	1.071	1.337	1.746	2.120	2.235	2.583	2.921	3.252	3.686	4.015
17	0.689	0.863	1.069	1.333	1.740	2.110	2.224	2.567	2.898	3.222	3.646	3.965
18	0.688	0.862	1.067	1.330	1.734	2.101	2.214	2.552	2.878	3.197	3.611	3.922
19	0.688	0.861	1.066	1.328	1.729	2.093	2.205	2.539	2.861	3.174	3.579	3.883
20	0.687	0.860	1.064	1.325	1.725	2.086	2.197	2.528	2.845	3.153	3.552	3.850
21	0.686	0.859	1.063	1.323	1.721	2.080	2.189	2.518	2.831	3.135	3.527	3.819
22	0.686	0.858	1.061	1.321	1.717	2.074	2.183	2.508	2.819	3.119	3.505	3.792
23	0.685	0.858	1.060	1.319	1.714	2.069	2.177	2.500	2.807	3.104	3.485	3.768
24	0.685	0.857	1.059	1.318	1.711	2.064	2.172	2.492	2.797	3.091	3.467	3.745
25	0.684	0.856	1.058	1.316	1.708	2.060	2.167	2.485	2.787	3.078	3.450	3.725
26	0.684	0.856	1.058	1.315	1.706	2.056	2.162	2.479	2.779	3.067	3.435	3.707
27	0.684	0.855	1.057	1.314	1.703	2.052	2.158	2.473	2.771	3.057	3.421	3.690
28	0.683	0.855	1.056	1.313	1.701	2.048	2.154	2.467	2.763	3.047	3.408	3.674
29	0.683	0.854	1.055	1.311	1.699	2.045	2.150	2.462	2.756	3.038	3.396	3.659
30	0.683	0.854	1.055	1.310	1.697	2.042	2.147	2.457	2.750	3.030	3.385	3.646
40	0.681	0.851	1.050	1.303	1.684	2.021	2.123	2.423	2.704	2.971	3.307	3.551
50	0.679	0.849	1.047	1.299	1.676	2.009	2.109	2.403	2.678	2.937	3.261	3.496
60	0.679	0.848	1.045	1.296	1.671	2.000	2.099	2.390	2.660	2.915	3.232	3.460
80	0.678	0.846	1.043	1.292	1.664	1.990	2.088	2.374	2.639	2.887	3.195	3.416
100	0.677	0.845	1.042	1.290	1.660	1.984	2.081	2.364	2.626	2.871	3.174	3.390
1,000	0.675	0.842	1.037	1.282	1.646	1.962	2.056	2.330	2.581	2.813	3.098	3.300
∞	0.674	0.841	1.036	1.282	1.645	1.960	2.054	2.326	2.576	2.807	3.091	3.291

[표 5] 카이제곱분포—오른쪽 꼬리 확률

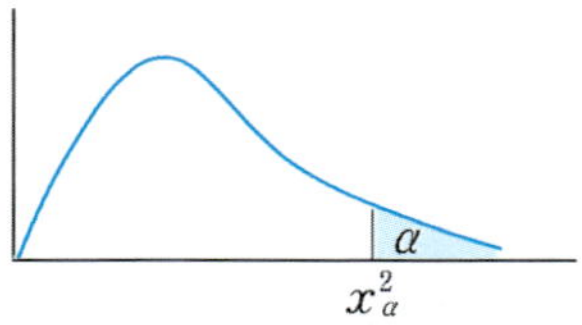

df	0.9995	0.999	0.9975	0.995	0.990	0.975	0.950	0.900	0.750	0.500
1	0.00	0.00	0.00	0.00	0.00	0.00	0.00	0.02	0.10	0.45
2	0.00	0.00	0.01	0.01	0.02	0.05	0.10	0.21	0.58	1.39
3	0.02	0.02	0.04	0.07	0.11	0.22	0.35	0.58	1.21	2.37
4	0.06	0.09	0.14	0.21	0.30	0.48	0.71	1.06	1.92	3.36
5	0.16	0.21	0.31	0.41	0.55	0.83	1.15	1.61	2.67	4.35
6	0.30	0.38	0.53	0.68	0.87	1.24	1.64	2.20	3.45	5.35
7	0.48	0.60	0.79	0.99	1.24	1.69	2.17	2.83	4.25	6.35
8	0.71	0.86	1.10	1.34	1.65	2.18	2.73	3.49	5.07	7.34
9	0.97	1.15	1.45	1.73	2.09	2.70	3.33	4.17	5.90	8.34
10	1.26	1.48	1.83	2.16	2.56	3.25	3.94	4.87	6.74	9.34
11	1.59	1.83	2.23	2.60	3.05	3.82	4.57	5.58	7.58	10.34
12	1.93	2.21	2.66	3.07	3.57	4.40	5.23	6.30	8.44	11.34
13	2.31	2.62	3.11	3.57	4.11	5.01	5.89	7.04	9.30	12.34
14	2.70	3.04	3.58	4.07	4.66	5.63	6.57	7.79	10.17	13.34
15	3.11	3.48	4.07	4.60	5.23	6.26	7.26	8.55	11.04	14.34
16	3.54	3.94	4.57	5.14	5.81	6.91	7.96	9.31	11.91	15.34
17	3.98	4.42	5.09	5.70	6.41	7.56	8.67	10.09	12.79	16.34
18	4.44	4.90	5.62	6.26	7.01	8.23	9.39	10.86	13.68	17.34
19	4.91	5.41	6.17	6.84	7.63	8.91	10.12	11.65	14.56	18.34
20	5.40	5.92	6.72	7.43	8.26	9.59	10.85	12.44	15.45	19.34
21	5.90	6.45	7.29	8.03	8.90	10.28	11.59	13.24	16.34	20.34
22	6.40	6.98	7.86	8.64	9.54	10.98	12.34	14.04	17.24	21.34
23	6.92	7.53	8.45	9.26	10.20	11.69	13.09	14.85	18.14	22.34
24	7.45	8.08	9.04	9.89	10.86	12.40	13.85	15.66	19.04	23.34
25	7.99	8.65	9.65	10.52	11.52	13.12	14.61	16.47	19.94	24.34
26	8.54	9.22	10.26	11.16	12.20	13.84	15.38	17.29	20.84	25.34
27	9.09	9.80	10.87	11.81	12.88	14.57	16.15	18.11	21.75	26.34
28	9.66	10.39	11.50	12.46	13.56	15.31	16.93	18.94	22.66	27.34
29	10.23	10.99	12.13	13.12	14.26	16.05	17.71	19.77	23.57	28.34
30	10.80	11.59	12.76	13.79	14.95	16.79	18.49	20.60	24.48	29.34
40	16.91	17.92	19.42	20.71	22.16	24.43	26.51	29.05	33.66	39.34
50	23.46	24.67	26.46	27.99	29.71	32.36	34.76	37.69	42.94	49.33
60	30.34	31.74	33.79	35.53	37.48	40.48	43.19	46.46	52.29	59.33
80	44.79	46.52	49.04	51.17	53.54	57.15	60.39	64.28	71.14	79.33
100	59.90	61.92	64.86	67.33	70.06	74.22	77.93	82.36	90.13	99.33

[표 5] 카이제곱분포—오른쪽 꼬리 확률(계속)

df	0.250	0.200	0.150	0.100	0.050	0.025	0.020	0.010	0.005	0.0025	0.001	0.0005
1	1.32	1.64	2.07	2.71	3.84	5.02	5.41	6.63	7.88	9.14	10.83	12.12
2	2.77	3.22	3.79	4.61	5.99	7.38	7.82	9.21	10.60	11.98	13.82	15.20
3	4.11	4.64	5.32	6.25	7.81	9.35	9.84	11.34	12.84	14.32	16.27	17.73
4	5.39	5.99	6.74	7.78	9.49	11.14	11.67	13.28	14.86	16.42	18.47	20.00
5	6.63	7.29	8.12	9.24	11.07	12.83	13.39	15.09	16.75	18.39	20.51	22.11
6	7.84	8.56	9.45	10.64	12.59	14.45	15.03	16.81	18.55	20.25	22.46	24.10
7	9.04	9.80	10.75	12.02	14.07	16.01	16.62	18.48	20.28	22.04	24.32	26.02
8	10.22	11.03	12.03	13.36	15.51	17.53	18.17	20.09	21.95	23.77	26.12	27.87
9	11.39	12.24	13.29	14.68	16.92	19.02	19.68	21.67	23.59	25.46	27.88	29.67
10	12.55	13.44	14.53	15.99	18.31	20.48	21.16	23.21	25.19	27.11	29.59	31.42
11	13.70	14.63	15.77	17.28	19.68	21.92	22.62	24.72	26.76	28.73	31.26	33.14
12	14.85	15.81	16.99	18.55	21.03	23.34	24.05	26.22	28.30	30.32	32.91	34.82
13	15.98	16.98	18.20	19.81	22.36	24.74	25.47	27.69	29.82	31.88	34.53	36.48
14	17.12	18.15	19.41	2.106	23.68	26.12	26.87	29.14	31.32	33.43	36.12	38.11
15	18.25	19.31	20.60	22.31	25.00	27.49	28.26	30.58	32.80	34.95	37.70	39.72
16	19.37	20.47	21.79	23.54	26.30	28.85	29.63	32.00	34.27	36.46	39.25	41.31
17	20.49	21.61	22.98	24.77	27.59	30.19	31.00	33.41	35.72	37.95	40.79	42.88
18	21.60	22.76	24.16	25.99	28.87	31.53	32.35	34.81	37.16	39.42	42.31	44.43
19	22.72	23.90	25.33	27.20	30.14	32.85	33.69	36.19	38.58	40.88	43.82	45.97
20	23.83	25.04	26.50	28.41	31.41	34.17	35.02	37.57	40.00	42.34	45.31	47.50
21	24.93	26.17	27.66	29.62	32.67	35.48	36.34	38.93	41.40	43.78	46.80	49.01
22	26.04	27.30	28.82	30.81	33.92	36.78	37.66	40.29	42.80	45.20	48.27	50.51
23	27.14	28.43	29.98	32.01	35.17	38.08	38.97	41.64	44.18	46.62	49.73	52.00
24	28.24	29.55	31.13	33.20	36.42	39.36	40.27	42.98	45.56	48.03	51.18	53.48
25	29.34	30.68	32.28	34.38	37.65	40.65	41.57	44.31	46.93	49.44	52.62	54.95
26	30.43	31.79	33.43	35.56	38.89	41.92	42.86	45.64	48.29	50.83	54.05	56.41
27	31.53	32.91	34.57	36.74	40.11	43.19	44.14	46.96	49.64	52.22	55.48	57.86
28	32.62	34.03	35.71	37.92	41.34	44.46	45.42	48.28	50.99	53.59	56.89	59.30
29	33.71	35.14	36.85	39.09	42.56	45.72	46.69	49.59	52.34	54.97	58.30	60.73
30	34.80	36.25	37.99	40.26	43.77	46.98	47.96	50.89	53.67	56.33	59.70	62.16
40	45.62	47.27	49.24	51.81	55.76	59.34	60.44	63.69	66.77	69.70	73.40	76.09
50	56.33	58.16	60.35	63.17	67.50	71.42	72.61	76.15	79.49	82.66	86.66	89.56
60	66.98	68.97	71.34	74.40	79.08	83.30	84.58	88.38	91.95	95.34	99.61	102.7
80	88.13	90.41	93.11	96.58	101.9	106.6	108.1	112.3	116.3	120.1	124.8	128.3
100	109.1	111.7	114.7	118.5	124.3	129.6	131.1	135.8	140.2	144.3	149.4	153.2

[표 6] F 분포—오른쪽 꼬리 확률

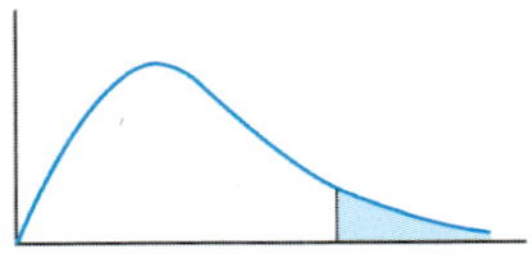

$F_{\alpha}(V_1, V_2)$

V_2 \ V_1	α	1	2	3	4	5	6	7	8	9	10
	0.100	39.86	49.50	53.59	55.83	57.24	58.20	58.91	59.44	59.86	60.19
	0.050	161.45	199.50	215.71	224.58	230.10	233.99	236.77	238.88	240.54	241.88
1	0.025	647.79	799.50	864.16	899.58	921.85	937.11	948.22	956.66	963.28	968.63
	0.010	4052.2	4999.5	5403.4	5624.6	5763.6	5859.0	5928.4	5981.1	6022.5	6055.8
	0.001	405284	500000	540379	562500	576405	585937	592873	598144	602284	605621
	0.100	8.53	9.00	9.16	9.24	9.29	9.33	9.35	9.37	9.38	9.39
	0.050	18.51	19.00	19.16	19.25	19.30	19.33	19.35	19.37	19.38	19.40
2	0.025	38.51	39.00	39.17	39.25	39.30	39.33	39.36	39.37	39.39	39.40
	0.010	98.50	99.00	99.17	99.25	99.30	99.33	99.36	99.37	99.39	99.40
	0.001	998.50	999.00	999.17	999.25	999.30	999.33	999.36	999.37	999.39	999.40
	0.100	5.54	5.46	5.39	5.34	5.31	5.28	5.27	5.25	5.24	5.23
	0.050	10.13	9.55	9.28	9.12	9.01	8.94	8.89	8.85	8.81	8.79
3	0.025	17.44	16.04	15.44	15.10	14.88	14.73	14.62	14.54	14.47	14.42
	0.010	34.12	30.82	29.46	28.71	28.24	27.91	27.67	27.49	27.35	27.23
	0.001	167.03	148.50	141.11	137.10	134.58	132.85	131.58	130.62	129.86	129.25
	0.100	4.54	4.32	4.19	4.11	4.05	4.01	3.98	3.95	3.94	3.92
	0.050	7.71	6.94	6.59	6.39	6.26	6.16	6.09	6.04	6.00	5.96
4	0.025	12.22	10.65	9.98	9.60	9.36	9.20	9.07	8.98	8.90	8.84
	0.010	21.20	18.00	16.69	15.98	15.52	15.21	14.98	14.80	14.66	14.55
	0.001	74.14	61.25	56.18	53.44	51.71	50.53	49.66	49.00	48.47	48.05
	0.100	4.06	3.78	3.62	3.52	3.45	3.40	3.37	3.34	3.32	3.30
	0.050	6.61	5.79	5.41	5.19	5.05	4.95	4.88	4.82	4.77	4.74
5	0.025	10.01	8.43	7.76	7.39	7.15	6.98	6.85	6.76	6.68	6.62
	0.010	16.26	13.27	12.06	11.39	10.97	10.67	10.46	10.29	10.16	10.05
	0.001	47.18	37.12	33.20	31.09	29.75	28.83	28.16	27.65	27.24	26.92
	0.100	3.78	3.46	3.29	3.18	3.11	3.05	3.01	2.98	2.96	2.94
	0.050	5.99	5.14	4.76	4.53	4.39	4.28	4.21	4.15	4.10	4.06
6	0.025	8.81	7.26	6.60	6.23	5.99	5.82	5.70	5.60	5.52	5.46
	0.010	13.75	10.92	9.78	9.15	8.75	8.47	8.26	8.10	7.98	7.87
	0.001	35.51	27.00	23.70	21.92	20.80	20.03	19.46	19.03	18.69	18.41

[표 6] F 분포—오른쪽 꼬리 확률(계속)

V_2 \ V_1	α	12	15	20	25	30	40	50	60	120	1,000
1	0.100	60.71	61.22	61.74	62.05	62.26	62.53	62.69	62.79	63.06	63.30
	0.050	243.91	245.95	248.01	249.26	250.10	251.14	251.77	252.20	253.25	254.11
	0.025	976.71	984.87	993.10	998.08	1001.4	1005.6	1008.1	1009.8	1014.0	1017.7
	0.010	6106.3	6157.3	6208.7	6239.8	6260.6	6286.8	6302.5	6313.0	6339.4	6362.7
	0.001	610668	615764	620908	624017	626099	628712	630285	631337	633972	636301
2	0.100	9.41	9.42	9.44	9.45	9.46	9.47	9.47	9.47	9.48	9.49
	0.050	19.41	19.43	19.45	19.46	19.46	19.47	19.48	19.48	19.49	19.49
	0.025	39.41	39.43	39.45	39.46	39.46	39.47	39.48	39.48	39.49	39.50
	0.010	99.42	99.43	99.45	99.46	99.47	99.47	99.48	99.48	99.49	99.50
	0.001	999.42	999.43	999.45	999.46	999.47	999.47	999.48	999.48	999.49	999.50
3	0.100	5.22	5.20	5.18	5.17	5.17	5.16	5.15	5.15	5.14	5.13
	0.050	8.74	8.70	8.66	8.63	8.62	8.59	8.58	8.57	8.55	8.53
	0.025	14.34	14.25	14.17	14.12	14.08	14.04	14.01	13.99	13.95	13.91
	0.010	27.05	26.87	26.69	26.58	26.50	26.41	26.35	26.32	26.22	26.14
	0.001	128.32	127.37	126.42	125.84	125.45	124.96	124.66	124.47	123.97	123.53
4	0.100	3.90	3.87	3.84	3.83	3.82	3.80	3.80	3.79	3.78	3.76
	0.050	5.91	5.86	5.80	5.77	5.75	5.72	5.70	5.69	5.66	5.63
	0.025	8.75	8.66	8.56	8.50	8.46	8.41	8.38	8.36	8.31	8.26
	0.010	14.37	14.20	14.02	13.91	13.84	13.75	13.69	13.65	13.56	13.47
	0.001	47.41	46.76	46.10	45.70	45.43	45.09	44.88	44.75	44.40	44.09
5	0.100	3.27	3.24	3.21	3.19	3.17	3.16	3.15	3.14	3.12	3.11
	0.050	4.68	4.62	4.56	4.52	4.50	4.46	4.44	4.43	4.40	4.37
	0.025	6.52	6.43	6.33	6.27	6.23	6.18	6.14	6.12	6.07	6.02
	0.010	9.89	9.72	9.55	9.45	9.38	9.29	9.24	9.20	9.11	9.03
	0.001	26.42	25.91	25.39	25.08	24.87	24.60	24.44	24.33	24.06	23.82
6	0.100	2.90	2.87	2.84	2.81	2.80	2.78	2.77	2.76	2.74	2.72
	0.050	4.00	3.94	3.87	3.83	3.81	3.77	3.75	3.74	3.70	3.67
	0.025	5.37	5.27	5.17	5.11	5.07	5.01	4.98	4.96	4.90	4.86
	0.010	7.72	7.56	7.40	7.30	7.23	7.14	7.09	7.06	6.97	6.89
	0.001	17.99	17.56	17.12	16.85	16.67	16.44	16.31	16.21	15.98	15.77

[표 6] F 분포—오른쪽 꼬리 확률(계속)

V_2 \ V_1	α	1	2	3	4	5	6	7	8	9	10
	0.100	3.59	3.26	3.07	2.96	2.88	2.83	2.78	2.75	2.72	2.70
	0.050	5.59	4.74	4.35	4.12	3.97	3.87	3.79	3.73	3.68	3.64
7	0.025	8.07	6.54	5.89	5.52	5.29	5.12	4.99	4.90	4.82	4.76
	0.010	12.25	9.55	8.45	7.85	7.46	7.19	6.99	6.84	6.72	6.62
	0.001	29.25	21.69	18.77	17.20	16.21	15.52	15.02	14.63	14.33	14.08
	0.100	3.46	3.11	2.92	2.81	2.73	2.67	2.62	2.59	2.56	2.54
	0.050	5.32	4.46	4.07	3.84	3.69	3.58	3.50	3.44	3.39	3.35
8	0.025	7.57	6.06	5.42	5.05	4.82	4.65	4.53	4.43	4.36	4.30
	0.010	11.26	8.65	7.59	7.01	6.63	6.37	6.18	6.03	5.91	5.81
	0.001	25.41	18.49	15.83	14.39	13.48	12.86	12.40	12.05	11.77	11.54
	0.100	3.36	3.01	2.81	2.69	2.61	2.55	2.51	2.47	2.44	2.42
	0.050	5.12	4.26	3.86	3.63	3.48	3.37	3.29	3.23	3.18	3.14
9	0.025	7.21	5.71	5.08	4.72	4.48	4.32	4.20	4.10	4.03	3.96
	0.010	10.56	8.02	6.99	6.42	6.06	5.80	5.61	5.47	5.35	5.26
	0.001	22.86	16.39	13.90	12.56	11.71	11.13	10.70	10.37	10.11	9.89
	0.100	3.29	2.92	2.73	2.61	2.52	2.46	2.41	2.38	2.35	2.32
	0.050	4.96	4.10	3.71	3.48	3.33	3.22	3.14	3.07	3.02	2.98
10	0.025	6.94	5.46	4.83	4.47	4.24	4.07	3.95	3.85	3.78	3.72
	0.010	10.04	7.56	6.55	5.99	5.64	5.39	5.20	5.06	4.94	4.85
	0.001	21.04	14.91	12.55	11.28	10.48	9.93	9.52	9.20	8.96	8.75
	0.100	3.23	2.86	2.66	2.54	2.45	2.39	2.34	2.30	2.27	2.25
	0.050	4.84	3.98	3.59	3.36	3.20	3.09	3.01	2.95	2.90	2.85
11	0.025	6.72	5.26	4.63	4.28	4.04	3.88	3.76	3.66	3.59	3.53
	0.010	9.65	7.21	6.22	5.67	5.32	5.07	4.89	4.74	4.63	4.54
	0.001	19.69	13.81	11.56	10.35	9.58	9.05	8.66	8.35	8.12	7.92
	0.100	3.18	2.81	2.61	2.48	2.39	2.33	2.28	2.24	2.21	2.19
	0.050	4.75	3.89	3.49	3.26	3.11	3.00	2.91	2.85	2.80	2.75
12	0.025	6.55	5.10	4.47	4.12	3.89	3.73	3.61	3.51	3.44	3.37
	0.010	9.33	6.93	5.95	5.41	5.06	4.82	4.64	4.50	4.39	4.30
	0.001	18.64	12.97	10.80	9.63	8.89	8.38	8.00	7.71	7.48	7.29
	0.100	3.14	2.76	2.56	2.43	2.35	2.28	2.23	2.20	2.16	2.14
	0.050	4.67	3.81	3.41	3.18	3.03	2.92	2.83	2.77	2.71	2.67
13	0.025	6.41	4.97	4.35	4.00	3.77	3.60	3.48	3.39	3.31	3.25
	0.010	9.07	6.70	5.74	5.21	4.86	4.62	4.44	4.30	4.19	4.10
	0.001	17.82	12.31	10.21	9.07	8.35	7.86	7.49	7.21	6.98	6.80

[표 6] F 분포—오른쪽 꼬리 확률(계속)

V_2 \ V_1	α	12	15	20	25	30	40	50	60	120	1,000
	0.100	2.67	2.63	2.59	2.57	2.56	2.54	2.52	2.51	2.49	2.47
	0.050	3.57	3.51	3.44	3.40	3.38	3.34	3.32	3.30	3.27	3.23
7	0.025	4.67	4.57	4.47	4.40	4.36	4.31	4.28	4.25	4.20	4.15
	0.010	6.47	6.31	6.16	6.06	5.99	5.91	5.86	5.82	5.74	5.66
	0.001	13.71	13.32	12.93	12.69	12.53	12.33	12.20	12.12	11.91	11.72
	0.100	2.50	2.46	2.42	2.40	2.38	2.36	2.35	2.34	2.32	2.30
	0.050	3.28	3.22	3.15	3.11	3.08	3.04	3.02	3.01	2.97	2.93
8	0.025	4.20	4.10	4.00	3.94	3.89	3.84	3.81	3.78	3.73	3.68
	0.010	5.67	5.52	5.36	5.26	5.20	5.12	5.07	5.03	4.95	4.87
	0.001	11.19	10.84	10.48	10.26	10.11	9.92	9.80	9.73	9.53	9.36
	0.100	2.38	2.34	2.30	2.27	2.25	2.23	2.22	2.21	2.18	2.16
	0.050	3.07	3.01	2.94	2.89	2.86	2.83	2.80	2.79	2.75	2.71
9	0.025	3.87	3.77	3.67	3.60	3.56	3.51	3.47	3.45	3.39	3.34
	0.010	5.11	4.96	4.81	4.71	4.65	4.57	4.52	4.48	4.40	4.32
	0.001	9.57	9.24	8.90	8.69	8.55	8.37	8.26	8.19	8.00	7.84
	0.100	2.28	2.24	2.20	2.17	2.16	2.13	2.12	2.11	2.08	2.06
	0.050	2.91	2.85	2.77	2.73	2.70	2.66	2.64	2.62	2.58	2.54
10	0.025	3.62	3.52	3.42	3.35	3.31	3.26	3.22	3.20	3.14	3.09
	0.010	4.71	4.56	4.41	4.31	4.25	4.17	4.12	4.08	4.00	3.92
	0.001	8.45	8.13	7.80	7.60	7.47	7.30	7.19	7.12	6.94	6.78
	0.100	2.21	2.17	2.12	2.10	2.08	2.05	2.04	2.03	2.00	1.98
	0.050	2.79	2.72	2.65	2.60	2.57	2.53	2.51	2.49	2.45	2.41
11	0.025	3.43	3.33	3.23	3.16	3.12	3.06	3.03	3.00	2.94	2.89
	0.010	4.40	4.25	4.10	4.01	3.94	3.86	3.81	3.78	3.69	3.61
	0.001	7.63	7.32	7.01	6.81	6.68	6.52	6.42	6.35	6.18	6.02
	0.100	2.15	2.10	2.06	2.03	2.01	1.99	1.97	1.96	1.93	1.91
	0.050	2.69	2.62	2.54	2.50	2.47	2.43	2.40	2.38	2.34	2.30
12	0.025	3.28	3.18	3.07	3.01	2.96	2.91	2.87	2.85	2.79	2.73
	0.010	4.16	4.01	3.86	3.76	3.70	3.62	3.57	3.54	3.45	3.37
	0.001	7.00	6.71	6.40	6.22	6.09	5.93	5.83	5.76	5.59	5.44
	0.100	2.10	2.05	2.01	1.98	1.96	1.93	1.92	1.90	1.88	1.85
	0.050	2.60	2.53	2.46	2.41	2.38	2.34	2.31	2.30	2.25	2.21
13	0.025	3.15	3.05	2.95	2.88	2.84	2.78	2.74	2.72	2.66	2.60
	0.010	3.96	3.82	3.66	3.57	3.51	3.43	3.38	3.34	3.25	3.18
	0.001	6.52	6.23	5.93	5.75	5.63	5.47	5.37	5.30	5.14	4.99

[표 6] F 분포—오른쪽 꼬리 확률(계속)

V_2 \ V_1	α	1	2	3	4	5	6	7	8	9	10
14	0.100	3.10	2.73	2.52	2.39	2.31	2.24	2.19	2.15	2.12	2.10
	0.050	4.60	3.74	3.34	3.11	2.96	2.85	2.76	2.70	2.65	2.60
	0.025	6.30	4.86	4.24	3.89	3.66	3.50	3.38	3.29	3.21	3.15
	0.010	8.86	6.51	5.56	5.04	4.69	4.46	4.28	4.14	4.03	3.94
	0.001	17.14	11.78	9.73	8.62	7.92	7.44	7.08	6.80	6.58	6.40
15	0.100	3.07	2.70	2.49	2.36	2.27	2.21	2.16	2.12	2.09	2.06
	0.050	4.54	3.68	3.29	3.06	2.90	2.79	2.71	2.64	2.59	2.54
	0.025	6.20	4.77	4.15	3.80	3.58	3.41	3.29	3.20	3.12	3.06
	0.010	8.68	6.36	5.42	4.89	4.56	4.32	4.14	4.00	3.89	3.80
	0.001	16.59	11.34	9.34	8.25	7.57	7.09	6.74	6.47	6.26	6.08
16	0.100	3.05	2.67	2.46	2.33	2.24	2.18	2.13	2.09	2.06	2.03
	0.050	4.49	3.63	3.24	3.01	2.85	2.74	2.66	2.59	2.54	2.49
	0.025	6.12	4.69	4.08	3.73	3.50	3.34	3.22	3.12	3.05	2.99
	0.010	8.53	6.23	5.29	4.77	4.44	4.20	4.03	3.89	3.78	3.69
	0.001	16.12	10.97	9.01	7.94	7.27	6.80	6.46	6.19	5.98	5.81
17	0.100	3.03	2.64	2.44	2.31	2.22	2.15	2.10	2.06	2.03	2.00
	0.050	4.45	3.59	3.20	2.96	2.81	2.70	2.61	2.55	2.49	2.45
	0.025	6.04	4.62	4.01	3.66	3.44	3.28	3.16	3.06	2.98	2.92
	0.010	8.40	6.11	5.19	4.67	4.34	4.10	3.93	3.79	3.68	3.59
	0.001	15.72	10.66	8.73	7.68	7.02	6.56	6.22	5.96	5.75	5.58
18	0.100	3.01	2.62	2.42	2.29	2.20	2.13	2.08	2.04	2.00	1.98
	0.050	4.41	3.55	3.16	2.93	2.77	2.66	2.58	2.51	2.46	2.41
	0.025	5.98	4.56	3.95	3.61	3.38	3.22	3.10	3.01	2.93	2.87
	0.010	8.29	6.01	5.09	4.58	4.25	4.01	3.84	3.71	3.60	3.51
	0.001	15.38	10.39	8.49	7.46	6.81	6.35	6.02	5.76	5.56	5.39
19	0.100	2.99	2.61	2.40	2.27	2.18	2.11	2.06	2.02	1.98	1.96
	0.050	4.38	3.52	3.13	2.90	2.74	2.63	2.54	2.48	2.42	2.38
	0.025	5.92	4.51	3.90	3.56	3.33	3.17	3.05	2.96	2.88	2.82
	0.010	8.18	5.93	5.01	4.50	4.17	3.94	3.77	3.63	3.52	3.43
	0.001	15.08	10.16	8.28	7.27	6.62	6.18	5.85	5.59	5.39	5.22
20	0.100	2.97	2.59	2.38	2.25	2.16	2.09	2.04	2.00	1.96	1.94
	0.050	4.35	3.49	3.10	2.87	2.71	2.60	2.51	2.45	2.39	2.35
	0.025	5.87	4.46	3.86	3.51	3.29	3.13	3.01	2.91	2.84	2.77
	0.010	8.10	5.85	4.94	4.43	4.10	3.87	3.70	3.56	3.46	3.37
	0.001	14.82	9.95	8.10	7.10	6.46	6.02	5.69	5.44	5.24	5.08

[표 6] F 분포—오른쪽 꼬리 확률(계속)

V_2 \ V_1	α	12	15	20	25	30	40	50	60	120	1,000
14	0.100	2.05	2.01	1.96	1.93	1.91	1.89	1.87	1.86	1.83	1.80
	0.050	2.53	2.46	2.39	2.34	2.31	2.27	2.24	2.22	2.18	2.14
	0.025	3.05	2.95	2.84	2.78	2.73	2.67	2.64	2.61	2.55	2.50
	0.010	3.80	3.66	3.51	3.41	3.35	3.27	3.22	3.18	3.09	3.02
	0.001	6.13	5.85	5.56	5.38	5.25	5.10	5.00	4.94	4.77	4.62
15	0.100	2.02	1.97	1.92	1.89	1.87	1.85	1.83	1.82	1.79	1.76
	0.050	2.48	2.40	2.33	2.28	2.25	2.20	2.18	2.16	2.11	2.07
	0.025	2.96	2.86	2.76	2.69	2.64	2.59	2.55	2.52	2.46	2.40
	0.010	3.67	3.52	3.37	3.28	3.21	3.13	3.08	3.05	2.96	2.88
	0.001	5.81	5.54	5.25	5.07	4.95	4.80	4.70	4.64	4,47	4.33
16	0.100	1.99	1.94	1.89	1.86	1.84	1.81	1.79	1.78	1.75	1.72
	0.050	2.42	2.35	2.28	2.23	2.19	2.15	2.12	2.11	2.06	2.02
	0.025	2.89	2.79	2.68	2.61	2.57	2.51	2.47	2.45	2.38	2.32
	0.010	3.55	3.41	3.26	3.16	3.10	3.02	2.97	2.93	2.84	2.76
	0.001	5.55	5.27	4.99	4.82	4.70	4.54	4.45	4.39	4.23	4.08
17	0.100	1.96	1.91	1.86	1.83	1.81	1.78	1.76	1.75	1.72	1.69
	0.050	2.38	2.31	2.23	2.18	2.15	2.10	2.08	2.06	2.01	1.97
	0.025	2.82	2.72	2.62	2.55	2.50	2.44	2.41	2.38	2.32	2.26
	0.010	3.46	3.31	3.16	3.07	3.00	2.92	2.87	2.83	2.75	2.66
	0.001	5.32	5.05	4.78	4.60	4.48	4.33	4.24	4.18	4.02	3.87
18	0.100	1.93	1.89	1.84	1.80	1.78	1.75	1.74	1.72	1.69	1.66
	0.050	2.34	2.27	2.19	2.14	2.11	2.06	2.04	2.02	1.97	1.92
	0.025	2.77	2.67	2.56	2.49	2.44	2.38	2.35	2.32	2.26	2.20
	0.010	3.37	3.23	3.08	2.98	2.92	2.84	2.78	2.75	2.66	2.58
	0.001	5.13	4.87	4.59	4.42	4.30	4.15	4.06	4.00	3.84	3.69
19	0.100	1.91	1.86	1.81	1.78	1.76	1.73	1.71	1.70	1.67	1.64
	0.050	2.31	2.23	2.16	2.11	2.07	2.03	2.00	1.98	1.93	1.88
	0.025	2.72	2.62	2.51	2.44	2.39	2.33	2.30	2.27	2.20	2.14
	0.010	3.30	3.15	3.00	2.91	2.84	2.76	2.71	2.67	2.58	2.50
	0.001	4.97	4.70	4.43	4.26	4.14	3.99	3.90	3.84	3.68	3.53
20	0.100	1.89	1.84	1.79	1.76	1.74	1.71	1.69	1.68	1.64	1.61
	0.050	2.28	2.20	2.12	2.07	2.04	1.99	1.97	1.95	1.90	1.85
	0.025	2.68	2.57	2.46	2.40	2.35	2.29	2.25	2.22	2.16	2.09
	0.010	3.23	3.09	2.94	2.84	2.78	2.69	2.64	2.61	2.52	2.43
	0.001	4.82	4.56	4.29	4.12	4.00	3.86	3.77	3.70	3.54	3.40

[표 6] F 분포—오른쪽 꼬리 확률(계속)

V_2 \ V_1	α	1	2	3	4	5	6	7	8	9	10
	0.100	2.96	2.57	2.36	2.23	2.14	2.08	2.02	1.98	1.95	1.92
	0.050	4.32	3.47	3.07	2.84	2.68	2.57	2.49	2.42	2.37	2.32
21	0.025	5.83	4.42	3.82	3.48	3.25	3.09	2.97	2.87	2.80	2.73
	0.010	8.02	5.78	4.87	4.37	4.04	3.81	3.64	3.51	3.40	3.31
	0.001	14.59	9.77	7.94	6.95	6.32	5.88	5.56	5.31	5.11	4.95
	0.100	2.95	2.56	2.35	2.22	2.13	2.06	2.01	1.97	1.93	1.90
	0.050	4.30	3.44	3.05	2.82	2.66	2.55	2.46	2.40	2.34	2.30
22	0.025	5.79	4.38	3.78	3.44	3.22	3.05	2.93	2.84	2.76	2.70
	0.010	7.95	5.72	4.82	4.31	3.99	3.76	3.59	3.45	3.35	3.26
	0.001	14.38	9.61	7.80	6.81	6.19	5.76	5.44	5.19	4.99	4.83
	0.100	2.94	2.55	2.34	2.21	2.11	2.05	1.99	1.95	1.92	1.89
	0.050	4.28	3.42	3.03	2.80	2.64	2.53	2.44	2.37	2.32	2.27
23	0.025	5.75	4.35	3.75	3.41	3.18	3.02	2.90	2.81	2.73	2.67
	0.010	7.88	5.66	4.76	4.26	3.94	3.71	3.54	3.41	3.30	3.21
	0.001	14.20	9.47	7.67	6.70	6.08	5.65	5.33	5.09	4.89	4.73
	0.100	2.93	2.54	2.33	2.19	2.10	2.04	1.98	1.94	1.91	1.88
	0.050	4.26	3.40	3.01	2.78	2.62	2.51	2.42	2.36	2.30	2.25
24	0.025	5.72	4.32	3.72	3.38	3.15	2.99	2.87	2.78	2.70	2.64
	0.010	7.82	5.61	4.72	4.22	3.90	3.67	3.50	3.36	3.26	3.17
	0.001	14.03	9.34	7.55	6.59	5.98	5.55	5.23	4.99	4.80	4.64
	0.100	2.92	2.53	2.32	2.18	2.09	2.02	1.97	1.93	1.89	1.87
	0.050	4.24	3.39	2.99	2.76	2.60	2.49	2.40	2.34	2.28	2.24
25	0.025	5.69	4.29	3.69	3.35	3.13	2.97	2.85	2.75	2.68	2.61
	0.010	7.77	5.57	4.68	4.18	3.85	3.63	3.46	3.32	3.22	3.13
	0.001	13.88	9.22	7.45	6.49	5.89	5.46	5.15	4.91	4.71	4.56
	0.100	2.91	2.52	2.31	2.17	2.08	2.01	1.96	1.92	1.88	1.86
	0.050	4.23	3.37	2.98	2.74	2.59	2.47	2.39	2.32	2.27	2.22
26	0.025	5.66	4.27	3.67	3.33	3.10	2.94	2.82	2.73	2.65	2.59
	0.010	7.72	5.53	4.64	4.14	3.82	3.59	3.42	3.29	3.18	3.09
	0.001	13.74	9.12	7.36	6.41	5.80	5.38	5.07	4.83	4.64	4.48
	0.100	2.90	2.51	2.30	2.17	2.07	2.00	1.95	1.91	1.87	1.85
	0.050	4.21	3.35	2.96	2.73	2.57	2.46	2.37	2.31	2.25	2.20
27	0.025	5.63	4.24	3.65	3.31	3.08	2.92	2.80	2.71	2.63	2.57
	0.010	7.68	5.49	4.60	4.11	3.78	3.56	3.39	3.26	3.15	3.06
	0.001	13.61	9.02	7.27	6.33	5.73	5.31	5.00	4.76	4.57	4.41

[표 6] F 분포—오른쪽 꼬리 확률(계속)

V_2 \ V_1	α	12	15	20	25	30	40	50	60	120	1,000
21	0.100	1.87	1.83	1.78	1.74	1.72	1.69	1.67	1.66	1.62	1.59
	0.050	2.25	2.18	2.10	2.05	2.01	1.96	1.94	1.92	1.87	1.82
	0.025	2.64	2.53	2.42	2.36	2.31	2.25	2.21	2.18	2.11	2.05
	0.010	3.17	3.03	2.88	2.79	2.72	2.64	2.58	2.55	2.46	2.37
	0.001	4.70	4.44	4.17	4.00	3.88	3.74	3.64	3.58	3.42	3.28
22	0.100	1.86	1.81	1.76	1.73	1.70	1.67	1.65	1.64	1.60	1.57
	0.050	2.23	2.15	2.07	2.02	1.98	1.94	1.91	1.89	1.84	1.79
	0.025	2.60	2.50	2.39	2.32	2.27	2.21	2.17	2.14	2.08	2.01
	0.010	3.12	2.98	2.83	2.73	2.67	2.58	2.53	2.50	2.40	2.32
	0.001	4.58	4.33	4.06	3.89	3.78	3.63	3.54	3.48	3.32	3.17
23	0.100	1.84	1.80	1.74	1.71	1.69	1.66	1.64	1.62	1.59	1.55
	0.050	2.20	2.13	2.05	2.00	1.96	1.91	1.88	1.86	1.81	1.76
	0.025	2.57	2.47	2.36	2.29	2.24	2.18	2.14	2.11	2.04	1.98
	0.010	3.07	2.93	2.78	2.69	2.62	2.54	2.48	2.45	2.35	2.27
	0.001	4.48	4.23	3.96	3.79	3.68	3.53	3.44	3.38	3.22	3.08
24	0.100	1.83	1.78	1.73	1.70	1.67	1.64	1.62	1.61	1.57	1.54
	0.050	2.18	2.11	2.03	1.97	1.94	1.89	1.86	1.84	1.79	1.74
	0.025	2.54	2.44	2.33	2.26	2.21	2.15	2.11	2.08	2.01	1.94
	0.010	3.03	2.89	2.74	2.64	2.58	2.49	2.44	2.40	2.31	2.22
	0.001	4.39	4.14	3.87	3.71	3.59	3.45	3.36	3.29	3.14	2.99
25	0.100	1.82	1.77	1.72	1.68	1.66	1.63	1.61	1.59	1.56	1.52
	0.050	2.16	2.09	2.01	1.96	1.92	1.87	1.84	1.82	1.77	1.72
	0.025	2.51	2.41	2.30	2.23	2.18	2.12	2.08	2.05	1.98	1.91
	0.010	2.99	2.85	2.70	2.60	2.54	2.45	2.40	2.36	2.27	2.18
	0.001	4.31	4.06	3.79	3.63	3.52	3.37	3.28	3.22	3.06	2.91
26	0.100	1.81	1.76	1.71	1.67	1.65	1.61	1.59	1.58	1.54	1.51
	0.050	2.15	2.07	1.99	1.94	1.90	1.85	1.82	1.80	1.75	1.70
	0.025	2.49	2.39	2.28	2.21	2.16	2.09	2.05	2.03	1.95	1.89
	0.010	2.96	2.81	2.66	2.57	2.50	2.42	2.36	2.33	2.23	2.14
	0.001	4.24	3.99	3.72	3.56	3.44	3.30	3.21	3.15	2.99	2.84
27	0.100	1.80	1.75	1.70	1.66	1.64	1.60	1.58	1.57	1.53	1.50
	0.050	2.13	2.06	1.97	1.92	1.88	1.84	1.81	1.79	1.73	1.68
	0.025	2.47	2.36	2.25	2.18	2.13	2.07	2.03	2.00	1.93	1.86
	0.010	2.93	2.78	2.63	2.54	2.47	2.38	2.33	2.29	2.20	2.11
	0.001	4.17	3.92	3.66	3.49	3.38	3.23	3.14	3.08	2.92	2.78

[표 6] F 분포—오른쪽 꼬리 확률(계속)

V_2 \ V_1	α	1	2	3	4	5	6	7	8	9	10
	0.100	2.89	2.50	2.29	2.16	2.06	2.00	1.94	1.90	1.87	1.84
	0.050	4.20	3.34	2.95	2.71	2.56	2.45	2.36	2.29	2.24	2.19
28	0.025	5.61	4.22	3.63	3.29	3.06	2.90	2.78	2.69	2.61	2.55
	0.010	7.64	5.45	4.57	4.07	3.75	3.53	3.36	3.23	3.12	3.03
	0.001	13.50	8.93	7.19	6.25	5.66	5.24	4.93	4.69	4.50	4.35
	0.100	2.89	2.50	2.28	2.15	2.06	1.99	1.93	1.89	1.86	1.83
	0.050	4.18	3.33	2.93	2.70	2.55	2.43	2.35	2.28	2.22	2.18
29	0.025	5.59	4.20	3.61	3.27	3.04	2.88	2.76	2.67	2.59	2.53
	0.010	7.60	5.42	4.54	4.04	3.73	3.50	3.33	3.20	3.09	3.00
	0.001	13.39	8.85	7.12	6.19	5.59	5.18	4.87	4.64	4.45	4.29
	0.100	2.88	2.49	2.28	2.14	2.05	1.98	1.93	1.88	1.85	1.82
	0.050	4.17	3.32	2.92	2.69	2.53	2.42	2.33	2.27	2.21	2.16
30	0.025	5.57	4.18	3.59	3.25	3.03	2.87	2.75	2.65	2.57	2.51
	0.010	7.56	5.39	4.51	4.02	3.70	3.47	3.30	3.17	3.07	2.98
	0.001	13.29	8.77	7.05	6.12	5.53	5.12	4.82	4.58	4.39	4.24
	0.100	2.84	2.44	2.23	2.09	2.00	1.93	1.87	1.83	1.79	1.76
	0.050	4.08	3.23	2.84	2.61	2.45	2.34	2.25	2.18	2.12	2.08
40	0.025	5.42	4.05	3.46	3.13	2.90	2.74	2.62	2.53	2.45	2.39
	0.010	7.31	5.18	4.31	3.83	3.51	3.29	3.12	2.99	2.89	2.80
	0.001	12.61	8.25	6.59	5.70	5.13	4.73	4.44	4.21	4.02	3.87
	0.100	2.81	2.41	2.20	2.06	1.97	1.90	1.84	1.80	1.76	1.73
	0.050	4.03	3.18	2.79	2.56	2.40	2.29	2.20	2.13	2.07	2.03
50	0.025	5.34	3.97	3.39	3.05	2.83	2.67	2.55	2.46	2.38	2.32
	0.010	7.17	5.06	4.20	3.72	3.41	3.19	3.02	2.89	2.78	2.70
	0.001	12.22	7.96	6.34	5.46	4.90	4.51	4.22	4.00	3.82	3.67
	0.100	2.79	2.39	2.18	2.04	1.95	1.87	1.82	1.77	1.74	1.71
	0.050	4.00	3.15	2.76	2.53	2.37	2.25	2.17	2.10	2.04	1.99
60	0.025	5.29	3.93	3.34	3.01	2.79	2.63	2.51	2.41	2.33	2.27
	0.010	7.08	4.98	4.13	3.65	3.34	3.12	2.95	2.82	2.72	2.63
	0.001	11.97	7.77	6.17	5.31	4.76	4.37	4.09	3.86	3.69	3.54
	0.100	2.76	2.36	2.14	2.00	1.91	1.83	1.78	1.73	1.69	1.66
	0.050	3.94	3.09	2.70	2.46	2.31	2.19	2.10	2.03	1.97	1.93
100	0.025	5.18	3.83	3.25	2.92	2.70	2.54	2.42	2.32	2.24	2.18
	0.010	6.90	4.82	3.98	3.51	3.21	2.99	2.82	2.69	2.59	2.50
	0.001	11.50	7.41	5.86	5.02	4.48	4.11	3.83	3.61	3.44	3.30

[표 6] F 분포—오른쪽 꼬리 확률(계속)

V_2 \ V_1	α	12	15	20	25	30	40	50	60	120	1,000
	0.100	1.79	1.74	1.69	1.65	1.63	1.59	1.57	1.56	1.52	1.48
	0.050	2.12	2.04	1.96	1.91	1.87	1.82	1.79	1.77	1.71	1.66
28	0.025	2.45	2.34	2.23	2.16	2.11	2.05	2.01	1.98	1.91	1.84
	0.010	2.90	2.75	2.60	2.51	2.44	2.35	2.30	2.26	2.17	2.08
	0.001	4.11	3.86	3.60	3.43	3.32	3.18	3.09	3.02	2.86	2.72
	0.100	1.78	1.73	1.68	1.64	1.62	1.58	1.56	1.55	1.51	1.47
	0.050	2.10	2.03	1.94	1.89	1.85	1.81	1.77	1.75	1.70	1.65
29	0.025	2.43	2.32	2.21	2.14	2.09	2.03	1.99	1.96	1.89	1.82
	0.010	2.87	2.73	2.57	2.48	2.41	2.33	2.27	2.23	2.14	2.05
	0.001	4.05	3.80	3.54	3.38	3.27	3.12	3.03	2.97	2.81	2.66
	0.100	1.77	1.72	1.67	1.63	1.61	1.57	1.55	1.54	1.50	1.46
	0.050	2.09	2.01	1.93	1.88	1.84	1.79	1.76	1.74	1.68	1.63
30	0.025	2.41	2.31	2.20	2.12	2.07	2.01	1.97	1.94	1.87	1.80
	0.010	2.84	2.70	2.55	2.45	2.39	2.30	2.25	2.21	2.11	2.02
	0.001	4.00	3.75	3.49	3.33	3.22	3.07	2.98	2.92	2.76	2.61
	0.100	1.71	1.66	1.61	1.57	1.54	1.51	1.48	1.47	1.42	1.38
	0.050	2.00	1.92	1.84	1.78	1.74	1.69	1.66	1.64	1.58	1.52
40	0.025	2.29	2.18	2.07	1.99	1.94	1.88	1.83	1.80	1.72	1.65
	0.010	2.66	2.52	2.37	2.27	2.20	2.11	2.06	2.02	1.92	1.82
	0.001	3.64	3.40	3.14	2.98	2.87	2.73	2.64	2.57	2.41	2.25
	0.100	1.68	1.63	1.57	1.53	1.50	1.46	1.44	1.42	1.38	1.33
	0.050	1.95	1.87	1.78	1.73	1.69	1.63	1.60	1.58	1.51	1.45
50	0.025	2.22	2.11	1.99	1.92	1.87	1.80	1.75	1.72	1.64	1.56
	0.010	2.56	2.42	2.27	2.17	2.10	2.01	1.95	1.91	1.80	1.70
	0.001	3.44	3.20	2.95	2.79	2.68	2.53	2.44	2.38	2.21	2.05
	0.100	1.66	1.60	1.54	1.50	1.48	1.44	1.41	1.40	1.35	1.30
	0.050	1.92	1.84	1.75	1.69	1.65	1.59	1.56	1.53	1.47	1.40
60	0.025	2.17	2.06	1.94	1.87	1.82	1.74	1.70	1.67	1.58	1.49
	0.010	2.50	2.35	2.20	2.10	2.03	1.94	1.88	1.84	1.73	1.62
	0.001	3.32	3.08	2.83	2.67	2.55	2.41	2.32	2.25	2.08	1.92
	0.100	1.61	1.56	1.49	1.45	1.42	1.38	1.35	1.34	1.28	1.22
	0.050	1.85	1.77	1.68	1.62	1.57	1.52	1.48	1.45	1.38	1.30
100	0.025	2.08	1.97	1.85	1.77	1.71	1.64	1.59	1.56	1.46	1.36
	0.010	2.37	2.22	2.07	1.97	1.89	1.80	1.74	1.69	1.57	1.45
	0.001	3.07	2.84	2.59	2.43	2.32	2.17	2.08	2.01	1.83	1.64

[표 7] 난수표

0000	10097	32533	76520	13586	34673	54876	80959	09117	39292	74945
0001	37542	04805	64894	74296	24805	24037	20636	10402	00822	91665
0002	08422	68953	19645	09303	23209	02560	15953	34764	35080	33606
0003	99019	02529	09376	70715	38311	31165	88676	74397	04436	27659
0004	12807	99970	80157	36147	64032	36653	98951	16877	12171	76833
0005	66065	74717	34072	76850	36697	36170	65813	39885	11199	29170
0006	31060	10805	45571	82406	35303	42614	86799	07439	23403	09732
0007	85269	77602	02051	65692	68665	74818	73053	85247	18623	88579
0008	63573	32135	05325	47048	90553	57548	28468	28709	83491	25624
0009	73796	45753	03529	64778	35808	34282	60935	20344	35273	88435
0010	98520	17767	14905	68607	22109	40558	60970	93433	50500	73998
0011	11805	05431	39808	27732	50725	68248	29405	24201	52775	67851
0012	83452	99634	06288	98083	13746	70078	18475	40610	68711	77817
0013	88685	40200	86507	58401	36766	67951	90364	76493	29609	11062
0014	99594	67348	87517	64969	91826	08928	93785	61368	23478	34113
0015	65481	17674	17468	50950	58047	76974	73039	57186	40218	16544
0016	80124	35635	17727	08015	45318	22374	21115	78253	14385	53763
0017	74350	99817	77402	77214	43236	00210	45521	64237	96286	02655
0018	69916	26803	66252	29148	36936	87203	76621	13990	94400	56418
0019	09893	20505	14225	68514	46427	56788	96297	78822	54382	14598
0020	91499	14523	68479	27686	46162	83554	94750	89923	37089	20048
0021	80336	94598	26940	36858	70297	34135	53140	33340	42050	82341
0022	44104	81949	85157	47954	32979	26575	57600	40881	22222	06413
0023	12550	73742	11100	02040	12860	74697	96644	89439	28707	25815
0024	63606	49329	16505	34484	40219	52563	43651	77082	07207	31790
0025	61196	90446	26457	47774	51924	33729	65394	59593	42582	60527
0026	15474	45266	95270	79953	59367	83848	82396	10118	33211	59466
0027	94557	28573	67897	54387	54622	44431	91190	42592	92927	45973
0028	42481	16213	97344	08721	16868	48767	03071	12059	25701	46670
0029	23523	78317	73208	89837	68935	91416	26252	29663	05522	82562
0030	04493	52494	75246	33824	45862	51025	61962	79335	65337	12472
0031	00549	97654	64051	88159	96119	63896	54692	82391	23287	29529
0032	35963	15307	26898	09554	33351	35462	77974	50024	90103	39333
0033	59808	08391	45427	26842	83609	49700	13021	24892	78565	20106
0034	46058	85236	01390	92286	77281	44077	93910	83647	70617	42941
0035	32179	00597	87379	25241	05567	07007	96743	17157	85394	11838
0036	69234	61406	20117	45204	15956	60000	18743	92423	97118	96338
0037	19565	41430	01758	75379	40419	21585	66674	36806	84962	85207
0038	45155	14938	19476	07246	43667	94543	59047	90033	20826	69541
0039	94864	31994	36168	10851	34888	81553	01540	35456	05014	51176
0040	98086	24826	45240	28404	44999	08896	39094	73407	35441	31880
0041	33185	16232	41941	50949	89435	48581	88695	41994	37548	73043
0042	80951	00406	96382	70774	20151	23387	25016	25298	94624	61171
0043	79752	49140	71961	28296	69861	02591	74852	20539	00387	59579
0044	18633	32537	98145	06571	31010	24674	05455	61427	77938	91936
0045	74029	43902	77557	32270	97790	17119	52527	58021	80814	51748
0046	54178	45611	80993	37143	05335	12969	56127	19255	36040	90324
0047	11664	49883	52079	84827	59381	71539	09973	33440	88461	23356
0048	48324	77928	31249	64710	02295	36870	32307	57546	15020	09994
0049	69074	94138	87637	91976	35584	04401	10518	21615	01848	76938

[표 7] 난수표(계속)

00050	09188	20097	32825	39527	04220	86304	83389	87374	64278	58044
00051	90045	85497	51981	50654	94938	81997	91870	76150	68476	64659
00052	73189	50207	47677	26269	62290	64464	27124	67018	41361	82760
00053	75768	76490	20971	87749	90429	12272	95375	05871	93823	43178
00054	54016	44056	66281	31003	00682	27398	20714	53295	07706	17813
00055	08358	69910	78542	42785	13661	58873	04618	97553	31223	08420
00056	28306	03264	81333	10591	40510	07893	32604	60475	94119	01840
00057	53840	86233	81594	13628	51215	90290	28466	68795	77762	20791
00058	91757	53741	61613	62269	50263	90212	55781	76514	83483	47055
00059	89415	92694	00397	58391	12607	17646	48949	72306	94541	37408
00060	77513	03820	86864	29901	68414	82774	51908	13980	72893	55507
00061	19502	37174	69979	20288	55210	29773	74287	75251	65344	67415
00062	21818	59313	93278	81757	05686	73156	07082	85046	31853	38452
00063	51474	66499	68107	23621	94049	91345	42836	09191	08007	45449
00064	99559	68331	62535	24170	69777	12830	74819	78142	43860	72834
00065	33713	48007	93584	72869	51926	64721	58303	29822	93174	93972
00066	85274	86893	11303	22970	28834	34137	73515	90400	71148	43643
00067	84133	89640	44035	52166	73852	70091	61222	60561	62327	18423
00068	56732	16234	17395	96131	10123	91622	85496	57560	81604	18880
00069	65138	56806	87648	85261	34313	65861	45875	21069	85644	47277
00070	38001	02176	81719	11711	71602	92937	74219	64049	65584	49698
00071	37402	96397	01304	77586	56271	10086	47324	62605	40030	37438
00072	97125	40348	87083	31417	21815	39250	75237	62047	15501	29578
00073	21826	41134	47143	34072	64638	85902	49139	06441	03856	54552
00074	73135	42742	95719	09035	85794	74296	08789	88156	64691	19202
00075	07638	77929	03061	18072	96207	44156	23821	99538	04713	66994
00076	60528	83441	07954	19814	59175	20695	05533	52139	61212	06455
00077	83596	35655	06958	92983	05128	09719	77433	53783	92301	50498
00078	10850	62746	99599	10507	13499	06319	53075	71839	06410	19362
00079	39820	98952	43622	63147	64421	80814	43800	09351	31024	73167
00080	59580	06478	75569	78800	88835	54486	23768	06156	04111	08408
00081	38508	07341	23793	48763	90822	97022	17719	04207	95954	49953
00082	30692	70668	94688	16127	56196	80091	82067	63400	05462	69200
00083	65443	95659	18288	27437	49632	24041	08337	65676	96299	90836
00084	27267	50264	13192	72294	07477	44606	17985	48911	97341	30358
00085	91307	06991	19072	24210	36699	53728	28825	35793	28976	66252
00086	68434	94688	84473	13622	62126	98408	12843	82590	09815	93146
00087	48908	15877	54745	24591	35700	04754	83824	52692	54130	55160
00088	06913	45197	42672	78601	11883	09528	63011	98901	14974	40344
00089	10455	16019	14210	33712	91342	37821	88325	80851	43667	70883
00090	12883	97343	65027	61184	04285	01392	17974	15077	90712	26769
00091	21778	30976	38807	36961	31649	42096	63281	02023	08816	47449
00092	19523	59515	65122	59659	86283	68258	69572	13798	16435	91529
00093	67245	52670	35583	16563	79246	86686	76463	34222	26655	90802
00094	60584	47377	07500	37992	45134	26529	26760	83637	41326	44344
00095	53853	41377	36066	94850	58838	73859	49364	73331	96240	43642
00096	24637	38736	74384	89342	52623	07992	12369	18601	03742	83873
00097	83080	12451	38992	22815	07759	51777	97377	27585	51972	37867
00098	16444	24334	36151	99073	27493	70939	85130	32552	54846	54759
00099	60790	18157	57178	65762	11161	78576	45819	52979	65130	04860

찾아보기

ㅊ

ㅋ

ㅌ

ㅍ

ㅎ

기타

꼭 짚고 넘어가야 할

BASIC 확률과 통계

지은이 이민영
펴낸이 조경희
펴낸곳 경문사
펴낸날 2022년 9월 1일 1판 1쇄
등 록 1979년 11월 9일 제1979-000023호
주 소 04057, 서울특별시 마포구 와우산로 174
전 화 (02)332-2004 팩스 (02)336-5193
이메일 kyungmoon@kyungmoon.com

값 24,000원

ISBN 979-11-6073-554-3